全国工人中级技术考核培训教材

钳　　工

中国劳动社会保障出版社

图书在版编目(CIP)数据

钳工/李捷主编. —北京：中国劳动社会保障出版社，2011
全国工人中级技术考核培训教材
ISBN 978-7-5045-8910-1

Ⅰ.①钳… Ⅱ.①李… Ⅲ.①钳工-技术培训-教材 Ⅳ.①TG9

中国版本图书馆 CIP 数据核字(2011)第 045173 号

中国劳动社会保障出版社出版发行
(北京市惠新东街1号 邮政编码：100029)
出 版 人：张梦欣

*

北京市艺辉印刷有限公司印刷装订 新华书店经销
880 毫米×1230 毫米 32 开本 11.5 印张 323 千字
2011 年 4 月第 1 版 2011 年 4 月第 1 次印刷
定价：28.00 元
读者服务部电话：010-64929211/64921644/84643933
发行部电话：010-64961894
出版社网址：http://www.class.com.cn
版权专有 侵权必究
举报电话：010-64954652
如有印装差错，请与本社联系调换：010-80497374

前　言

通过改革开放30多年的努力，我国制造业取得了令人瞩目的成就，我国制造业增加值占世界的份额已经达到一成以上，中国制造业大国地位初步确立。但是，我国仍不是制造业强国。从产业结构上看，中低端、低水平产品多，低端产能过剩，高端产品研发能力不足，产能不足。要实现由制造业大国向制造业强国的转变，调整经济结构，提升制造业核心竞争力，是"十二五"规划对我国制造业发展提出的新要求。建设制造业强国，离不开高素质的劳动者。为此，国务院先后颁发了《国家中长期人才发展规划纲要（2010—2020年）》和《国家中长期教育改革和发展规划纲要（2010—2020年）》，全面提高劳动者职业技能水平，加快技能人才队伍建设。为了适应这一技能人才培训的新形势需要，我们组织编写了《全国工人中级技术考核培训教材》，首批涉及车工、钳工、装配钳工、工具钳工、机修钳工、冷作钣金工、铣工、焊工、数控车工、数控铣工、加工中心操作工、涂装工、金属热处理工、电工、维修电工、电气设备安装工、汽车修理工、起重工等十几种职业工种。

在教材内容编排上，我们从工人岗位生产技术的实际出发，一方面加强工人相关理论知识的学习，提高工人的理论水平，为促进其更好地掌握和应用技术打下坚实的理论基础。另一方面着重阐明本工种中级技术的生产工艺、设备调整与维修等操作技能，强化操作的规范性，通过技术培训力求打造优质、高效、低耗、安全文明的生产技术力量。同时，教材及时反映行业发展的新技术、新工艺、新材料、新标准等方面的内容，使广大工人始终能把握技术发展的新动向。

> 钳工

　　为了满足工人进行国家职业鉴定考核训练的需要，根据国家职业标准，本套教材还专门编写了试题库，在试题库中安排了理论知识试题和技能考核试题，并配套编写了理论知识试题答案和技能考核试题的评分标准。

　　在本套教材的组织编写过程中，我们得到了来自北京、安徽、湖南、江苏、浙江、四川、内蒙古等地人力资源和社会劳动保障厅（局）、职业技能鉴定中心的大力支持，来自北京市职工技术协会、中国南车株洲电力机车有限公司、马鞍山钢铁股份有限公司、航天科技集团、航天科工集团等企业的许多工程技术专家、技师、高级技师以及许多职业技术院校都参与了本套教材的编审工作，付出了辛勤的劳动，在此我们表示衷心的感谢。

　　本套教材可作为企业工人中级技术培训教材，也可作为各级职业学校、培训机构开展中级工国家鉴定考核培训用书，还可作为技术工人参考工具书。衷心欢迎广大读者对教材中存在的不足提出宝贵意见和建议。

人力资源和社会保障部教材办公室

内 容 简 介

本书内容涉及中级钳工所应掌握的钳工基本操作以及钳工装配知识等。

主要特色：本书是一本对企业职工培训非常实用的教材，精选了中级工需要提高的知识技能，理论联系实际，图文结合，知识讲解简洁直观，将专业知识和操作技能有机地融为一体，突出针对性和实用性，方便读者的阅读。书中试题库部分附大量习题，便于对职工的考核指导。本书也可作为技能鉴定的参考用书。

本书由李捷主编，鄂冰、应武参编，王平主审。

目 录

第一章 钳工的基本操作 ·············· 1
§1—1 划线 ·························· 1
§1—2 錾削、锯削与锉削 ············ 19
§1—3 钻孔、扩孔、锪孔与铰孔 ······ 53
§1—4 攻螺纹与套螺纹 ·············· 96
§1—5 刮削与研磨 ·················· 114
§1—6 矫正与弯形 ·················· 143

第二章 装配知识 ···················· 154
§2—1 装配工艺规程 ················ 154
§2—2 装配工艺过程及装配方法 ······ 158
§2—3 常见结构的装配 ·············· 168
§2—4 传动机构的装配 ·············· 210
§2—5 拆卸要求和拆卸方法 ·········· 238

第三章 钳工实训案例 ················ 249
§3—1 划线实训案例 ················ 249
§3—2 钳工制作实训案例 ············ 256
§3—3 装配实训案例 ················ 260

试题库
理论知识试题 ······················ 267
理论知识试题答案 ·················· 322
技能考核试题与评分标准 ············ 340

第一章 钳工的基本操作

§1—1 划 线

一、划线概念

1. 划线及能力要求

根据图样要求，准确地在毛坯或半成品上划出加工界线的操作，称之为划线。划线要求划出的线条清晰均匀，最重要的是保证尺寸准确，划线精度一般为 $0.25 \sim 0.5$ mm。划线者必须具备一定的识图能力，掌握机械加工工艺，了解机械加工方法，正确使用测量工具，熟练应用各种划线工具。

2. 划线作用

划线的具体作用如下：

（1）给工件以明确的标志和依据，使机械加工过程有明显的加工界线。

（2）便于复杂工件在机床上装夹，可依据划线来找正和定位。

（3）能够及时发现和处理不合格的毛坯，避免加工后造成损失。

（4）采用借料划线可使误差不大的毛坯得到补救，合理分配加工余量，提高毛坯利用率。

3. 划线分类

如图 1—1 所示，划线分为平面划线和立体划线两类。平面划线是指在工件的同一个表面（即工件的二维坐标体系内）上划线，就能表示出加工界线的划线;立体划线是指在工件的几个不同表面(即工件的三维坐标体系内)上划线,以明确表示出加工界线的划线。

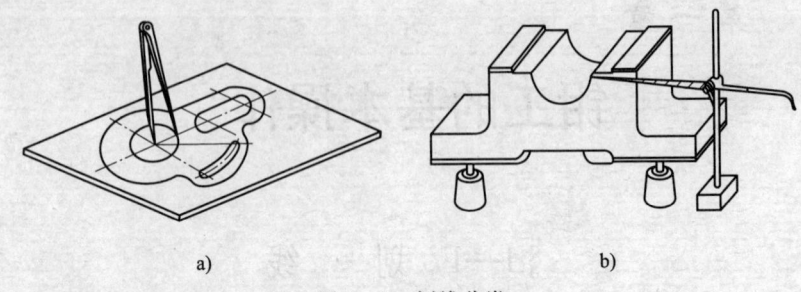

图1—1 划线分类
a)平面划线 b)立体划线

二、划线基准概念

1. 划线基准及类型

划线时用来确定零件上其他点、线、面位置的依据,称为划线基准。正确选择划线基准是划线操作的关键,有了合理的基准,才能使划线准确和方便。

如图1—2所示,划线基准一般有以下3种类型:

(1)以两个互相垂直的平面(或边线)为基准,如图1—2a所示。

(2)以两条互相垂直的中心线为基准,如图1—2b所示。

(3)以一条边线(平面)和一条中心线为基准,如图1—2c所示。

2. 划线基准选择原则

(1)划线基准应尽量与设计基准重合,即采用基准统一原则——划线时,应使划线基准与设计基准一致。

(2)对称形状的工件,应以对称中心线和中间平面为基准。

(3)有孔的工件,应以主要孔的中心线为基准。

(4)在未加工的毛坯上划线,应以主要不加工面为基准。

(5)在加工过的工件上划线,应以加工过的表面为基准。

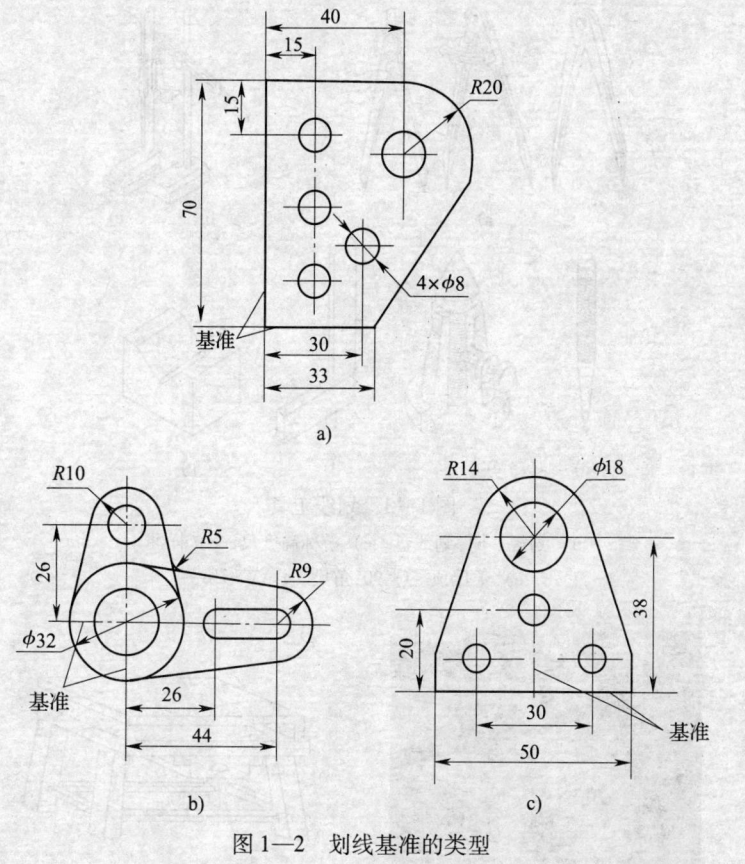

图 1—2 划线基准的类型

三、划线工具

常用的划线工具有平板、划线盘、划针、样冲、手锤、三角板、曲线板、90°角尺、划规、大尺寸划规、游标高度尺、V形块、方箱、直角铁、千斤顶和斜垫铁等，如图 1—3 所示。

1. 平板

图 1—4 为划线平板。平板用铸铁制成，表面经过精刨和刮削加工，其工作表面是划线和检测的基准面。平板应处于水平状态放置，严禁敲打、磕碰工作面，平时要保持清洁，使用后应涂油防锈。

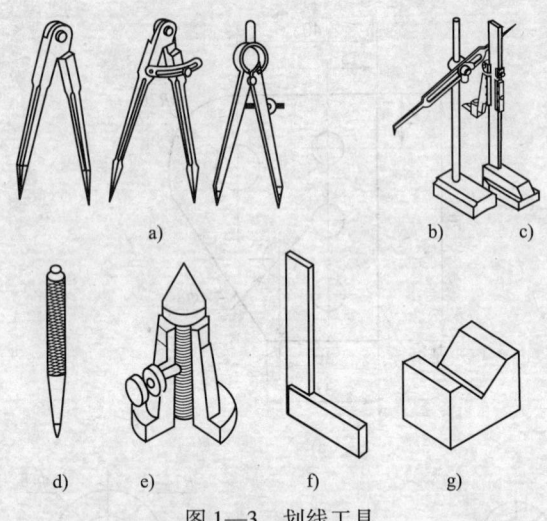

图1—3 划线工具

a) 划规 b) 划线盘 c) 游标高度尺 d) 样冲
e) 千斤顶 f) 90°角尺 g) V形块

 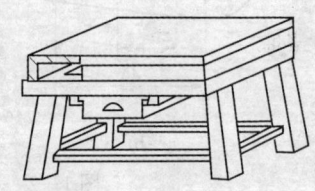

图1—4 划线平板

2. 划线盘

图1—5a 所示的划线盘，是立体划线用的主要工具，分为普通划线盘和可微调划线盘。划线盘主要由底座、立柱、划针和夹紧螺母等组成，是用来在工件上划线或找正工件位置常用的工具，如图1—5b 所示。划针的直头一端（焊有高速钢或硬质合金）用来划线，弯头一端常用来找正工件位置。使用划线盘划线时，划针应尽量处于水平位置，不要倾斜太大。划针伸出部分应尽量短些，并要牢固地夹紧。操作时，划针应与被划线工件表面保持40°～60°夹角（沿划线方向）。

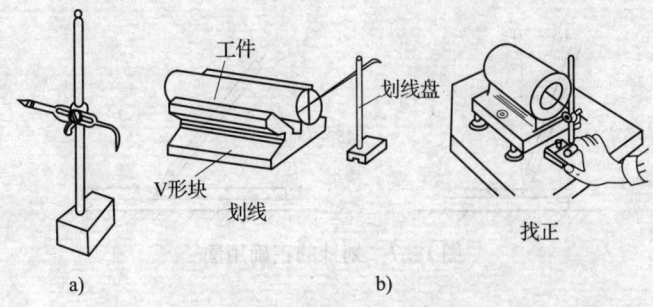

图 1—5 划线盘及其使用方法

3. 划针

图 1—6a 所示的划针,是划线用的基本工具。常用的划针是用 $\phi 3 \sim 6$ mm 弹簧钢丝或高速钢制成的,尖端磨成 $15° \sim 20°$ 的尖角,并经过热处理,硬度可达 55~60HRC。有的划针在尖端部位焊有硬质合金,使针尖能长期保持锋利。划针锐利,因此不用时应套上塑料管。被淬硬的划针尖刃磨时应及时浸水冷却,防止退火变软。

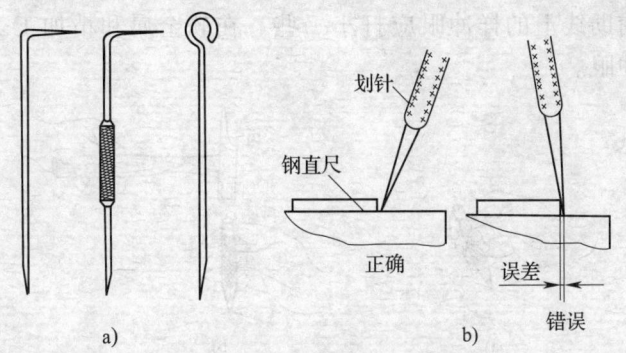

图 1—6 划针及其使用方法

划线时,针尖如图 1—6b 所示靠近导向工具的边缘,上部向外侧倾斜 $15° \sim 20°$,向划线方向倾斜 $45° \sim 75°$,如图 1—7 所示。划线要做到一次划成,不要重复地划同一根线条。力度适当,才能使划出的线条既清晰又准确。倘若所划线条过粗,则使加工界线模糊不清。

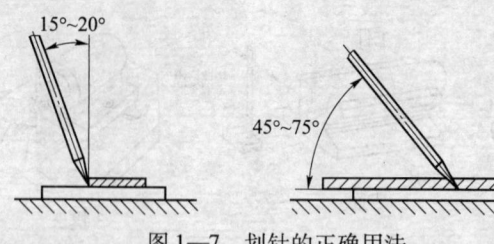

图1—7 划针的正确用法

4. 样冲

图1—8所示的样冲,是用来加强划线标记的工具。样冲既可用工具钢制成,也可用报废刀具改制而成,经过热处理后的硬度可达55~60HRC,其尖角磨成60°。如图1—8a所示,使用时,样冲应先向外倾斜,以便于冲尖对准线条,对准后再立直,用手锤锤击,如图1—8b所示。样冲眼的位置要准确,不能偏斜。直线上样冲眼宜稀,曲线上样冲眼宜密,在线条交点或转角处应打样冲眼。在粗糙表面和划线后的钻孔中心的样冲眼应打大一些。在已加工表面或中心线及辅助线上的样冲眼应打小一些。在软金属和精加工表面不准打样冲眼。

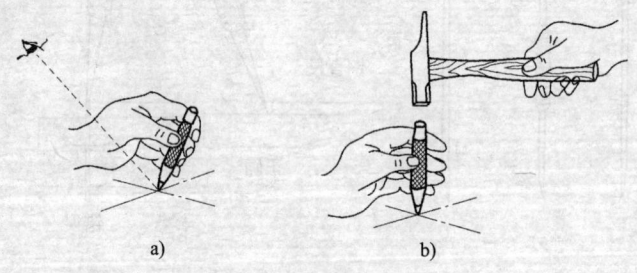

图1—8 样冲及其使用方法

5. 90°角尺

图1—9a所示的90°角尺,是划线时常用做划平行线或垂直线的导向工具,也可用来找正工件在划线平板上的垂直位置,如图1—9b、c所示。使用前要检查90°角尺的精度。划线时,尺座应贴紧工件基准面,但不允许在工件表面上拖动。

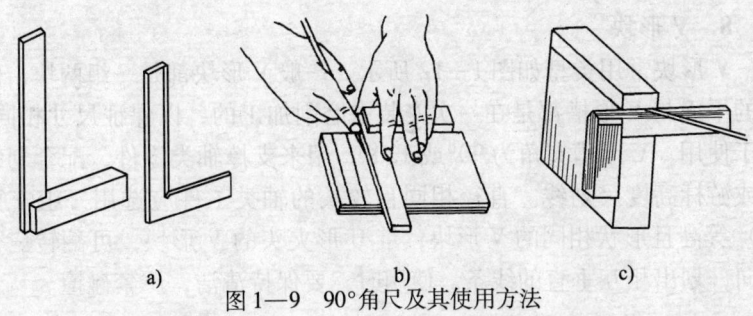

图1—9 90°角尺及其使用方法

6. 划规

图1—10所示的划规,是用来划圆、等分线段、等分角度及截取尺寸等的工具。划规用中碳钢或工具钢制成,两脚尖端经过热处理,硬度可达48～53HRC。有的划规在两脚端部焊上一段硬质合金,使用时耐磨性更好。常用划规有普通划规、扇形划规和弹簧划规3种。划规两脚尖长度略有不同,脚尖应能靠拢,以利于划小圆。调整时,应使两脚尖开合得松紧适当。

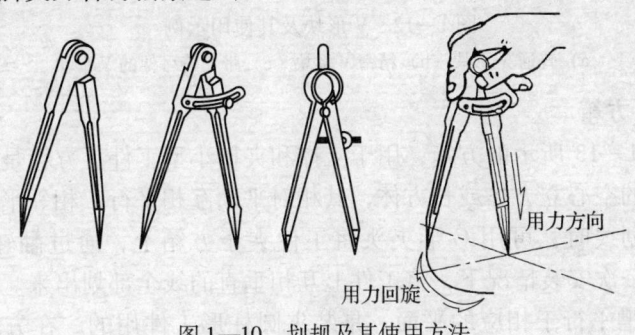

图1—10 划规及其使用方法

7. 大尺寸划规

图1—11所示的大尺寸划规,专门用来划大尺寸圆或圆弧,也可在阶梯面上划线。在滑杆上调整两个划规脚,就可得到所需尺寸。使用时,左划规脚可调整高度,右划规脚可调节尺寸,两划规脚不能碰撞。

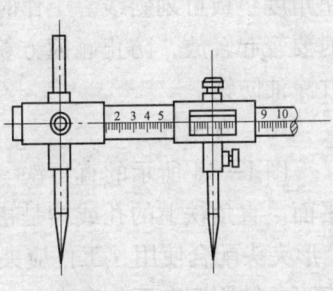

图1—11 大尺寸划规

8. V形块

V形块常用类型如图1—12所示。一般V形块都是一组两块,两块的平面与V形槽都是在一次安装中磨削加工的,以保证尺寸相同,便于使用。V形槽夹角为90°或120°,用来支撑轴类零件,配合划线盘或游标高度尺划线。直径相同且较长的轴类工件应选用一组(两块)等高且形状相同的V形块;带U形夹头的V形块,可翻转三个方向,划出相互垂直的线条。使用时,要保持清洁,严禁碰撞。

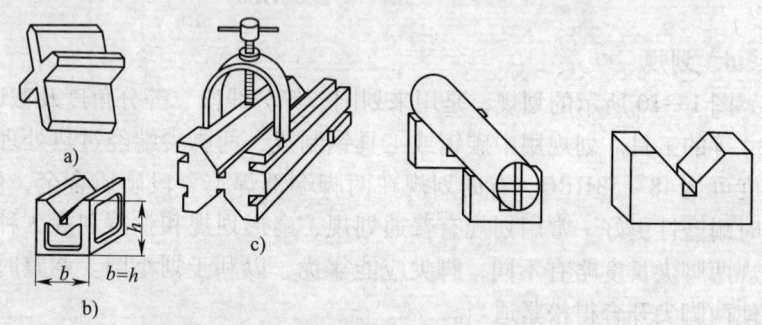

图1—12 V形块及其使用示例

a) 普通V形块 b) 精密V形块 c) 带夹持弓架的V形块

9. 方箱

图1—13所示的方箱,用于支撑和夹持小型工件。方箱是用灰铸铁制成的空心立方体或长方体,其相对平面互相平行,相邻平面互相垂直。划线时,可用C形夹头将工件夹于方箱上,通过翻转方箱,便可在一次安装情况下,将工件上互相垂直的线全部划出来。方箱上的Y形槽平行于相应的平面,是装夹圆柱形工件用的。在方箱上加垫角度垫板可划斜线。工作时,工件夹持在方箱上要牢固稳定,翻转时要轻起轻放,防止碰撞方箱及平板。使用后要注意做好清洁工作,并涂油防锈。

10. 直角铁

图1—14所示的直角铁一般是用铸铁制成的,有两个互相垂直的平面。直角铁上的孔或槽是搭压板时穿螺栓用的。直角铁常与压板、C形夹头配合使用,工件应夹持牢固。在夹持较重、较大工件时,应将直角铁固定在工作台上。

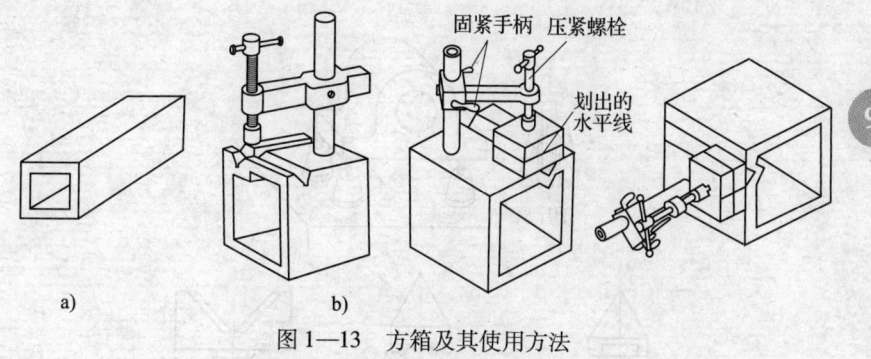

图1—13 方箱及其使用方法
a) 普通方箱 b) 特殊方箱

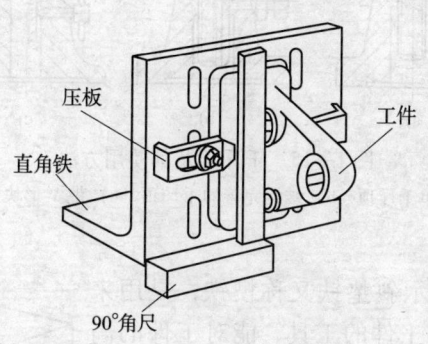

图1—14 直角铁及其使用方法

11. 千斤顶

图1—15所示的千斤顶,是用来支撑毛坯或形状不规则的工件进行立体划线的工具。它可调整高度,以便安装不同形状的工件。千斤顶还可用来调整工件的水平。用千斤顶支撑工件时,一般要同时使用三个千斤顶支撑在工件的下部,呈品字形排列。三个支撑点离工件的重心尽量远一些,三个支撑点所组成的三角形面积尽量大一些。带V形块的千斤顶是用于支撑圆柱形工件的。一般在工件较重的部位放两个千斤顶,较轻的部位放一个千斤顶。工件的支撑点尽量不要选择在容易发生滑移的地方。必要时,需要附加安全措施,如在工件上面用绳子吊住或在工件下面加辅助垫铁,以防工件滑倒。调整高度时,应用调整棒调整,严禁用手转动。

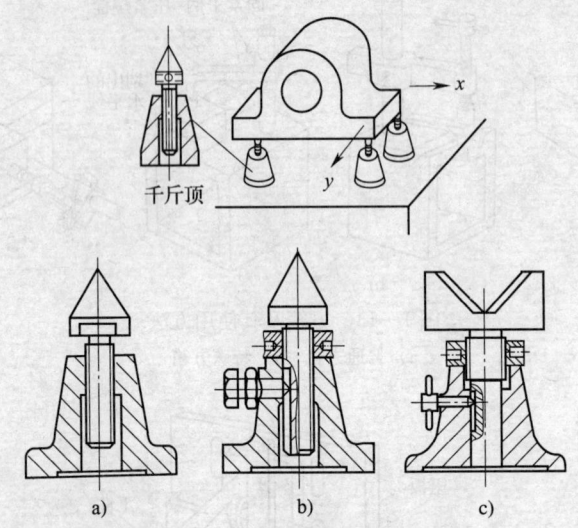

图1—15 千斤顶及其使用方法
a) 简单千斤顶 b) 结构完善的千斤顶 c) 带V形块千斤顶

12. 斜垫铁

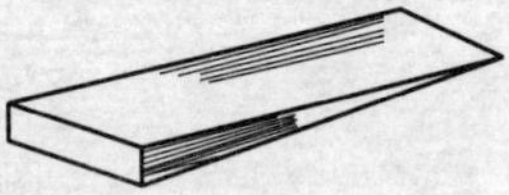

图1—16所示斜垫铁又称楔铁,是用来支撑和垫高毛坯工件的工具,能对工件的高度做少量的调节。斜垫铁一般用中碳钢经刨削加工制成,斜度约为15°,可两件对合使用或配合垫铁使用。某些大型毛坯件划线时,在不宜使用千斤顶的情况下,使用斜垫铁比较可靠。

图1—16 斜垫铁

四、划线的找正和借料

1. 找正

即根据加工要求用划线工具检查或找正工件上相关不加工的表面,使之处于合理的位置。以此为依据划线,可使加工面和不加工面之间保持尺寸均匀。

找正时应注意以下几点:

(1) 为保证不加工面与加工面间各点距离相同,应将不加工面找正水平或垂直（指不加工面为水平或垂直位置时）。

(2) 当有多个不加工面时，应从面积最大的不加工面找正，同时兼顾其他不加工面，以保证壁厚尽量均匀，孔与轮毂或凸台尽量同轴。

(3) 当没有不加工面时，要以加工面的毛坯孔外形与凸台位置来找正。

(4) 所划的工件为多孔的箱体时，要保证各孔均有加工余量而与凸台尽量同轴。

2. 借料

一些毛坯在尺寸、形状、几何要素的位置上，存在一定的缺陷和误差。当误差和缺陷不大时，通过划线位置调整可以使加工表面都有足够的加工余量，并得到恰当的分配。而缺陷和误差，加工后将会得到补救，这种补救方法叫借料。但是当毛坯件误差和缺陷太大时，无法通过借料来补救，只能作报废处理。

借料前，首先测量并确定毛坯件各部位尺寸的偏移量；然后确定借料的方向，并划出基准线；接着按照图样的要求，以基准线为依据，划出各加工线；最后检查各表面的加工余量是否合理，若不符合要求，应重新借料。

找正和借料这两项工作在划线时是密切结合进行的。当然，不是所有的误差和缺陷都可以通过找正和借料进行补救的，这点必须引起注意。

五、划线步骤

1. 划线前准备工作

(1) 阅读图样

详细了解工件上需要划线的部位，明确工件及其划线的有关部分的作用和要求，了解有关工件的加工工艺。按照图样初步检查毛坯的误差情况，检查毛坯尺寸能否保证所有要加工表面均有足够的加工余量，不加工表面是否存在图样上不允许的缺陷。

(2) 清理毛坯

为保证划线的清晰度，应首先清除工件表面的氧化铁皮、油污、型砂、飞边、毛刺等。

(3) 涂色

在划线部位的表面涂上一层薄而均匀的涂料。常用的涂料为：用于铸件、锻件毛坯表面的石灰水；用于钢、铸件半成品（光坯）及有色金属表面的龙胆紫。小件毛坯通常使用粉笔涂色。

(4) 在工件的孔中装入中心塞块

为了划出孔的中心，在孔中要装入中心塞块。一般小孔多用木塞块或铅塞块，大孔用可调式中心顶。

2. 划线过程

(1) 平面划线

1) 选定划线基准，合理地选择划线基准是做好划线工作的关键。划线基准应根据工件形状和工件加工情况来确定，如选择已加工且加工精度较高的边或面，选择较长的边或者较大的面，选择对称工件的对称轴线等为基准。应使划线基准与设计基准一致。

2) 正确选用工具来安放工件。工件的定位一般用三点定位法，即用放置在划线平板上的三个千斤顶的尖端支撑在工件的某个平面上，使工件具有确定的位置，以便划线。

3) 从基准开始，按照图样标注的尺寸完成划线。

(2) 立体划线

复杂零件的划线，往往需要同时在几个互成不同角度（通常是互相垂直）的表面上划线，才能明确加工界线，即立体划线。

1) 根据图样详细了解加工部位的作用、技术要求及加工工艺。

2) 检查毛坯件，看是否需要借料。

3) 按工件特征，选择划线工具。

4) 确定工件放置的最佳方位，便于支撑、找正和划线。

5) 确定互成角度各划线表面的划线先后顺序，并划出三个方向基准线。

6) 先划水平线、中心线、垂直线、斜线，再划圆、圆弧及曲线等。

7) 复查全部划线尺寸，检查是否有错划和漏划线条。

3. 检查、打样冲眼

详细检查划线的准确性以及是否有漏划的线，而后，在所划的线条上打样冲眼，做上标记。

六、复杂零件划线

在机械制造中，以箱体类零件为典型的复杂工件划线占有一定的比例。由于大多数箱体类零件的加工工序多、工艺复杂、尺寸精度和位置精度高，划线难度比一般零件大。下面以箱体类零件为例，说明复杂工件的划线步骤。

1. 选择基准

由于划线时在零件的每一个方向的各尺寸中都需要选择一个划线基准，因此，立体划线一般要选择不同方向的三个划线基准，且划线基准的选择应遵循与设计基准相一致的原则。

箱体类零件每个方向的划线基准是以平面为主，若图样上是以平面为设计基准，划线时就取用此平面。划线基准选好后，还要考虑如何把零件安置在划线平板或划线箱上的问题。若将工件安置在平板上的位置合理，会简化划线工序或减少工作量，并能大大提高加工质量。

2. 划线过程

（1）第一划线位置的选择。应选择待加工表面比较集中的位置和重要位置——使毛坯上的主要中心线平行于平板平面。这样有利于尽早了解毛坯的误差情况，方便找正和借料，也能减少毛坯的翻转次数和提高划线质量。

（2）在四个面上划出十字校正线时，线要划在较长或平直的部位，一般常用基准孔的轴线。若在毛坯上划十字校正线，待加工后，必须以已加工表面为基准重划。

（3）为减少翻转次数，垂直线可利用直角铁或90°角尺一次划出。

（4）要注意以非加工表面为基准找正，应使箱体壁厚均匀，保证加工后有利于装配。

七、划线实例

例1 平面划线

如图1—17所示，完成其平面划线，具体划线步骤如下：

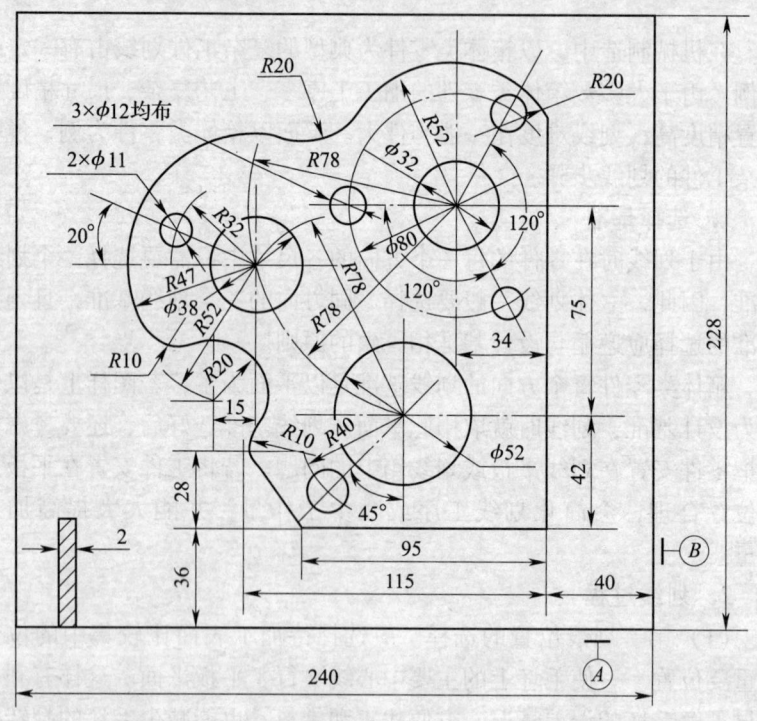

技术要求

1. 按图要求在板件（240mm×228mm×2mm）上划出必要的加工和检查界线。
2. 尺寸误差不大于0.6mm；角度误差不大于1°。
3. 所划线段（含曲线）应清晰、均匀，曲线与直线连接处过渡圆滑。
4. 板件经矫正后，平面度误差不大于0.45mm。

图1—17 平面划线实例

（1）根据图样尺寸选用厚度为2 mm的板料进行下料，下料长度为240 mm，宽度为228 mm，要求确保图中所示A、B两面相互垂直。

（2）以A面为基准，划出距离为36 mm的平行线，再划出距离为 42 mm 的中心线、75 mm 的中心线。

(3) 以 B 面为基准，划出距离为 40 mm 的平行线，再划出距离为 34 mm 的中心线；以 34 mm 和 75 mm 相交的中心线为圆心，$R78$ 为半径划出与 $\phi52$ 相交于 42 mm 的中心线和 $\phi38$ 的位置。

(4) 以 $\phi52$ 的圆心为圆心，$R78$ 为半径划出中心线。

(5) 将已完成三孔位置用样冲打上记号，再继续划线。以三孔中心位置为圆心，分别以 $R16$、$R26$、$R19$ 为半径划出 $\phi32$、$\phi52$、$\phi38$ 的圆；以 $\phi32$ 圆的中心为圆心、$R40$ 为半径划出 $3\times\phi12$ 定位线，分别以 $\phi38$、$\phi52$ 圆的中心为圆心、以 $R32$、$R40$ 为半径划出 $2\times\phi11$ 定位线。

(6) 在 $\phi80$ 圆周上三等分，划出 $3\times\phi12$ 三孔均布；分别以 $\phi52$、$\phi38$ 的圆心为中心做 45°和 20°与 $R40$ 和 $R32$ 相交，划出 $2\times\phi11$ 的定位线。

(7) 以 $\phi32$、$\phi38$ 中心为圆心，分别以 $R52$、$R47$ 为半径做圆弧；以 $\phi38$ 中心为圆心、$R52$ 为半径做弧与中心偏距 15 mm 相交，找出 $R20$ 圆弧的圆心。

(8) 按照圆弧连接作图方法，分别以 $R20$、$R10$ 为半径作出各处圆弧与直线连接、圆弧与圆弧连接。

(9) 检查各尺寸是否符合图样要求，用样冲将所划图形均匀打上记号，完成全部划线工作。

例 2　立体划线

如图 1—18 所示，根据图样完成轴承座立体划线，具体过程如下：

(1) 分析图样，分别选定图中所示 Ⅰ—Ⅰ、Ⅱ—Ⅱ、Ⅲ—Ⅲ 三个中心平面为基准。

(2) 如图 1—18b 所示，用千斤顶支撑，划出划线基准 Ⅰ—Ⅰ 与底面加工线，确保定位尺寸 100 mm。

(3) 如图 1—18c 所示，利用千斤顶支撑，并用 90°角尺定位，划出 $2\times\phi13$ 孔中心线与基准线 Ⅱ—Ⅱ，确保尺寸 150 mm 对称分布。

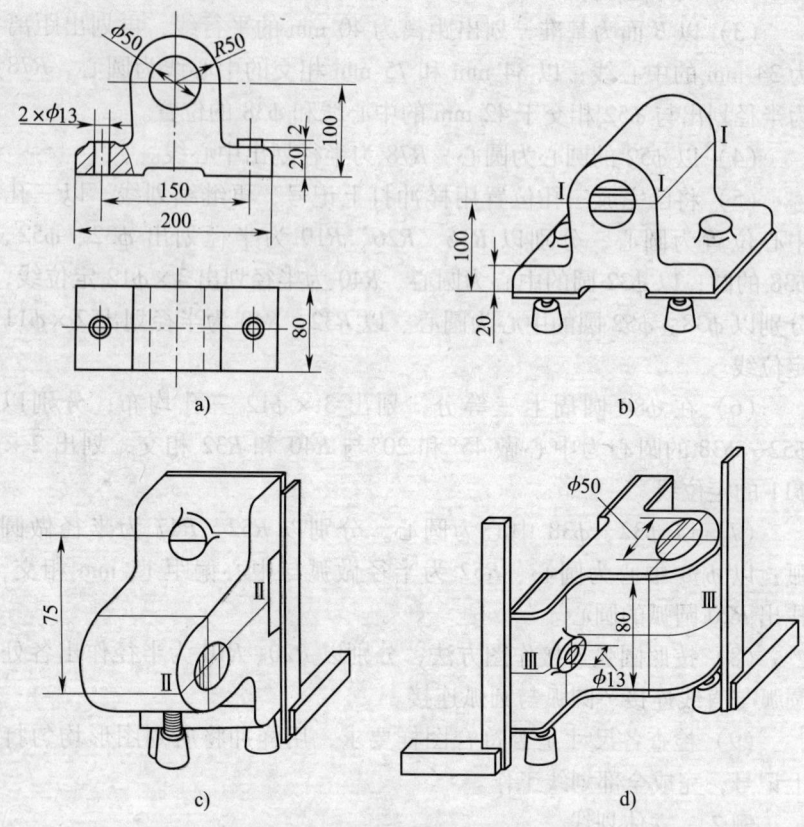

图 1—18 立体划线实例

(4) 如图 1—18d 所示,利用千斤顶支撑,并用 90°角尺定位,划出大端面加工线与基准线 Ⅲ—Ⅲ,确保尺寸 80 mm 对称分布。

(5) 划出 $2\times\phi13$ 孔和 $\phi50$ 孔的圆周尺寸界线。

(6) 检查划线尺寸,无误后,在所划线条上打样冲眼。

例 3 复杂零件划线

图 1—19 所示为 CW6140 型车床溜板箱体图样,完成其划线的主要步骤如下:

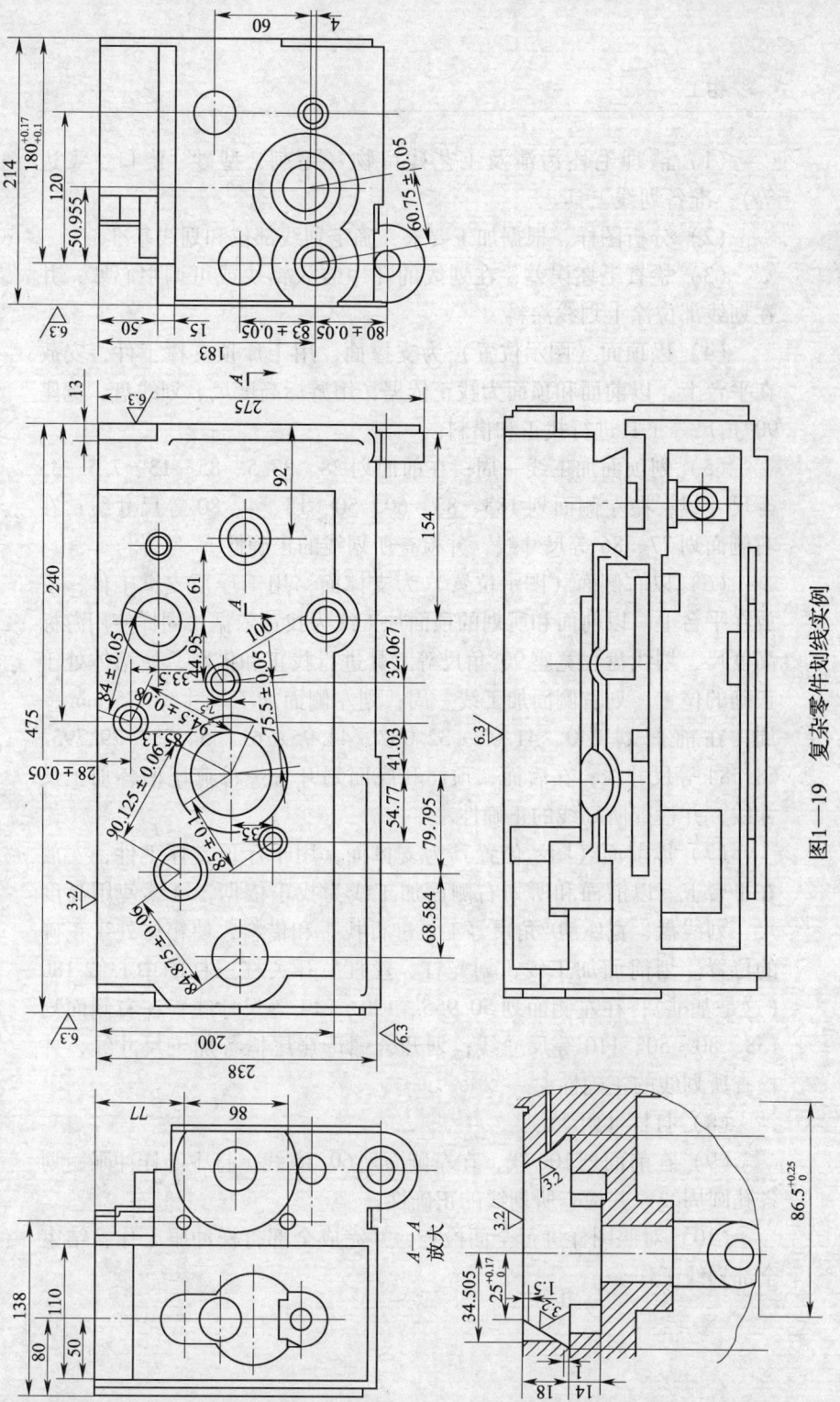

图1—19 复杂零件划线实例

(1) 清理毛坯污渍及工艺残留物（毛刺、型砂、浇口、飞边等），准备划线工具。

(2) 分析图样，根据加工要求，确定划线部位和划线基准。

(3) 检查毛坯误差，在划线的孔中装入铅块或可调中心塞，并在划线部位涂上划线涂料。

(4) 以顶面（图示位置）为支撑面，用千斤顶支撑工件，安放在平台上。以前面和顶面为找正依据，用游标高度尺、划线盘、宽座90°角尺等工具进行找正和借料。

(5) 划顶面加工线一周；在前面划28、33.5、85、13、7.5、35等尺寸线；在左侧面划183、83、60、50、15、4、80等尺寸线；在右侧面划77、86等尺寸线，并检查所划线的正确性。

(6) 以右侧面（图示位置）为支撑面，用千斤顶支撑工件，安放在平台上。以前面和所划的顶面加工线为找正依据，同样使用游标高度尺、划线盘、宽座90°角尺等工具进行找正和借料，使箱体处于正确的位置。划右侧面加工线一周；划左侧面加工尺寸线475 mm一周；在前面划240、41.03、32.067、44.95、61、54.77、79.795、68.584等尺寸线；在后面、顶面和底面划开合螺母燕尾槽各加工尺寸线，并检查所划线的正确性。

(7) 以前面（图示位置）为支撑面，用千斤顶支撑工件，安放在平台上。以前面和所划右侧面加工线为找正依据，继续使用高度尺、划线盘、宽座90°角尺等工具进行找正和借料，使箱体处于正确的位置。划前面加工线；划光杠、丝杠、开关杠三杠的中心线180（这是基准）；在左侧面划50.955、120、214等尺寸线；在右侧面划138、80、50、110等尺寸线；划开合螺母燕尾槽各加工尺寸线，并检查所划线的正确性。

(8) 打样冲眼。

(9) 在前面划100线，在左侧面划60.75线。打中心样冲眼，划各孔圆周线，并检查所划线的正确性。

(10) 对照图样进行全面检查，并完成全部打样冲眼工作，结束全部划线工作。

§1—2 錾削、锯削与锉削

一、錾削

1. 錾削概念

錾削（有时也称凿削）是用手锤敲击錾子（有时也称凿子）对工件进行切削加工的一种方法。錾削主要用于不便于机械加工的场合，可完成去除凸缘、毛刺，分割材料、錾油槽等工作，有时也用做较小表面的粗加工。

2. 錾削工具

（1）工具种类

錾削工具主要由手锤和錾子组成。錾子由碳素工具钢锻造而成，钳工因工作性质不同，所用的錾子种类较多，如图1—20所示。常用的錾子有扁錾（阔錾）、窄錾（尖錾）和油槽錾3种，其他还有圆口錾、雕刻錾等。

1）手锤。如图1—21所示的手锤，又称钳工锤、圆头锤或榔头，通常用碳素工具钢T7制成。手锤是钳工的重要工具，錾削和装拆零件都必须用手锤来敲击。

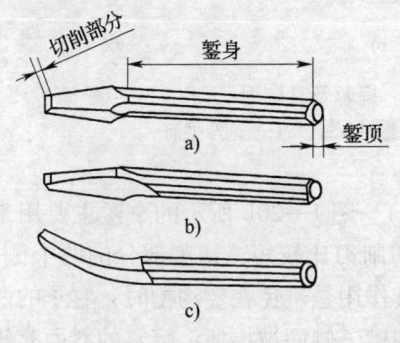

图1—20 常用錾子
a）扁錾 b）窄錾 c）油槽錾

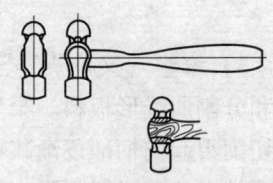

图1—21 手锤的构造

> 钳工

手锤由锤头和木柄两部分组成。锤头的质量大小用来表示手锤的规格，有 0.25 kg、0.5 kg 和 1 kg 等几种规格。锤头通常用 T7 钢制成，并经过淬硬处理。木柄选用比较坚固的木材制成，安装在锤头上必须牢固可靠，以防止因脱落而造成事故发生。锤头上装木柄的孔做成椭圆形，且两端大，中间小。木柄敲紧在孔中后，端部再打入楔子（有时是钉进钉子）就不易松动了。木柄不宜做成圆形，做成椭圆形的作用除了防止锤头在孔中发生转动以外，握在手上也不易转动，既安全，又便于进行精确敲击。常用的 1 kg 手锤的木柄长度为 350 mm 左右。

2）扁錾（又称阔錾）。图 1—20a 所示的扁錾应用广泛，常用来去除凸缘、毛刺和分割材料。扁錾的切削部分扁平，切削刃略带圆弧，其作用是在平面上錾去微小的凸起部分时，切削刃两边的尖角不易损伤平面的其他部分。扁錾的应用如图 1—22 所示。

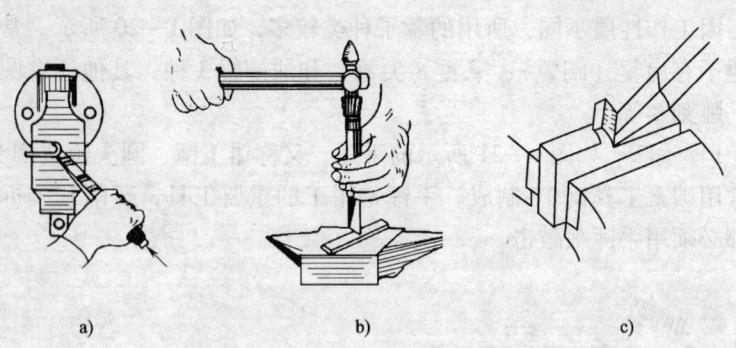

图 1—22　扁錾及其应用
a）板料錾切　b）錾断条料　c）錾削窄平面

3）窄錾（又称狭錾、尖錾）。图 1—20b 所示的窄錾主要用来錾槽和分割曲线形板料。窄錾的切削刃比较短，切削部分的两个侧面，从切削刃起向柄部逐渐狭小，其作用是避免在錾沟槽时，錾子的两个侧面被卡住造成錾削阻力增加和槽子侧面被损坏。窄錾的斜面有较大的角度，是为了保证切削部分具有足够的强度。窄錾的应用如图 1—23 所示。

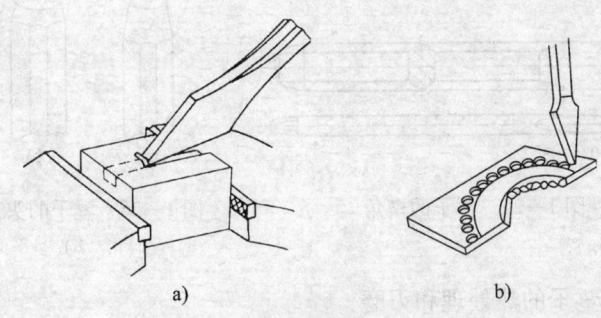

图 1—23 窄錾及其应用
a) 錾槽 b) 分割曲线形板料

4) 油槽錾。如图 1—20c 所示的油槽錾是用来錾削油槽的。它的切削刃很短,并呈圆弧形。为了能在对开式滑动轴承孔壁上錾削油槽,切削部分做成弯曲形状,油槽錾的应用如图 1—24 所示。

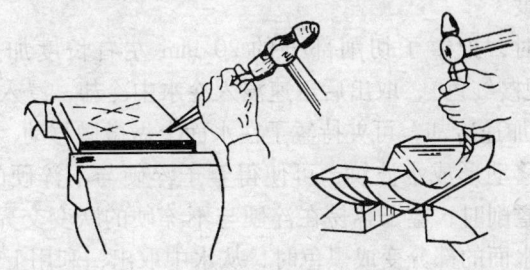

图 1—24 油槽錾及其应用

(2) 对錾子的要求

对錾子的要求:一是錾子切削部分的材料要比工件的材料硬度高;二是切削部分必须呈楔形(又称为尖劈形)。如图 1—25 所示,錾子的楔角角度为 30°~70°。刃磨錾子要根据所錾削的工件厚度而定,当錾削薄板时,由于切削力小,楔角可磨小;反之,当錾削厚板时,楔角则磨大。

如图 1—26 所示,錾子头部端面不宜修磨成平面。扁錾、窄錾和油槽錾的头部都有一定的锥度,顶部略带球形。这样可使捶击时的作用力容易通过錾子的中心线,錾子容易掌握和保持平稳。

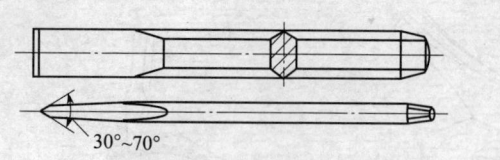 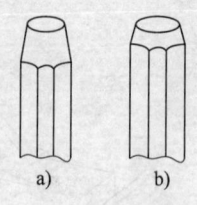

图 1—25　錾子的楔角　　　图 1—26　錾子的头部
　　　　　　　　　　　　　　a) 呈球形　b) 呈平面

（3）錾子的热处理和刃磨

錾子的热处理是为了使錾子切削部分具有适当的硬度，包括淬火和回火两个过程。热处理前，先在砂轮机上把錾子的切削部分磨好，以便热处理时容易看清表面颜色，热处理后一般不再对切削刃进行刃磨或精磨。热处理时，加热温度不宜过高或过低。温度过高会使得錾子切削部分容易熔化，且淬火中冷却时容易出现裂纹；温度过低不能保证淬火硬度。

热处理时，把錾子切削部分的 20 mm 左右长度加热到 750～780℃（呈现樱红色），取出后迅速浸入冷水中冷却，浸入深度为 5～6 mm。为了加速冷却，可夹持錾子在水面上做微微移动，如图 1—27 所示。因为移动形成水波纹，可使得錾子淬硬与不淬硬的界线不明显。否则，錾削时，錾子容易在淬硬与不淬硬的跃变交界线处断裂。当錾子露出水面的部分变成黑色时，从水中取出，利用上部的余热进行回火。为了便于观察颜色以判断温度，錾子从水中取出后，马上在砂布或砖石上把切屑部分的前刃面和后刃面摩擦几下，去除表面氧化层和污物。刚出水的颜色是白色，而后变为黄色，再变为蓝色。变为黄色时，把錾子全部浸入冷水中冷却，这种情况的回火称为"黄火"；变为蓝色时，把錾子全部浸入冷水中冷却，这种情况的回火称为"蓝火"。"黄火"的硬度比"蓝火"的高些，不易磨损，但錾削时容易断裂。"蓝火"的温度比较适当，故采用的比较多。錾子热处理过程中根据颜色判断温度是比较难掌握的，尤其是回火时时间短促，颜色不易看清楚，必须通过认真观察和不断实践，才能逐步掌握相关操作技能。

錾子切削部分的热处理和刃磨的好坏直接影响錾削的质量和工作

效率,所以,錾子的前刀面和后刀面必须磨得光滑平整,否则錾出的表面不容易平整,且容易产生打滑现象而划伤手部。必要时,在砂轮上刃磨后再在油石上精磨,可使切削刃既锋利又不易磨损。如图1—28所示,刃磨錾子时,要使錾子的切削刃高于砂轮的中心,以免切削刃扎入砂轮,甚至引起錾子扎进砂轮保护罩而挤碎砂轮的事故。刃磨錾子的平面时,要平行于砂轮轴线来回平稳地移动錾子,使得錾子容易磨平,且砂轮的磨耗也均匀,从而延长砂轮的使用寿命。刃磨时,握持錾子上的压力不能过大,以免造成錾子因过热而退火,必要时刃磨过程可经常浸水冷却錾子。

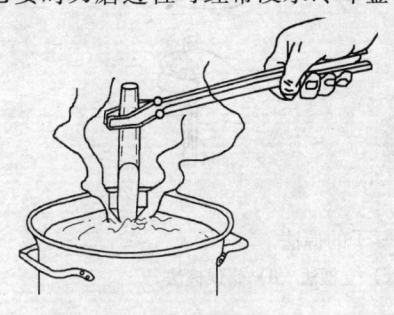
图1—27 錾子的淬火

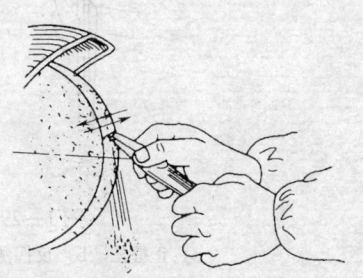
图1—28 錾子的刃磨

3. 錾削动作要领

(1) 錾子握法

图1—29所示錾子的握法有正握法、反握法和立握法等。錾子主要用左手中指、无名指和小指握住,大拇指和食指放松,錾子头部不宜伸出左手太长,伸出约20 mm即可,避免打手。錾子要自如而较松地握着,不要握得太紧,以免敲击时掌心承受的震动过大。錾削时,握錾子的手要保持小臂处于水平位置,肘部不能下垂和抬高。

(2) 手锤握法

手锤的握法有松握和紧握两种,如图1—30所示。手锤用右手握住,采用五个手指满握的方法。大拇指轻轻压在食指上,虎口对准锤头方向,不要歪在一侧,木柄尾部不宜露出右手太短,露出15~30 mm即可。

> 钳工

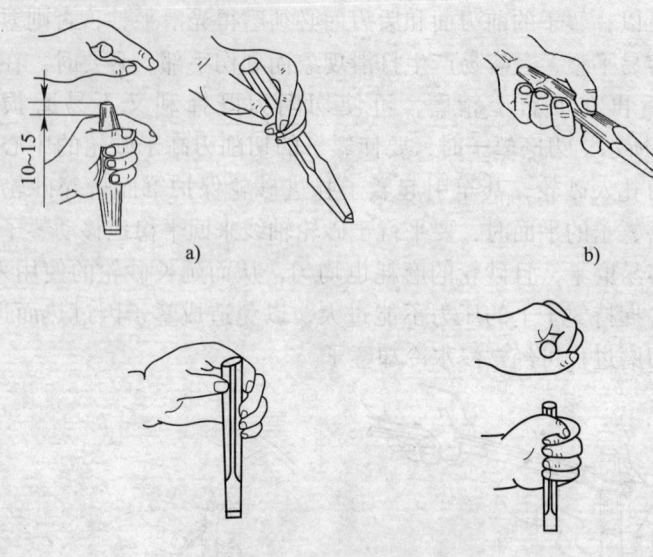

图1—29 錾子的握法
a) 正握法　b) 反握法　c) 立握法　d) 错误握法

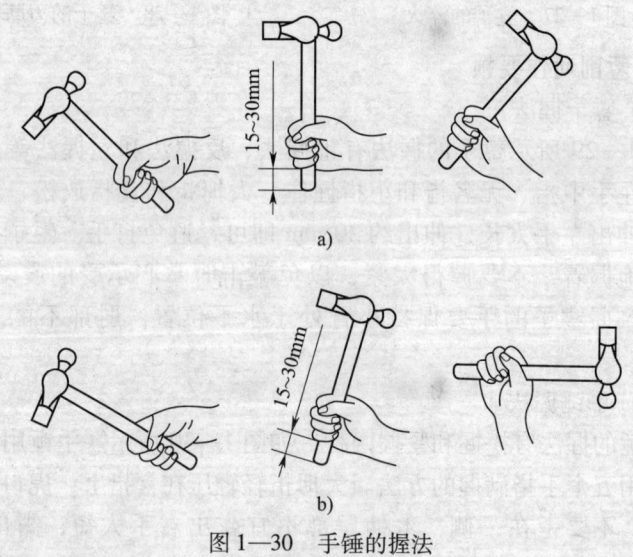

图1—30 手锤的握法
a) 紧握法　b) 松握法

(3) 挥锤法

如图1—31自左至右所示,挥锤的方法有手挥、肘挥和臂挥3种。

1) 手挥:只做手腕的挥动,敲击力较小,一般用于錾削的开始和结尾时。錾油槽时由于切削量不大,也常用手挥。

2) 肘挥:手腕和肘部一起挥动,敲击力较大,运用最普遍。

3) 臂挥:手腕、肘部和全臂一起挥动,敲击力最大,用于需要大力的錾削工作。

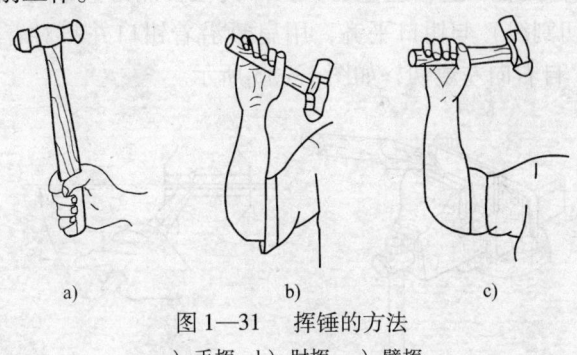

图1—31 挥锤的方法
a) 手挥 b) 肘挥 c) 臂挥

(4) 錾削姿势

在一般场合下,为了充分发挥较大的敲击力量,操作者必须保持正确的站立姿势,即左脚超前半步,两腿自然站立,人体重心稍微偏于右脚,视线要落在工件的切削部位,如图1—32所示。

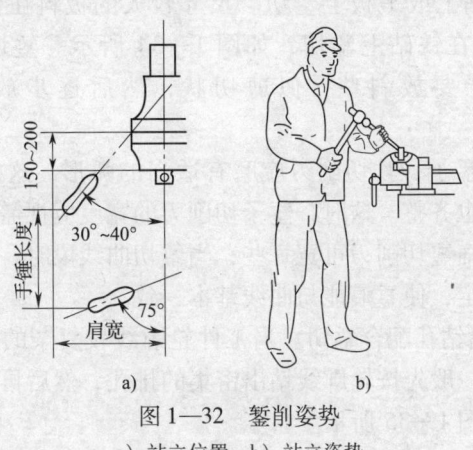

图1—32 錾削姿势
a) 站立位置 b) 站立姿势

刚开始练习时，眼睛要时刻注意錾削情况的变化，利用余光看錾子敲击部位，以防打手。挥锤可由轻到重练习施力，不可连击，逐步做到"稳、准、狠"。

4. 錾削基本方法

（1）錾切板料方法

常见錾切板料的方法有以下3种：

1）工件夹在台虎钳上錾切。工件夹在台虎钳上錾切时，板料要按划线（切割线）与钳口平齐，用扁錾沿着钳口并斜对着板料（约成45°角）自右向左錾切，如图1—33所示。

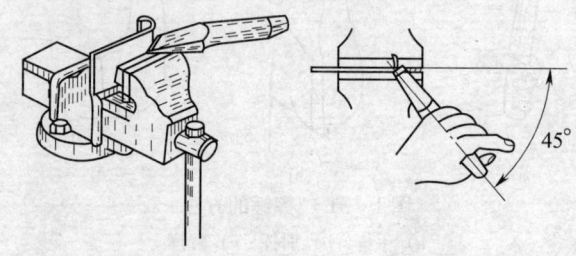

图1—33 在台虎钳上錾切板料

錾切时，錾子的刃口不能正对着板料錾切，否则由于板料的弹动和变形，造成切断处不平整或出现裂缝。

2）在铁砧上或平板上錾切。尺寸较大的板料在台虎钳上不能夹持时，应放在铁砧上錾切，如图1—34所示。錾切时应由前向后排錾，錾子要放斜些，似剪切状，然后逐步放垂直，依次錾切。

切断用的錾子，其切削刃应磨有适当的弧形，这样不仅便于錾削，而且錾痕也齐整。这时，錾子切削刃的宽度应视需要而定。当錾切直线段时，扁錾切削刃可宽一些；当錾切曲线段时，刃宽应根据曲率半径大小决定，使錾痕能与曲线基本一致。

3）用密集钻孔配合錾切。当工件轮廓线较复杂的时，为了减少工件的变形，一般先按轮廓线钻出密集的排孔，然后再用扁錾、窄錾逐步錾切，如图1—35所示。

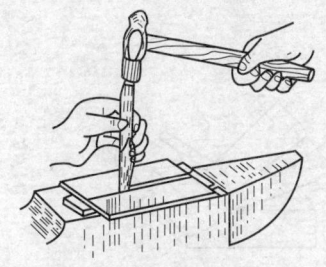

图1—34 在铁砧上錾切板料

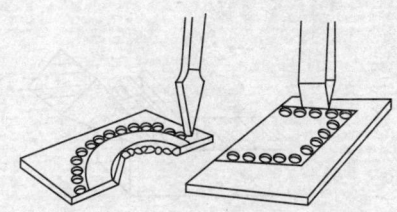

图1—35 用密集钻孔配合錾切

（2）錾削平面方法

1）起錾与终錾。如图1—36所示，起錾方法按工件部位有正面起錾和尖角起錾两种。通常起錾采取先从工件的边缘尖角处，将錾子向下倾斜。只需轻轻敲打錾子，就容易錾出斜面，同时慢慢把錾子移向中间，然后按正常錾削角度进行錾削。若必须采用正面起錾的方法，此时錾子刃口要贴住工件的端面，錾子头部仍向下倾斜，轻轻敲打錾子，待錾出一个小斜面后，再按正常錾削角度进行錾削。

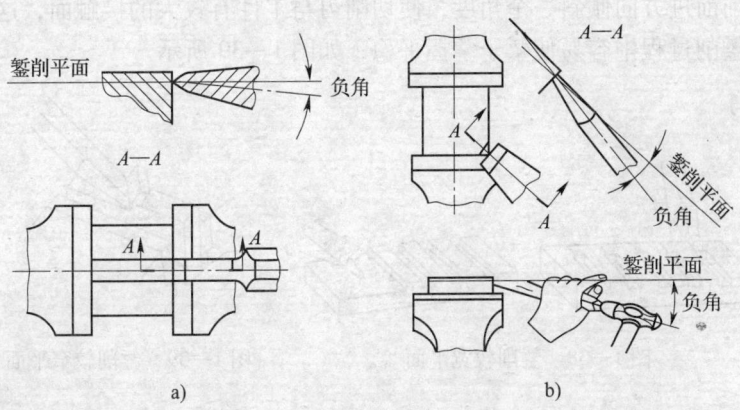

图1—36 起錾
a）正面起錾 b）尖角起錾

终錾，即当錾削快到终点时，要防止工件边缘材料崩裂。尤其是錾铸铁、青铜等脆性材料时要特别注意，当錾削接近终点 10～15 mm

时，必须调头再錾去余下部分。如果不调头，就容易使工件的边缘崩裂，如图1—37所示。

图1—37 终錾
a) 正确 b) 错误

2) 錾削平面。錾削平面采用扁錾，每次錾削材料厚度一般为0.5~2.2 mm。

在錾削较宽的平面时，当工件被切削面的宽度超过錾子切削刃宽度时，一般要先用窄錾以适当的间隔开出工艺直槽，然后再用扁錾将槽间的凸起部分錾平，如图1—38所示。

在錾削较窄的平面时（如槽间凸起部分），錾子的切削刃最好与錾削前进方向倾斜一个角度，使切削刃与工件有较大的接触面，这样在錾削过程中容易使錾子掌握平稳，如图1—39所示。

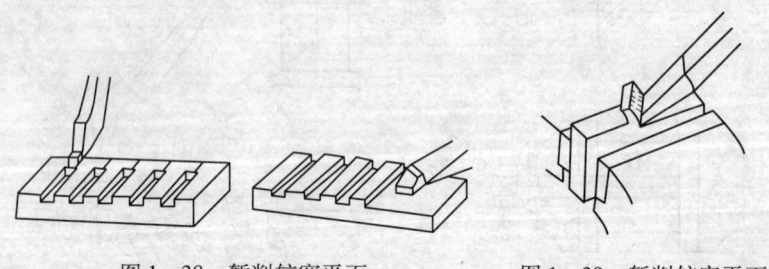

图1—38 錾削较宽平面　　图1—39 錾削较窄平面

(3) 錾削油槽方法

油槽錾的切削部分，应根据图样上油槽的断面形状、尺寸进行刃磨，同时在工件需錾削油槽部位划线。起錾时，錾子要慢慢地加深尺寸，錾到终点时，刃口必须慢慢翘起，保证槽底圆滑过渡，如

图1—40所示。如果在曲面上錾削油槽，錾子倾斜情况应随着曲面而变动，使錾削时的后角保持不变，保证錾削顺利进行。

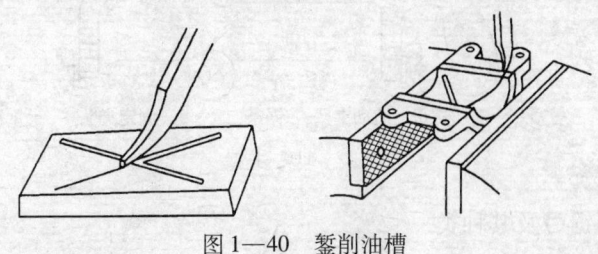

图1—40　錾削油槽

5. 錾削注意事项

（1）握锤的手不允许戴手套，以免手锤滑脱伤人。

（2）錾削脆性材料和修磨錾子时，要带防护眼镜，防止飞屑伤害眼睛。

（3）不准使用无楔或松动的手锤。

（4）錾顶出现翻头、飞刺等应及时修磨。

（5）錾削接近终止时，锤击力要小，防止用力过大伤手。

（6）工件夹持要牢固，防止落下伤人。

（7）使用砂轮机磨錾子时，等砂轮机转速正常方可使用。在砂轮机上修磨工具时，压力不可过大、过猛。操作者应站在砂轮机侧面，防止砂轮片破碎飞出伤人。

（8）錾子头部、手锤头部及手柄不能沾油，以免脱手滑出造成事故。

二、锯削

1. 锯削概念

用手锯对材料或工件进行切断或切槽等加工的方法叫锯削。利用机械锯进行加工，则不属于钳工的工作范围。

2. 手锯及其组成

手锯是钳工用来进行锯削的手动工具。手锯的组成比较简单，由锯弓和锯条两部分组成，如图1—41所示。

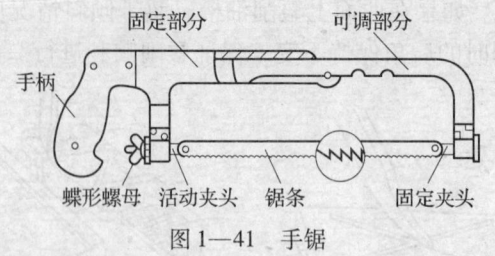

图 1—41 手锯

(1) 锯弓及其种类

锯弓是用来张紧锯条的,分为固定式锯弓和可调式锯弓两种,如图1—42所示。固定式锯弓为整体式,只能安装一种规格的锯条。可调式锯弓分两部分,它的前段可在后段中进行前后调节,因此,使用时可安装不同长度的锯条。另外,可调式锯弓手柄的结构形状便于在锯削时用力,故锯削中使用较多的为可调式锯弓。

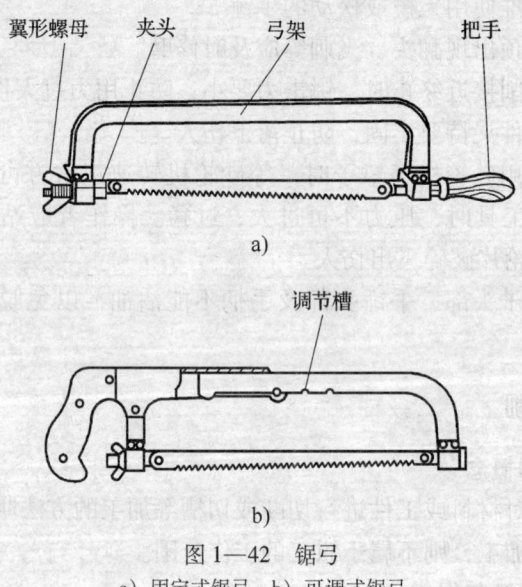

图 1—42 锯弓
a) 固定式锯弓 b) 可调式锯弓

(2) 锯条及其选用

锯条是手锯的重要组成部分,锯削时,锯条起切削作用。锯条的材料为优质碳素结构钢、碳素工具钢、合金工具钢、高速钢或双金属复合钢，淬火后的硬度为 55～59HRC。锯条的长度规格是以其两端安装孔的中心距来表示的。锯条长度一般为 150～400 mm，钳工常用的锯条长度为 300 mm。

正确选用锯条可确保锯削质量和锯削效率，选择锯条时应考虑以下情况：

1) 锯条的切削部分锯齿需要有较大的楔角，以保证有足够的容屑槽，从而保证较高的工作效率。目前使用的锯条锯齿角度是：前角为 $0°$，楔角为 $50°$，后角为 $40°$。锯齿角度如图 1—43 所示。

2) 锯削时，锯入工件越深，工件对锯条的摩擦阻力越大，甚至把锯条咬住。所以，锯条在制造时将锯条上的锯齿按照一定的规律左右错开排列成一定的形状，称为锯路。锯路有交叉形、波浪形等，锯齿排列如图 1—44 所示。锯条有了锯路，使工件的锯缝宽度大于锯条背部的厚度，锯条便不会被锯缝咬住，减少了锯条与锯缝的摩擦阻力，锯条不致因摩擦过热而加快磨损。

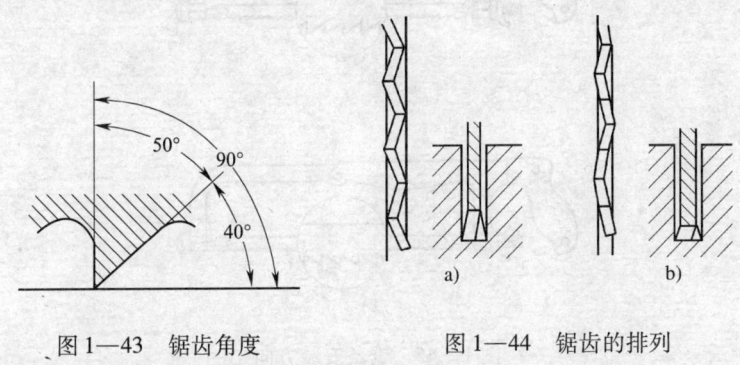

图 1—43　锯齿角度　　　　图 1—44　锯齿的排列

3) 锯齿的粗细是用锯条上每 25 mm 长度内的齿数来表示的。目前有 14、18、24、32 齿 4 种，分别为粗齿、中齿、细齿和极细齿。

锯削时，锯齿的粗细应根据锯削材料的软硬和锯削面的厚薄来选择。粗齿锯条的容屑槽较大，适用于锯削软材料和锯削面较大的工件。因为此时每锯一次的切屑较多，粗齿的容屑槽大，不至于产生堵塞造成影响切削效率的现象。

细齿锯条适于锯削硬材料。硬材料不易锯入，每锯一次的切屑较少，不致堵塞容屑槽。选用细齿锯条可使切削的齿数增加，从而使每齿的切削量减少，材料容易被切除，锯削比较省力，锯齿也不易磨损。

加工锯削面较小（薄）的工件时，如锯割管子和薄板时，必须选用细齿锯条。否则，锯齿很容易被钩住，以致崩齿。

（3）锯条安装注意事项

手锯是向前推进时进行切削的，所以安装锯条时要保证齿尖向前。锯条安装方向如图1—45所示。同时，锯条安装的松紧也要适当。锯条安装过紧，锯条受力大，锯削时稍有阻滞而产生弯折时，锯条很容易崩断；锯条安装过松，锯条不但容易弯曲造成折断，而且锯缝易歪斜。

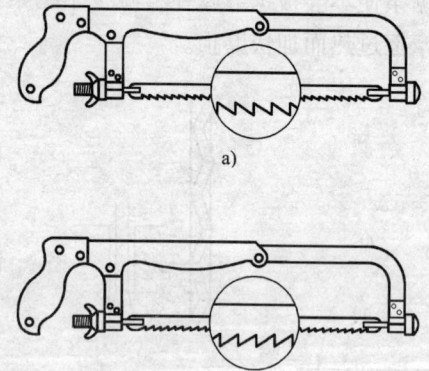

图1—45 锯条安装方向
a）正确 b）错误

锯条安装后，还应检查锯条安装是否存在扭曲、歪斜。因前后夹头的方榫与锯弓方孔有一定的间隙，容易造成扭曲、歪斜等现象。如有，必须校正。

（4）锯条损坏原因及防止方法

实际工作中，锯条损坏原因及防止方法见表1—1。

表1—1　　　　　锯条损坏原因及防止方法

损坏类型	损坏原因	防止方法
锯条折断	锯条安装过松或过紧	安装后锯削时，锯条不扭曲变形，松紧适度即可
	工件夹持不牢或夹持位置不正确	夹紧工件，锯缝不要离台虎钳钳口过远或过高
	锯缝歪斜后纠正过急	不可强行纠正
	锯削时压力过大或突然用力	应平稳锯削
	锯断工件时锯条碰到台虎钳等物	工件快要锯断时，减小用力，放慢锯削速度
	在旧锯缝中使用新锯条	轻轻向后倒拉锯，待锯齿接触旧锯缝底部时，再向前推锯
锯条崩齿	锯齿规格选择不当	正确选用锯条
	起锯角度过大或用力过猛	起锯角度为10°~15°，最少有3个齿同时接触工件，起锯压力小
	锯削时突然变化角度或加大压力	起锯角度和压力应缓慢变动
	锯薄管、薄板时方法不当	锯薄管时应采取转位锯削；锯薄板时应减小锯削角度
	锯削时遇到杂质或缩孔	检查工件材料质量
锯齿磨损快	锯削速度过快	锯削速度为20~50次/min
	工件材料过硬	采用细齿锯条及正确选用切削液
	行程短，造成锯条局部磨损快	尽量充分利用锯条的有效长度锯削

3. 锯削动作要领

待锯削工件尽可能安装在台虎钳的左侧，所锯位置距钳口侧面大约10 mm。手锯的握法如图1—46所示，常见的握锯方法是左手扶压住锯弓前端，右手握锯柄，食指也可抵在弓架侧面。锯削时，右手主

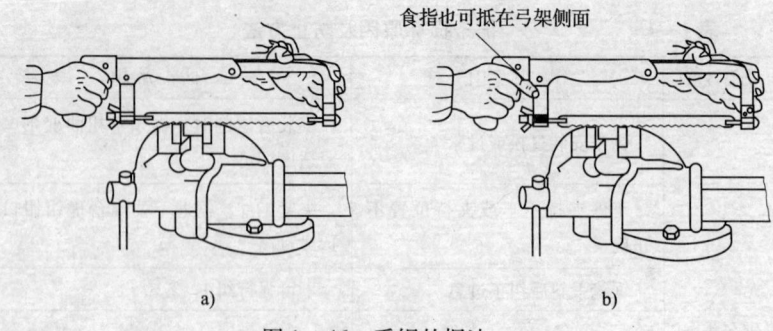

图1—46 手锯的握法

要控制推力,左手配合右手扶正锯弓,并稍微施加压力。

如图1—47所示,起锯有远起锯和近起锯两种。起锯时,右手握锯弓柄,左手指定好锯削位置,用锯条前端起锯,即远起锯方法。一般情况下采用远起锯较好,因为远起锯锯齿逐步切入材料,锯齿不易卡住,起锯也较方便,同时便于观察起锯线。如果采用近起锯而掌握不好,锯齿会被工件棱边卡住。起锯操作时,行程要短,压力要小,速度要慢。当起锯到槽深达2~3 mm时左手拇指即可离开锯条,进行正常锯削。

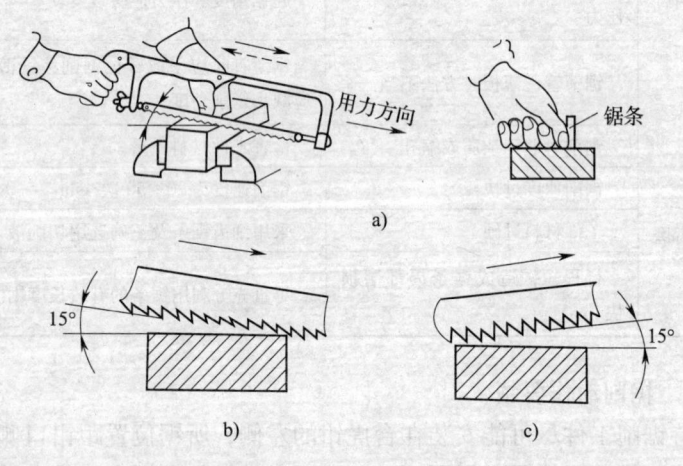

图1—47 起锯的方法
a)起锯时的手法 b)远起锯 c)近起锯

锯削的站位与锉削站位相同,右手握锯弓柄,左手五指中关节握住锯弓前端上部。前腿微微弯曲,后腿伸直,两肩自然摆平,两手握正锯弓,目视锯条,如图1—48所示。锯削时,朝前用力,向后轻拉快速带回,锯削速度根据工件材料软硬来确定,每分钟控制在20~50次。材料越硬,向前推的速度要越慢,锯弓对工件压力要越大。

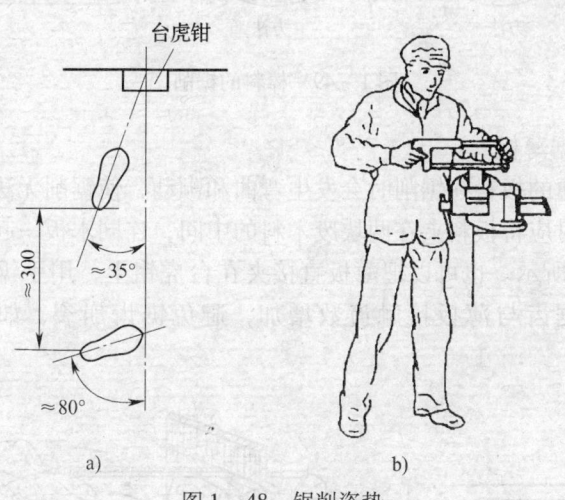

图1—48 锯削姿势
a)站立位置 b)站立姿势

锯削时要借助身体的力量,身体各部位肌肉要放松,眼睛要随时注意锯削情况,保持锯条与工件垂直。发现稍有歪斜应及时采取措施,将锯弓朝歪斜方向带力锯削,纠正偏斜后再摆正锯弓。

锯削时,锯削声音要实,向前推的速度要慢,不允许有尖叫声和锯条打滑,避免锯齿的锯路磨损。

4. 常见原材料锯削方法

(1)锯棒料

锯削尺寸较大的圆钢、方钢等棒料时,可按图1—49中的顺序进行锯削。锯削尺寸较大的脆性材料时,可在两侧锯一深缝和一浅缝后用锤敲断。

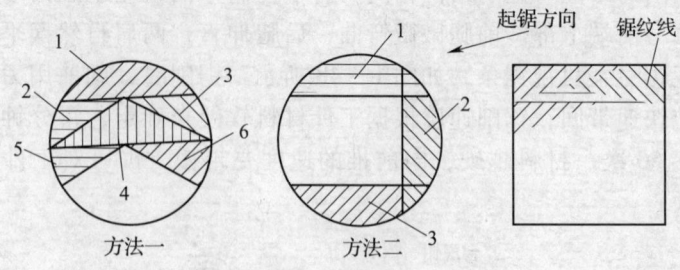

图1—49 棒料的锯削

(2) 锯薄板

比较薄的板料在锯削时会发生弯曲和颤动,使锯削无法进行。因此,锯削时应将板料夹在两块废木料的中间,连同木板一起锯开,如图1—50a所示。也可以把薄板直接夹在台虎钳上,用手锯做横向斜推锯,使锯齿与薄板接触齿数增加,避免锯齿崩裂,如图1—50b所示。

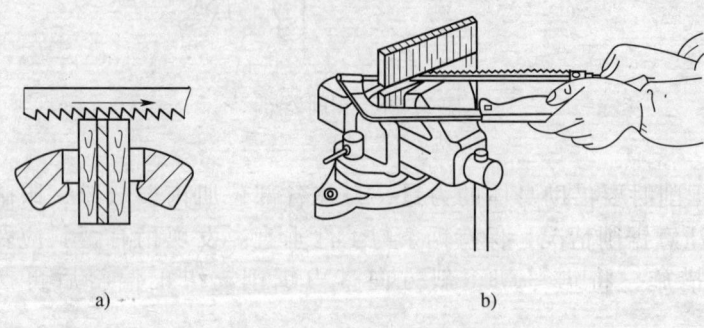

图1—50 薄板料的锯削

(3) 锯圆管

锯圆管一般不采用一锯到底的方法,而是将管壁锯透时,把管子向推锯方向转动,锯锯转转,直到锯掉为止,如图1—51所示。

(4) 锯型钢

角钢、槽钢等型钢的锯削如图1—52所示。

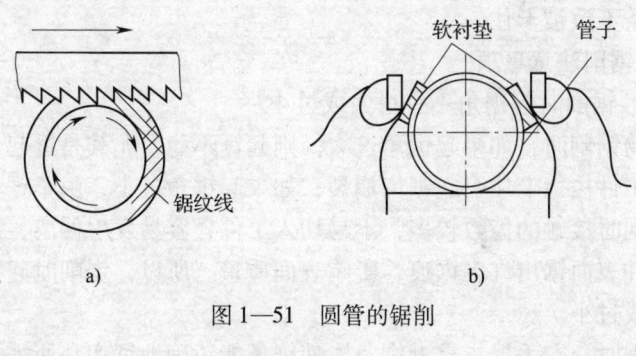

图 1—51 圆管的锯削

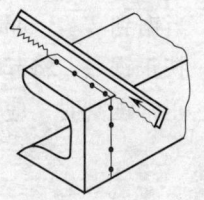 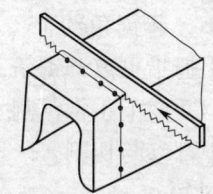 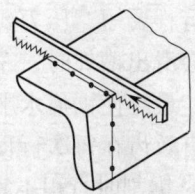

图 1—52 型钢的锯削

(5) 锯深缝

如图 1—53 所示,当锯缝的深度超过弓架的高度时(见图 1—53a),应将锯条转过 90°重新安装,使弓架转到工件侧面再锯削(见图 1—53b),也可把锯条安装成使锯条在锯内进行锯割(见图 1—53c)。

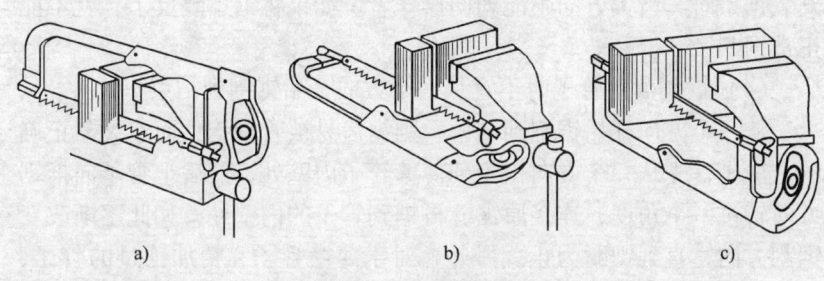

图 1—53 深缝的锯削

(6) 锯扁钢

为得到整齐的锯口,应从扁钢较宽的面下锯,这样的锯缝深度较浅，锯条不致被卡住。

5. 锯削注意事项

（1）锯削时起锯角不宜过大或过小

开始锯割时，如果起锯角过大，则起锯不稳，尤其是近起锯时锯齿会被工件棱边卡住引起锯齿崩裂；如果起锯角过小，由于锯齿与工件表面同时接触的齿数较多，不易切入工件，容易发生偏离，多次起锯使工件表面锯出许多锯痕，影响表面质量。所以，锯削时起锯角不宜过大或过小。

起锯时，左手拇指靠近锯条，使锯条能正确地锯切在所需要的位置上，行程要短，压力要小，起锯角约15°。当锯到2~3 mm槽深，锯条不会滑出槽外时，左手拇指可离开锯条，扶正锯弓，将起锯角逐渐减小，最终使锯痕水平，并向下正常锯割。正常锯割时，应使锯条的全部有效齿在每次行程中都参与切割。

（2）锯割时行程不宜过短

锯割行程过短使得参与锯削的刀齿少，总是有限的刀齿参与锯削，刀齿易磨损。因此，在锯削时，应使锯条全部长度上的有效刀齿都能利用上。

（3）安装锯条时，齿尖方向不能朝向操作者

锯割时，向前推锯起到切削作用。由金属切削理论可知，前角越大，切割越省力。操作者向前推的作用力远大于向后拉的作用力，故安装锯条时，齿尖方向不能朝向操作者。如果将锯条装反了，就不能正常锯割了。

（4）锯割薄壁管子时不宜从一个方向开始锯割到结束

从一个方向开始锯割到结束，则锯齿易被管壁钩住而崩裂。正确的方法是，先从一个方向锯割到薄壁管子内壁处，然后把管子向推锯方向转过一个角度，连接原锯缝再锯到管子的内壁处，如此逐渐改变锯割方向，直到锯断为止。另外，对于薄壁管子和精加工过的管子，应夹在有V形槽的两衬垫之间，以防将管子夹扁和夹坏表面。

（5）锯割薄材料时不可从窄面起锯

因为从窄面起锯，不仅增加单个刀齿的切削负荷，而且锯齿还容易被材料钩住崩裂。如果必须从窄面起锯，可利用两块木板夹持工

件，连同木板一起锯下，避免钩住锯齿，同时也增加了板料的刚度，使材料在锯割时不发生颤动。

（6）锯割时不要突然用力过猛，以免锯条折断后弹出伤人

操作时避免用力过大，避免因工件突然断开，造成身体前冲发生事故。

（7）工件装夹要牢固

在工件即将锯断时，要用左手扶住工件断开部分，防止断料掉下来砸脚造成伤害事故。

（8）要注意做好冷却与润滑工作，正确选用切削液

例如：锯铸铁、铝、铝合金用乳化液或煤油；锯铜及铜合金用乳化液加熟猪油的混合液；锯碳钢、工具钢、合金钢用润滑油；锯石料用水。

三、锉削

1. 锉削概念

用锉刀对工件进行加工的方法称为锉削。锉削可用于加工工件的内平面、外平面、内曲面、外曲面及各种复杂形状的表面，还可以配键、做样板、修正个别零件的几何形状等。锉削精度可高达 0.01 mm 左右，表面粗糙度可达 $Ra0.8\ \mu m$。

2. 锉刀

（1）锉刀结构

图 1—54 所示为锉刀结构和各部分名称。

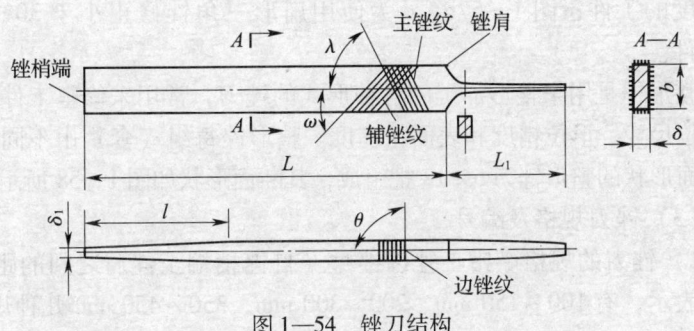

图 1—54　锉刀结构

锉身是锉梢端至锉肩之间所包含的部分。无锉肩的锉刀（如整形锉和异形锉）则以锉纹长度部分为锉身。

锉身以外部分为锉柄，是安装锉刀柄的部分。

双锉纹锉刀由主锉纹和辅锉纹构成，主锉纹是在锉刀工作面上起主要锉削作用的锉纹。辅锉纹是主锉纹覆盖的锉纹。主锉纹覆盖在辅锉纹上，使锉齿间断，达到分屑断屑作用，故双锉纹锉刀锉削时较省力。单锉纹锉刀锉削时，由于全宽同时切削，需要较大的切削力，因此，适用于铝等软金属的锉削。

边锉纹是锉刀窄边或窄面上的锉纹。

（2）锉刀种类

机械行业中常见的锉刀有钳工锉（普通锉）、异形锉和整形锉等。

钳工锉是用于加工、锉修金属零件的各种形式的锉刀。按断面形状不同，钳工锉又可分为扁锉（平锉）、方锉、三角锉、半圆锉和圆锉，如图1—55所示。

异形锉是用于对零件的不同型腔进行精细加工的各种形式的锉刀，不同断面形状、相同长度的（只有一种长度）异形锉为一套（组），其断面形状如图1—56所示，常用的有刀口锉、菱形锉、扁形三角锉、椭圆锉、圆肚形锉等多种形状锉刀。

图1—57所示为锉削特殊形状使用的异形锉的实例，图1—57a为选用圆肚形锉锉削圆弧半径较大的工件，利用圆肚形锉修正弧形槽孔，圆弧过渡线性较好；图1—57b为选用菱形锉修正小于60°V形角度的工件；图1—57c、d为使用扁形三角锉修正小于30°V形槽工件。

整形锉是用来整形加工的各种形式的锉刀，常用来修整工件上细小部位尺寸、形位精度和表面粗糙度。整形锉每组（套）由不同长度和断面形状的整形锉刀5~12把组成，其断面形状如图1—58所示。

（3）锉刀规格及编号

1）锉刀的规格。钳工锉以锉身（自锉梢端至锉肩之间的距离）长度表示，有100~150 mm、200~300 mm、350~450 mm几种规格。异形锉和整形锉的全长即为规格尺寸。

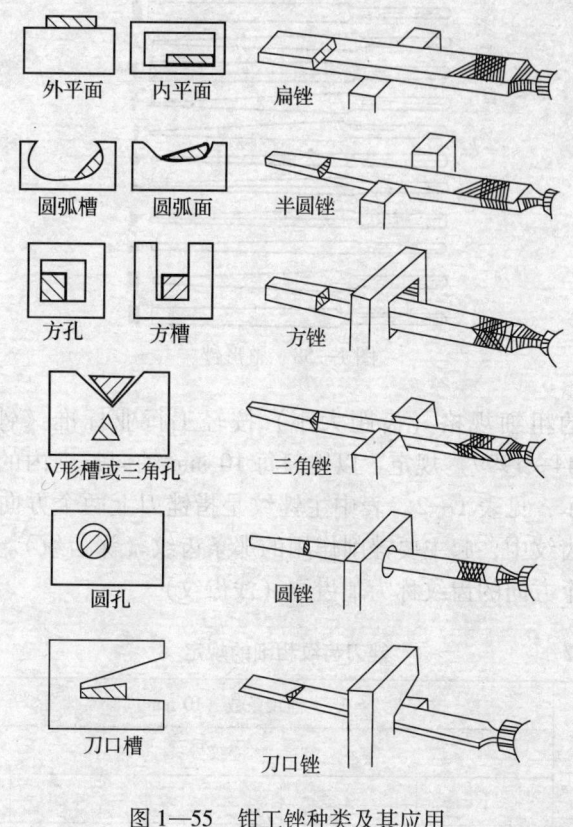

图 1—55 钳工锉种类及其应用

图 1—56 异形锉断面形状

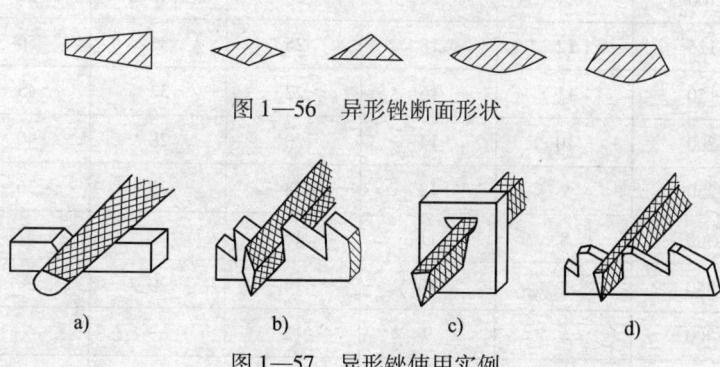

图 1—57 异形锉使用实例

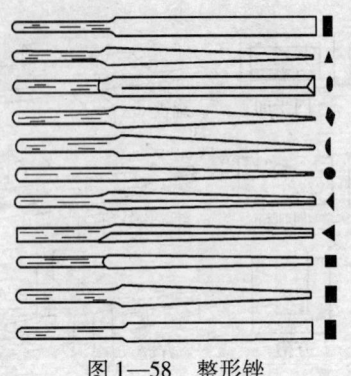

图 1—58 整形锉

锉齿的粗细规格（齿距大小）按轻工行业标准《锉纹参数》（QB/T 3844—1999）规定，以锉刀每 10 mm 轴向长度内的主要锉纹条数来表示，见表 1—2。表中主锉纹是指锉刀上两个方向排列的深浅不同的齿纹中，起主要锉削作用的那条齿纹（深齿纹）。起分屑作用的另一个方向的齿纹称为辅齿纹（浅齿纹）。

表 1—2　　　　　　　　锉刀齿纹粗细的规定

规格 （mm）	主锉纹条数（10 mm 内）				
	锉纹号				
	1	2	3	4	5
100	14	20	28	40	56
125	12	18	25	36	50
150	11	16	22	32	45
200	10	14	20	28	40
250	9	12	18	25	36
300	8	11	16	22	32
350	7	10	14	20	—
400	6	9	12	—	—
450	5.5	8	11	—	—

锉纹号分为 5 个号,其中 1 号锉纹最粗,齿距最大,切削量大,锉削表面可见锉削痕迹,表面粗糙度 Ra 值可达到 $50\sim12.5\ \mu m$,一般称为粗锉齿,用于粗锉削;2 号锉纹为中粗齿纹锉刀,切削量中等,锉削表面微见锉削痕迹,表面粗糙度 Ra 值可达到 $6.3\sim3.2\ \mu m$,适用于半精加工锉削;3 号锉纹为细齿纹锉刀,切削量较小,锉削表面可辨锉削痕迹,表面粗糙度 Ra 值可达到 $6.3\sim1.6\ \mu m$,适用于精加工锉削;4 号锉纹为双细齿纹锉刀,表面粗糙度 Ra 值可达到 $3.2\sim1.6\ \mu m$,适用于精加工锉削;5 号锉纹为油光锉刀,表面粗糙度 Ra 值可达到 $1.6\sim0.8\ \mu m$,适用于精密加工或表面粗糙度要求较高的平面。

2)锉刀的编号。锉刀的编号按《钢锉通用技术条件》(GB/T 5806—2003)规定,其顺序为:类别代号—类型代号—尺寸规格—锉纹号。例如:Q—04—200—3 表示钳工锉类,三角锉,200 mm,3 号纹。锉刀的类别及类型代号见表 1—3。

表 1—3　　　　　　　锉刀的类别及类型代号

类别代号	类型代号	类型名称	用途
QB/T 2569.1—2002	01	齐头扁锉	适用于加工、修理普通零件
	02	尖头扁锉	
	03	半圆锉	
	04	三角锉	
	05	方锉	
	06	圆锉	
异形锉 Y (QB/T 2569.4—2002)	01~06	(与钳工锉类型名称对应相同)	适用于模具、电器不同型腔的精加工
	07	单面三角锉	
	08	刀形锉	
	09	双半圆锉	
	10	椭圆锉	

➢ 钳工

续表

类别代号	类型代号	类型名称	用途
整形锉 Z (QB/T 2569.3—2002)	01～10	（与异形锉类型名称对应相同）	适用于模具、仪表、电器等零件的加工
	11	圆边扁锉	
	12	菱形锉	
锯锉 J (QB/T 2569.2—2002)	01	齐头三角锯锉	适用于锉修各种锯齿
	02	尖头三角锯锉	
	03	齐头扁锯锉	
	04	尖头扁锯锉	
	05	菱形锯锉	
	06	弧面菱形锯锉	
	07	弧面三角锯锉	

（4）锉刀的选用

1）锉刀断面形状的选用。锉刀断面形状应根据被锉削工件的形状来选择，使两者形状相适应。锉削内圆弧面时，要选择半圆锉或圆锉（小直径的工件）；锉削内角表面时，要选择三角锉；锉削内直角表面时，可以选用扁锉或方锉等。选用扁锉锉削内直角表面时，要注意使锉刀没有齿的窄面（光边）靠近内直角的一个面，以免碰伤该直角表面。

2）锉刀齿粗细的选用。锉刀齿的粗细要根据被加工工件的余量大小、加工精度、材料性质来选择。粗齿锉刀适用于加工余量大、尺寸精度低、形位公差大、表面粗糙度数值大、材料软的工件；反之，应选择细齿锉刀。各种粗细齿锉刀的加工范围见表1—4。

3）锉刀尺寸规格的选用。锉刀尺寸规格应根据被加工工件的尺寸和加工余量来选用。加工尺寸大、余量大时，要选用大尺寸规格的锉刀，反之要选择小尺寸规格的锉刀。

表1—4　　　　各种粗细齿锉刀的加工范围

锉纹（每10 mm轴向长度）	适合范围		
	工序余量（mm）	尺寸精度（mm）	表面粗糙度 Ra（μm）
4.5~12条（粗齿）	0.5~1	0.2~0.5	50~12.5
13~24条（中粗齿）	0.2~0.5	0.05~0.2	6.3~3.2
30~40条（细齿）	0.05~0.2	0.02~0.05	6.3~1.6
40~50条（双细齿）	0.03~0.05	0.01~0.02	3.2~1.6
50~63条（油光锉）	<0.03	0.01	1.6~0.8

4）锉刀齿纹的选用。锉刀齿纹要根据被锉削工件材料的性质来选用。锉削铝、铜、软钢等材料工件时，最好选用单齿纹（铣齿）锉刀（或粗齿锉刀）。单齿纹锉刀前角大，楔角小，容屑槽大，切屑不易堵塞，切削刃锋利，容易锉削。锉削硬材料或精加工工件时，要选用双齿纹（剁齿）锉刀（或细齿锉刀）。双齿纹锉刀的每个齿交错不重叠，锉刀平整，锉痕均匀、细密，锉削表面精度高。

（5）锉刀柄的装拆

锉刀柄装入方法如图1—59a所示，将锉舌装入木柄后，左手拿着木柄，右手握着锉身，提起锉刀随着锉刀的自重撞击木柄，使木柄紧固于锉舌中，然后将安装好的锉刀柄向上，用锤子轻轻敲击木柄紧固。

当需要拆卸锉刀柄时，可按图1—59b所示，右手拿着锉刀，左手握住锉刀柄，并沿着台虎钳的钳口侧面，双手同时向右方拖动，将木柄撞下。

3. 锉削工件装夹注意事项

装夹槽钢时，不能将槽钢的两侧面直接夹持在钳口内，应使用螺栓、螺母顶住或用垫木支撑。

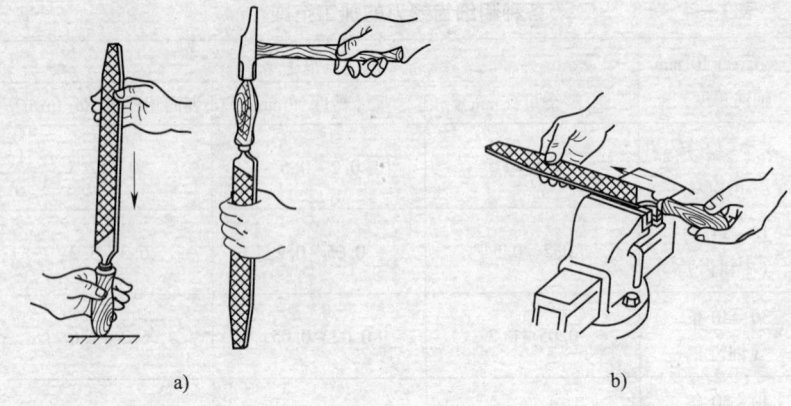

图1—59 锉刀柄的装拆
a）装锉刀柄的方法 b）拆锉刀柄的方法

装夹已经加工过的平面或较光滑的平面时，台虎钳的钳口应衬以护口或其他软质材料，以免工件表面被夹伤。

4. 锉削动作要领

锉削动作的基本要领是：右手握锉刀柄，手掌朝身体内侧。左手握空心拳，手掌根部压锉刀前端（粗加工时）。左脚在前右脚在后形成弓步，身体的重心放在左脚上。朝前用力，尽量将锉刀拉长，双手保持锉刀端平。工件安装在台虎钳钳口上，所加工面距钳口大约5 mm，不宜过高，过高将会产生弹性，使工件表面质量达不到要求，完成一次锉削后将锉刀快速拉回，如图1—60所示。

要锉出平直的平面，必须使锉刀保持直线的锉削运动。为此，锉削时右手的压力要随着锉刀的推动而逐渐增加，左手的压力要随着锉刀的推动而逐渐减小，如图1—61a、b、c所示。回程时不加压力（见图1—61d），以减少锉齿的磨损。

锉削速度不宜太快，否则很容易造成操作疲劳和加快锉纹磨损。锉削速度应根据被加工工件的大小、软硬程度以及锉刀的规格等具体情况而定，一般应掌握在每分钟30~60次。

在锉削特殊角度时，尽可能根据每个加工面要大于一个锉刀面的原则，正确选用锉刀（必要时要修整锉刀）。

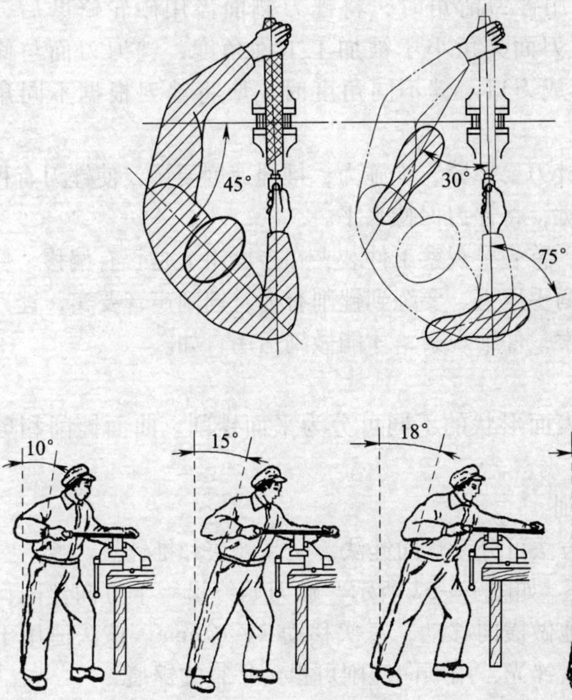

图 1—60 锉削的站位与锉削动作

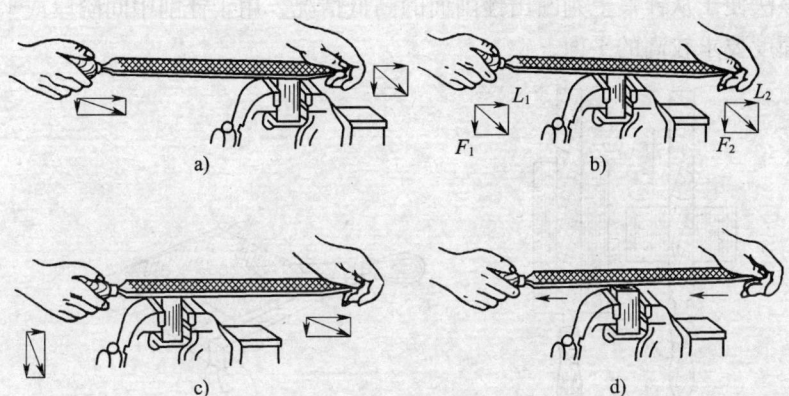

图 1—61 锉平面两手用力示意图

锉削直角和用锉刀清角时,将锉刀侧面齿用砂轮修磨后,使锉刀侧面与锉刀刀面夹角小于被加工工件角度,锉刀刀面与修磨成斜面的侧面形成刀口。锉不同角度时,应将锉刀根据不同角度进行修磨。

精加工时,锉刀要握紧,少施力,推锉速度要慢,使锉刀有种吸附在工件上的感觉,将锉刀保持水平。

练习锉削时,首先要观察工件装夹在台虎钳上是否有偏移,要根据装夹状态调整两手压力。要练到锉削有力,锉削声音要实,锉刀不允许飘。不断摸索,仔细观察,才能做到运用自如。

5. 锉削方法

锉削按加工表面形状的不同可分为平面锉削、曲面锉削和球面锉削。

(1) 平面锉削

平面锉削的方法可分为顺向锉法、交叉锉法和推锉法。

1) 顺向锉法。如图 1—62 所示,锉刀始终沿一个方向锉削,锉削的同时应均匀地做横向移动,每次移动 5~10 mm。该法适用于锉削中小平面和最后锉光,用顺向锉削可得到平直的锉痕。

2) 交叉锉法。交叉锉法是在顺向锉法的基础上,采用不同的交叉角度进行锉削,锉削的同时均匀地做横向移动,如图 1—63 所示。该法便于从锉痕上判断出锉削面的高低情况,用于锉削中间阶段或平面度要求较高的平面。

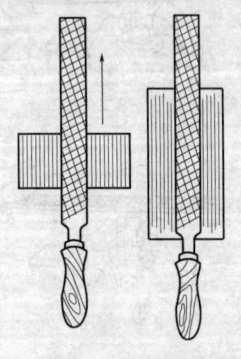

图 1—62　顺向锉法

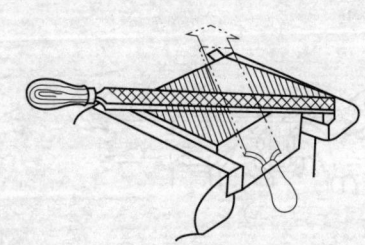

图 1—63　交叉锉法

3）推锉法。采用横握锉刀（手不能离工件太远）沿工件表面平稳地做推、拉运动，如图1—64所示。此法主要用于最后修整工件锉纹和修整尺寸，以降低工件表面粗糙度值和提高表面质量；也可用于小平面的锉平和狭长工件上有凸台的锉削。

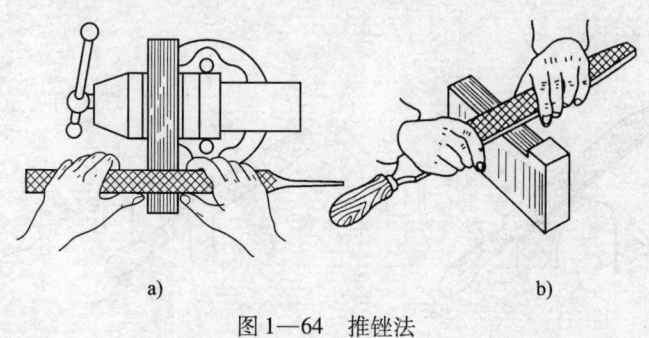

图1—64 推锉法

锉削加工后的平面质量通常采用刀口形直尺透光法进行检查，如图1—65所示。锉削后平面平直，则从刀口形直尺与工件表面缝隙所透过的光线弱、均匀。如果所透光线中间强、两端弱，表明工件中间凹陷；反之，则表明工件中间凸起。

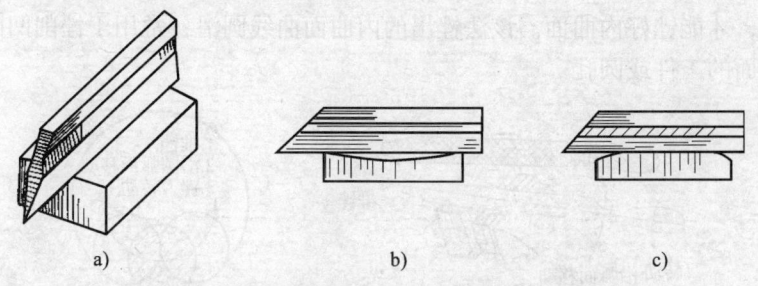

图1—65 用刀口形直尺检查锉削后平面质量
a）刀口尺检查 b）中间凹 c）中间凸

（2）曲面锉削

1）锉削外曲面。锉削外曲面有两种方法，一种是采用板锉沿着圆弧面顺向锉削的方法，如图1—66a所示。锉刀做前进的同时绕工件的圆弧中心做上下摆动，右手下压的同时左手上提。该法加工出的外曲面圆滑、光洁，但锉削效率低，常用于加工余量较小的弧面或精锉外圆弧面。

另一种方法是用板锉沿着圆弧面横向锉削，如图 1—66b 所示。先将工件端锉成多菱形，然后再用沿圆弧面摆动锉法精锉成形。该法加工效率高，适用于加工余量大的弧面或圆弧面的粗加工。

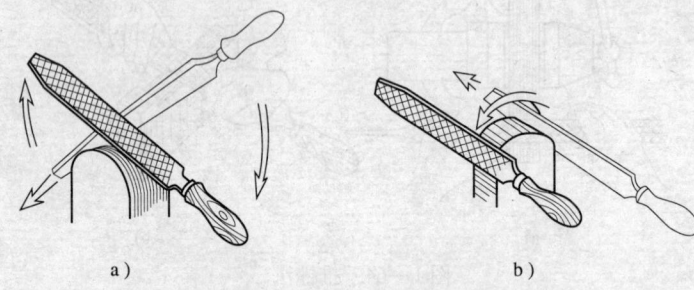

图 1—66　外曲面的锉削
a）沿圆弧面顺向锉削　b）沿圆弧面横向锉削

2）锉削内曲面。如图 1—67 所示，采用圆锉、半圆锉。推锉时，锉刀向前运动，同时控制锉刀完成沿圆弧面向左或向右移动，而且，右手腕绕锉刀中心线做同步的转动，只有以上三个运动协调完成，才能锉好内曲面。该法锉出的内曲面曲线圆滑，常用于锉削凹圆弧面的工件或圆孔。

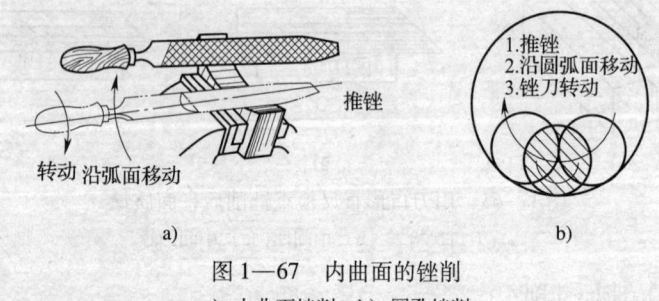

图 1—67　内曲面的锉削
a）内曲面锉削　b）圆孔锉削

（3）球面锉削

球面锉削是采取外圆弧面锉削方法中的顺向锉与横向锉相结合来完成的，如图 1—68 所示。

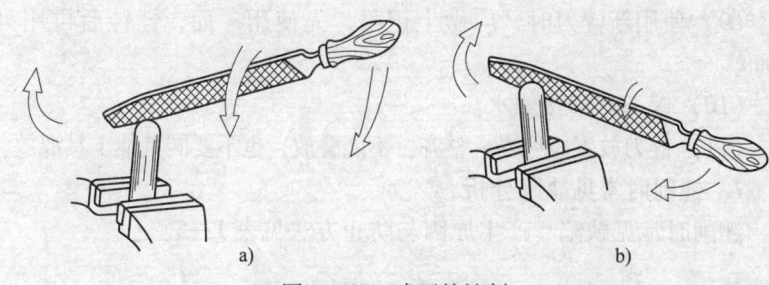

图 1—68 球面的锉削
a) 顺向锉运动　b) 横向锉运动

6. 锉削注意事项

（1）不准使用无柄、无箍或手柄破损的锉刀。锉刀必须装柄使用，应将松动的锉刀柄装紧或更换，以免脱落后刺伤手腕。

（2）不要用新锉刀锉锻、铸工件，也不要锉硬金属、白口铸铁和已淬火的钢。如需要锉削锻、铸工件，应先用錾子或旧锉刀去掉硬皮。

（3）对铸件上的硬皮或粘砂，锻件上的飞边、毛刺等，应先用砂轮磨去或錾去，然后再锉削。

（4）锉削时禁止用嘴吹锉屑，也不要用手清除锉屑。锉刀堵塞后，应用钢丝刷顺着锉纹方向刷去锉屑，也可用薄口黄铜板顺纹清除锉齿槽内的积屑，如图 1—69 所示。

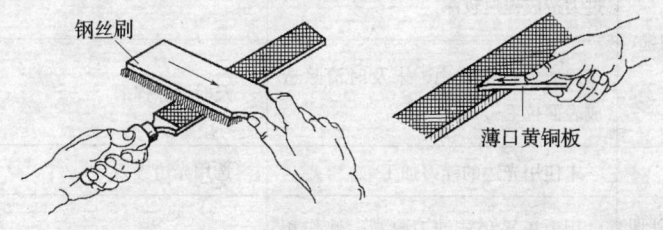

图 1—69 清除锉屑

（5）锉削时不准用手摸锉过的表面，以免再锉时打滑。

（6）放置锉刀时，不要使其露出工作台面，以免碰落后摔断或砸伤脚。

（7）锉刀不能作手锤、撬棍使用，否则会折断伤人。

（8）使用小规格锉刀时用力不可过大。

(9) 使用新锉刀时，应做上记号，先使用一面，锉钝后再用另一面。

(10) 锉刀严禁接触水。

(11) 锉刀放置应稳当、整齐，不能叠放，也不要同其他工具混放。

7. 锉削时常见缺陷分析

锉削时常见缺陷、产生原因与防止方法见表1—5。

表1—5　　锉削时常见缺陷分析

常见缺陷	产生原因	防止方法
夹坏工件	未放钳口垫铁保护工件，致使工件表面被夹坏	夹持精加工表面应用软钳口
	夹持方法不当或夹紧力过大，造成工件变形	夹紧力要适当，夹持时应用V形块或弧形木块
尺寸超差	测量划线错误	按图样正确划线，并找正
	锉削技术不熟练，无法控制尺寸	提高技术水平，正确锉削
	测量不及时或测量方法不正确	经常测量，正确运用测量技术
表面粗糙	锉齿粗细选择不当，锉削时压力过大造成锉痕较深	合理选择锉刀，适当多留锉削余量
	锉屑嵌在锉纹中，未及时清除造成表面拉毛	及时清除锉屑
锉伤相邻面	未使用光边的锉刀加工	选用光边锉刀
	用力不平稳或锉刀打滑，锉伤相邻面	注意清除油污等引起打滑的因素
平面中间凸	双手压力变换不协调，锉刀不能保持平衡运动	加强锉削技能训练
	使用了因热处理不当而变形的锉刀	正确选用锉刀

续表

常见缺陷	产生原因	防止方法
塌边 （斜平面）	双手用力时，重心偏向锉刀一侧	加强锉削技能训练
	工件夹持歪斜	正确装夹工件
	未及时测量角度	经常测量
塌角、凹陷	锉削时一只手的压力总是大于另一只手的压力	加强锉削技能训练
	锉刀选择不正确	正确选用锉刀

§1—3　钻孔、扩孔、锪孔与铰孔

如图 1—70 所示，孔的加工一般分为两类，一类是在实体材料上利用钻头钻削加工出孔，称之为钻孔，常用的钻头有麻花钻、中心钻和深孔钻等；另一类是对工件上已有的孔进行再加工，如扩孔、铰孔和锪孔，其常用的钻头有扩孔钻、铰刀及锪钻等。

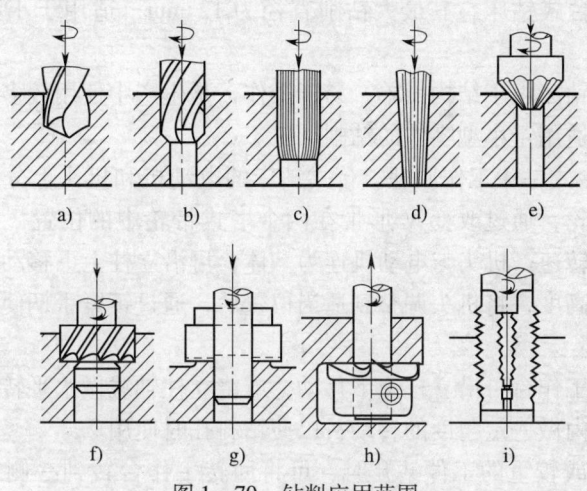

图 1—70　钻削应用范围
a）钻孔　b）扩孔　c）铰柱孔　d）铰锥孔　e）锪锥孔
f）锪柱孔　g）锪凸台　h）锪鱼眼孔　i）攻螺纹

一、钻孔

1. 钻孔概念

图 1—71 为钻孔,由于钻孔时钻头处于半封闭状态,因而钻削的特点是钻头钻速高,切削量大,排屑困难,摩擦大,切削温度高,散热困难,易产生振动。由于钻头的刚度和精度不高,所以钻削所得孔的精度不高,通常尺寸精度在 IT11 ~ IT10,表面粗糙度 Ra100 ~ 25 μm。

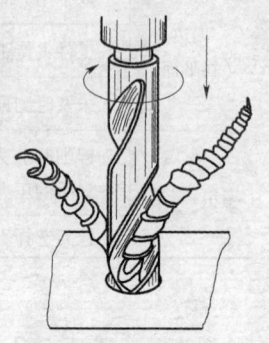

图 1—71 钻孔

2. 常用钻床

钻削常用钻床有台式钻床、立式钻床、摇臂钻床和手电钻等。

(1) 台式钻床

1) 台式钻床结构。台式钻床是一种安放在作业台上使用,主轴垂直布置的小型钻床,简称台钻。台式钻床由机头、电动机、塔式带轮、立柱、回转工作台和底座等组成。图 1—72 所示为常用的 Z4012 型台式钻床,其最大钻削直径为 12 mm,适用于小型零件的钻削加工。

台式钻床由于结构简单,易于操作,是生产中使用较多的设备之一,尤其适用于小型零件的钻削加工。

2) 台式钻床工作原理。台式钻床的电动机和机头上分别装有五级塔式带轮,通过改变 V 形带在两个塔式带轮中的位置,可使主轴获得 5 种转速。机头与电动机连为一体,可沿立柱上下移动,根据钻孔工件的高度,将机头调整到适当位置后,通过锁紧手柄使机头固定方能钻孔。

回转工作台可沿立柱上下移动,或绕立柱轴线做水平转动,也可在水平面内做一定角度的转动,以便钻斜孔时使用。

较大或较重的工件钻孔时,可将回转工作台转到一侧,直接将工件放在底座上,底座上有两条 T 形槽,用来装夹工件或固定夹具。

第一章 钳工的基本操作

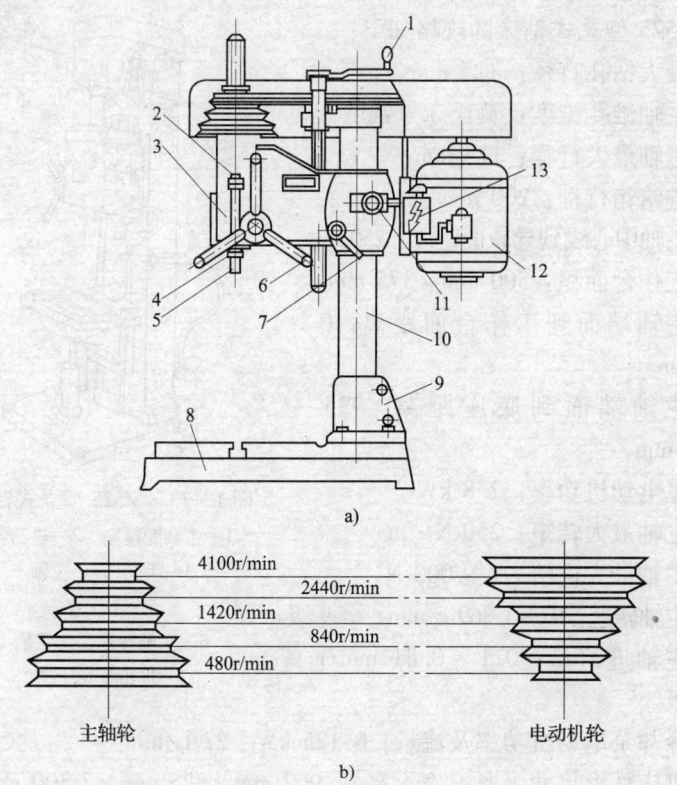

图 1—72 台式钻床
a) 钻床结构 b) 塔式带轮
1—摇把 2—限位挡块 3—机头 4—螺母 5—主轴 6—进给手柄 7—锁紧手柄
8—底座 9—立柱座 10—立柱 11—螺钉 12—电动机 13—接线盒

(2) 立式钻床

1) 立式钻床结构。立式钻床是一种主轴变速箱和工作台安装在立柱上,主轴垂直布置的钻床,简称立钻。立式钻床由主轴变速箱、电动机、进给箱、立柱、工作台、底座和冷却系统等主要部分组成。立式钻床的刚度和强度高,功率较大,可用来对中小型零件进行钻孔、扩孔、镗孔、铰孔、攻螺纹和锪端面等。立式钻床的钻孔直径有 $\phi25$ mm、$\phi35$ mm、$\phi40$ mm 和 $\phi50$ mm 等几种。图 1—73 所示为常用的 Z525 型立式钻床。

Z525 型立式钻床的规格如下：

最大钻孔直径：ϕ25 mm

主轴锥孔锥度：莫氏 3 号锥度

主轴最大行程：175 mm

进给箱行程：200 mm

主轴中心线到导轨面距离：250 mm

工作台面积：500 mm×375 mm

主轴端面到工作台面距离：0～700 mm

主轴端面到底座距离：725～1 100 mm

主电动机功率：2.8 kW

主轴最大转矩：250 N·m

主轴最大进给力：9 000 N

主轴转速：97～1 369 r/min 分 9 级

主轴进给量：0.1～0.81 mm/r 分 9 级

冷却泵电动机功率及流量：0.125 kW 22 L/min

机床外形尺寸（长×宽×高）：962 mm×825 mm×2 300 mm

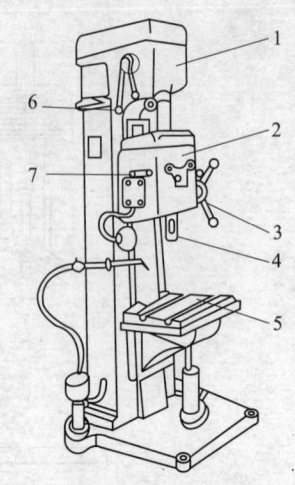

图 1—73　Z525 型立式钻床
1—主轴变速箱　2—进给箱
3—手柄　4—主轴
5—工作台
6—主轴转速变速手柄
7—进给变速手柄

2）立式钻床工作原理。立式钻床的电动机通过主轴变速箱驱动主轴旋转，改变变速手柄位置，可使主轴得到多种转速，通过进给变速箱，可使主轴得到多种机动进给速度，转动手柄可以实现手动进给。

工作台上有 T 形槽，用来装夹工件或夹具。工作台能沿立柱导轨上下移动，根据钻孔工件的高度，适当调整工作台位置，然后通过压板、螺栓将其固定在立柱导轨上。

（3）摇臂钻床

1）摇臂钻床结构。摇臂钻床主要由摇臂、主电动机、立柱、主轴变速箱、工作台和底座等组成。摇臂钻床用来对大中型工件在同一平面内、不同位置的多孔系进行钻孔、扩孔、锪孔、铰孔、攻螺纹和锪端面等。图 1—74 所示为 Z3040 型摇臂钻床。

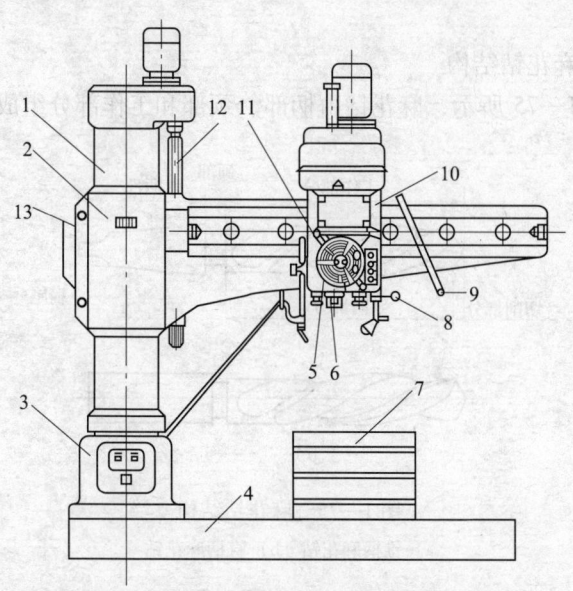

图1—74　Z3040型摇臂钻床
1—立柱　2—摇臂　3—立柱底座　4—底座工作台　5—转速表　6—主轴
7—活动工作台　8—自动进给手柄　9—操纵手柄　10—主轴变速箱
11—变速手柄　12—升降丝杠　13—锁紧手柄

2）摇臂钻床工作原理。摇臂钻床主电动机旋转后，带动主轴变速箱中的齿轮系，使主轴得到十几种转速和进给速度，可实现机动进给、微量进给、定程切削和手动进给。

主轴变速箱能在摇臂上左右移动，以加工同一平面上相互平行的孔系。摇臂在升降电动机驱动下能沿立柱轴线任意升降，操作者可用手操控摇臂绕立柱做360°任意旋转，并根据工作台的位置，将其固定在适当角度。工作台面上有多条T形槽，用来安装中小型工件或钻床夹具。加工大型工件时，可将工作台移开，把工件直接安放在底座上加工，必要时可通过底座上的T形槽螺栓将工件固定，然后进行加工。

3．标准麻花钻

标准麻花钻是钻孔常用的工具，简称麻花钻或钻头，一般是用高速钢（W18Cr4V或W9Cr4V2）制成的，经淬火后，硬度可达到62～

68HRC。

（1）麻花钻结构

如图1—75所示，麻花钻由柄部、颈部和工作部分组成。

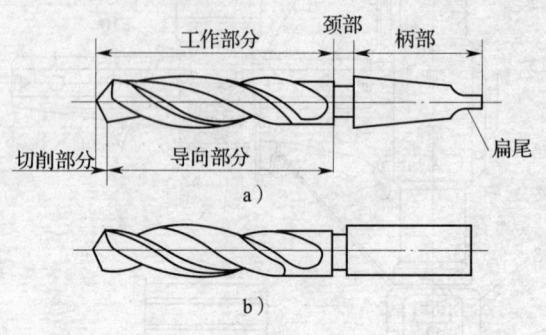

图1—75 麻花钻结构
a）锥柄麻花钻 b）直柄麻花钻

1）柄部。麻花钻有锥柄和直柄两种。柄部是麻花钻的夹持部分，它的作用是传递钻孔时所需的力矩和轴向力。直柄由钻夹头夹持，所能传递的力矩较小，其钻头直径一般小于13 mm；直径大于13 mm的采用莫氏锥柄，莫氏锥柄与钻头套配合，安装在钻床主轴锥孔中，能传递较大的力矩。锥柄处的扁尾可避免钻头在主轴孔中或钻套中打滑，并用来增加传递力矩，扁尾能方便地使锥柄在钻床或钻头套中拆卸使用。

2）颈部。颈部在磨削麻花钻时做退刀槽使用，钻头的规格、材料及商标打印在颈部。

3）工作部分。工作部分由切削部分和导向部分组成。切削部分是有切削刃的部分，钻削时主要起切削工件的作用。切削部分由两个螺旋前刀面、两个圆锥后刀面和两个副后刀面组成，前后刀面相交处为主切削刃，两后刀面在钻心处相交成的切削刃为横刃。导向部分就是螺旋排屑槽部分，起导向、修光孔壁和排屑作用，也是切削部分的后备部分。导向部分具有倒锥，倒锥量是每100 mm长度上直径减少0.03~0.12 mm，能减少棱边（副切削刃）与孔壁的摩擦。外圆柱上两条螺旋形棱面称为刃带。

(2) 麻花钻工作原理

如图 1—76 所示，麻花钻切削部分可以看成是正反两把车刀，所以它的几何角度定义（见图 1—77）及辅助平面概念都和车刀的基本相同，但又有自身的特殊性。

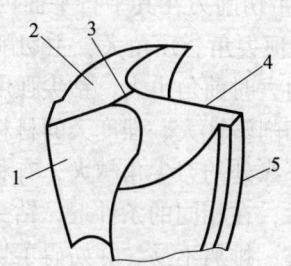

图 1—76 麻花钻切削部分
1—前刀面 2—后刀面 3—横刃 4—主切削刃 5—棱边（副切削刃）

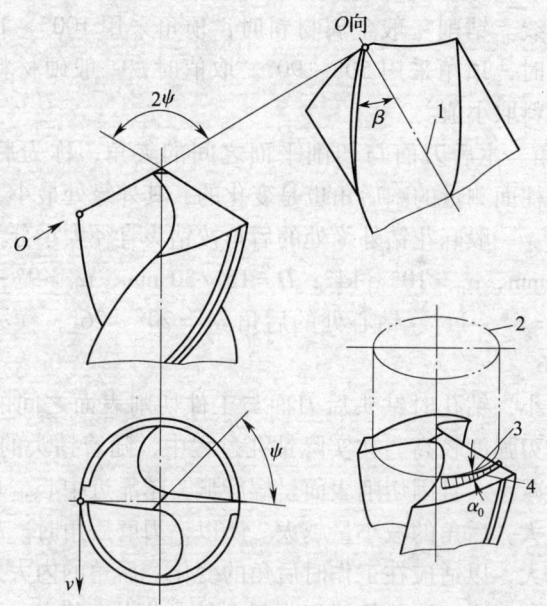

图 1—77 标准麻花钻的刃磨角度

1）螺旋槽。钻头有两条螺旋槽，它的作用是构成切削刃，利于排屑和切削液的畅通。螺旋槽面又叫前刀面。螺旋角是钻头最外缘螺旋线的切线与钻头轴线的夹角。

2）主后刀面。主后刀面是指钻头顶部的螺旋圆锥面。

3）顶角。钻头两主切削刃在其平行平面内投影的夹角，称为顶角（2φ），也称转角、顶尖角。顶角大，主切削刃短，定心差，钻出的孔径易扩大。但顶角大时前角也大，钻尖强度高，轴向抗力大，切削比较轻快，适用于钻削塑性大、强度大的材料；顶角越小，则轴向抗力越小，同时钻头外缘处的刀尖角越大，有利于散热和提高钻头的耐用度，但顶角减小后，在相同的条件下，钻头所受的切削扭矩要增大，而且切屑弯曲厉害，排屑不易，并妨碍了切削液的进入，适用于钻削脆性大、耐磨性好的材料。顶角的大小可根据加工条件由钻头刃磨时决定。标准麻花钻的顶角为118°±2°，此时两主切削刃是直线。顶角大于118°时，主切削刃呈凹形曲线；顶角小于118°时，主切削刃呈凸形曲线。钻削一般金属材料时，顶角采用100°~140°；钻削非金属材料时，顶角采用50°~90°。取值时，一般硬材料的顶角取大值，软材料取小值。

4）后角。主后刀面与切削平面之间的夹角，称为后角（α_0）。后角是在圆柱面测量的。后角也是变化的，其外缘处最小，越接近钻心后角越大。一般麻花钻外缘处的后角按钻头直径大小分为：

$D < 15$ mm，$\alpha_0 = 10° \sim 14°$；$D = 15 \sim 30$ mm，$\alpha_0 = 9° \sim 12°$；$D > 30$ mm，$\alpha_0 = 8° \sim 11°$。钻心处的后角 $\alpha_0 = 20° \sim 26°$，横刃处的后角 $\alpha_0 = 30° \sim 36°$。

后角越小，钻孔时钻头后刀面与工件切削表面之间的摩擦越严重，但切削刃强度较高。在实际钻孔过程中，随着钻头的进给运动，后角会相应减小。且因切削表面呈螺旋形，越靠近中心，切削表面的螺旋升角越大，后角的减小量越大。所以，刃磨后角时，越靠近中心处应磨得越大，以适应在工作时后角的变化。后角的内大外小与前角的内小外大相对应，恰好保持切削刃上各点的强度基本一致。

5）横刃。钻头两主切削刃的连线（就是两主后刀面的交线）称为横刃，横刃起的是定位作用。横刃太长，轴向力增大，对钻削不利；横刃太短，又会影响钻头的强度。

6）横刃斜角。在垂直于钻头轴线的端面投影中，横刃与主切削刃所夹的锐角称为横刃斜角（ψ）。它的大小主要由后角决定，后角大，横刃斜角小，横刃变长，进给抗力增大，钻头不易定心。所以，刃磨时如果横刃斜角准确，则近钻心处的后角也准确。标准麻花钻的横刃斜角一般为50°~55°。

7）棱边。棱边有修光孔壁和作为切削部分后备的作用。为减小与孔壁的摩擦，在麻花钻上制造了两条略带倒锥的棱边（又称刃带）。

8）钻心。钻心是钻头工作部分沿轴心线的实心部分，其作用是为了保证钻头有足够的强度和刚度。钻心不能过厚，如过厚，虽然强度增加，但是容屑空间减小，横刃变长，切削时轴向力增加。

加工不同材料麻花钻头的主要几何参数见表1—6。

表1—6　　加工不同材料麻花钻头的主要几何参数

工件材料	顶角（2φ）	螺旋角（β）	后角（α_0）	横刃斜角（ψ）
结构钢	110°	24°~32°	12°~15°	45°~55°
工具钢	110°~150°	24°~32°	7°~15°	45°~55°
不锈钢	127°	31°~35°	12°~14°	50°~55°
铸铁	90°~150°	24°~32°	7°~15°	45°~55°
钛合金	135°~140°	30°~38°	7°~12°	50°~55°
铝及铝合金	90°~140°	24°~50°	12°~17°	45°~55°
镁合金	70°~118°	10°~50°	12°	45°~60°

（3）麻花钻的刃磨与检验

对于钳工来说，孔加工是经常要做的工作，而绝大多数孔不光有位置精度的要求，还有几何精度要求。一只新麻花钻如果不进行刃磨，钻削出来的孔是不符合要求的。使用一段时间后的钻头也必须要刃磨，由此可见刃磨麻花钻对于确保孔的加工质量有着至关重要的作用。

刃磨麻花钻时，主要是刃磨两个主后刀面，同时要保证后角、顶角、横刃斜角正确。所以麻花钻的刃磨也是钳工较难掌握的一项操作技能。

手工刃磨钻头是在砂轮机（见图1—78）上进行的，图1—79所示为钳工用砂轮机刃磨钻头。砂轮的特性与刃磨质量和效率有关，砂轮过细、过硬或过软，都会影响刃磨效果。砂轮过细不仅不能提高刃磨速度，反而会使钻头热量过高而退火，降低了钻头的使用寿命。因此，一般砂轮磨粒为 46~60 粒度的砂轮较为适用于钳工。砂轮的硬度最好使用硬度等级为中软级，代号为 K 或 L 碳化硅为宜。另外，砂轮在转动时跳动要尽量小，否则磨不出符合要求的钻头。刃磨前要根据需要对砂轮进行修正。

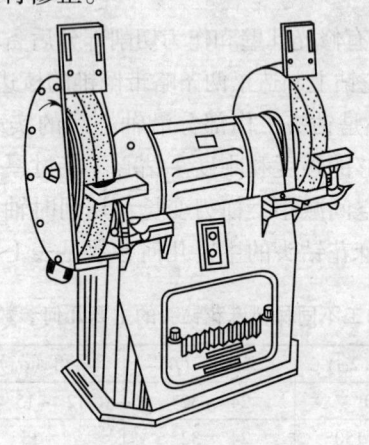

图 1—78　钳工用砂轮机

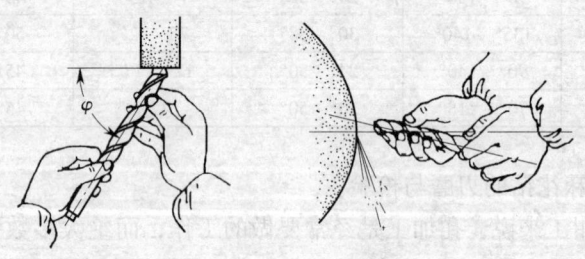

图 1—79　钻头刃磨时与砂轮的相对位置

刃磨操作时，将钻头主切削刃摆成水平位置，钻头轴心线向下和向左偏斜与砂轮面接触。右手握钻头的前端，缓慢地绕其轴线转动，并施加适当的压力；左手握钻头柄部，配合右手缓慢地做上下摆动。磨好一个面后，两手保持位置不变再磨另一面，直至达到要求。钻头刃磨后，一般应用油石研磨前后面。

麻花钻刃磨后必须达到以下几点要求：

1）检查顶角 2φ 是否正确（$118°\pm 2°$），两主切削刃是否等长且对称。检查时，将钻头竖直向上，两眼平视主切削刃。为避免视差，应将钻头旋转 $118°$ 后反复观察，若结果一样，说明两主切削刃对称，如图 1—80 所示。

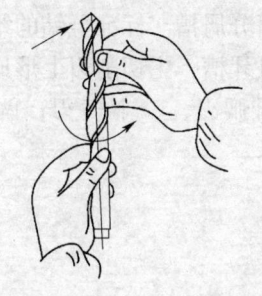

图 1—80　目测法检查钻头

2）检查主切削刃外缘处的后角 α_0（$8°\sim 14°$）是否达到要求的数值。

3）检查主切削刃近钻心处的后角是否达到要求的数值，可以通过检查横刃斜角 ψ（$50°\sim 55°$）是否正确来确定。

4）后刀面要圆滑。

钻头的几何角度及两主切削刃的对称性等，还可利用检验样板进行检验（见图 1—81），但在刃磨过程中，最常用的还是目测方法。

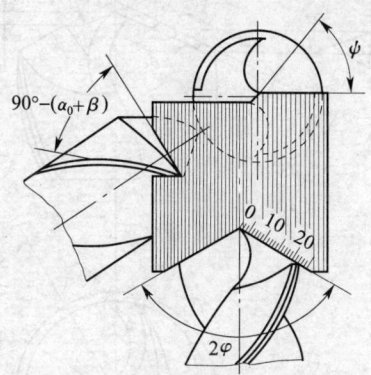

图 1—81　用样板检查刃磨角度

4. 群钻

群钻是在麻花钻基础上经刃磨改进出来的一种先进钻头。它在钻削过程中具有效率高、使用寿命长、钻孔质量好等多个优点。

（1）标准群钻

标准群钻是在标准麻花钻的基础上磨出月牙槽，磨短横刃和磨出单面分屑槽。标准群钻的结构特点是三尖七刃两种槽。三尖是由于磨出月牙槽，主切削刃上形成三个尖；七刃是两个外刃、两个内刃、两个圆弧刃、一个横刃；两槽是月牙槽和单面分屑槽，如图1—82所示。

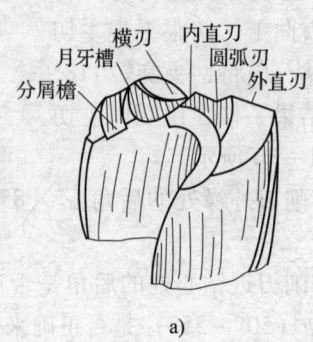

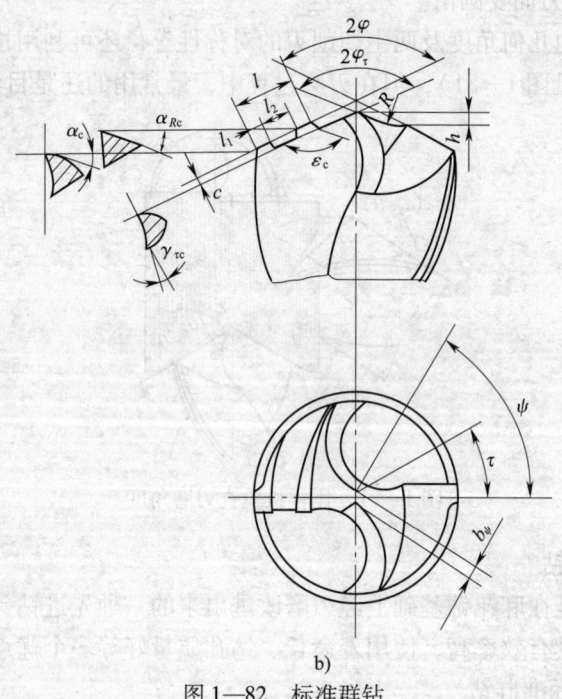

图1—82 标准群钻

a) 刃形　b) 几何参数

(2) 薄板群钻

如图 1—83 所示，薄板群钻是将标准麻花钻的两个主切削刃磨成圆弧形切削刃。这样，两个圆弧刃外缘和钻心处形成三个钻尖，而外缘处钻尖与钻心处钻尖在高度上仅差 0.1~1.5 mm，因此，当钻头钻穿时，两圆弧刃已在工件上切出圆环槽，加强了定心作用，轴向力不会突然减小。在锋利的外尖和圆弧刃的切削下，把薄板孔中间的圆片切掉，保证了钻孔质量。

5. 钻削用量

钻削用量包括背吃刀量、进给量和切削速度，如图 1—84 所示。

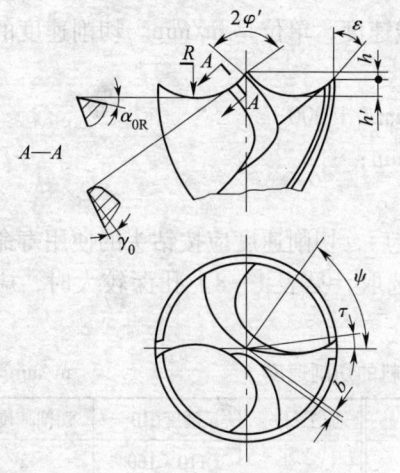

图 1—83　薄板群钻

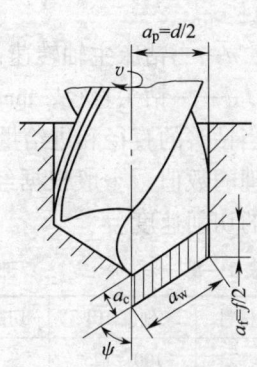

图 1—84　钻削用量

(1) 背吃刀量（a_p）

背吃刀量是指待加工表面到已加工表面之间的垂直距离。钻削时，背吃刀量等于钻头直径的一半。

直径小于 30 mm 的孔一次钻出；直径为 30~80 mm 的孔可分两次钻削，先用 (0.5~0.7) D（D 为所要求钻削的孔径）的钻头钻底孔，然后用直径为 D 的钻头将孔扩大。这样可以减小背吃刀量及轴向力，保护机床，同时可提高钻孔的质量。

(2) 进给量（f）

进给量是指主轴旋转一周，钻头沿主轴轴线移动的距离，单位是

mm/r。由于钻头有两个主切削刃，即两个刀齿，故进给量可以用每齿进给量 a_f 来表示，其值为 $f/2$，单位是 mm/r。

高速钢标准麻花钻的进给量见表 1—7。

表 1—7　　　　　　　高速钢标准麻花钻的进给量

钻头直径 D (mm)	<3	3~6	>6~12	>12~25	>25
进给量 f (mm/r)	0.025~0.05	>0.05~0.10	>0.10~0.18	>0.18~0.38	>0.38~0.62

孔的精度要求较高和表面粗糙度值要求较小时，应取较小的进给量；钻孔较深、钻头较长、刚度和强度较差时，也应取较小的进给量。

(3) 切削速度 (v)

钻孔时，钻头最外缘处的线速度，单位是 m/min。切削速度的计算公式是：

$$v = n\pi d/1\,000$$

式中　　n——钻床主轴转速，r/min；

　　　　d——钻头直径，mm。

当钻头的直径和进给量确定后，切削速度应按钻头的使用寿命选取合理的数值，一般根据经验选取，见表 1—8。孔深较大时，应取较小的切削速度。

表 1—8　　　　　　　部分材料的切削速度　　　　　　　m/min

加工材料	硬度 HB	切削速度 v	加工材料	硬度 HB	切削速度 v
低碳钢	100~125	27	可锻铸铁	110~160	42
	>125~175	24		>160~200	25
	>175~225	21		>200~240	20
中、高碳钢	125~175	22	球墨铸铁	>240~280	12
	>175~225	20		140~190	30
	>225~275	15		>190~225	21
	>275~325	12		>225~260	17
合金钢	175~225	18		>260~300	12
	>225~275	15	铸钢 低碳		24
	>275~325	12	铸钢 中碳		18~24
	>325~375	10	铸钢 高碳		15

续表

加工材料	硬度 HB	切削速度 v	加工材料	硬度 HB	切削速度 v
灰铸铁	100~140	33	铝合金碳合金		75~90
	>140~190	27			
	>190~220	21	钢合金		20~48
	>220~260	15	高速钢	200~250	13
	>260~320	9			

6. 钻床转速的选择

首先确定钻头的允许切削速度 v。用高速钢钻头钻铸铁件时，$v = 4\sim22$ m/min；钻钢件时，$v = 16\sim24$ m/min；钻青铜或黄铜件时，$v = 30\sim60$ m/min；当工件材料的硬度和强度较高时，取较小值（铸铁以 200HB 为中值，钢以抗拉强度 $\sigma_b = 700$ MPa 为中值）；钻头直径小时也取较小值（以 $d = 16$ mm 为中值）；钻孔深度 $L > 3d$ 时，还应将取值乘以 0.7~0.8 的修正系数，然后用下式求出钻头转速，即：

$$n = \frac{1\ 000\ v}{\pi d}\ (\text{r/min})$$

式中　v——切削速度，m/min；
　　　d——钻头直径，mm。

7. 钻孔时切削液的选择

由于钻孔属于粗加工，又是半封闭加工状态，摩擦严重，散热困难，必须要加注切削液以起到冷却和润滑作用。在高强度材料上钻孔时，因钻头前刀面要承受较大的压力，要求润滑膜有足够的强度，以减少摩擦和钻削阻力。因此，可在切削液中添加硫、二硫化钼等成分，如硫化切削油。

在塑性、韧性较大的材料上钻孔时，要求加强润滑作用，在切削液中加入适当的动物油和矿物油。当孔的精度要求较高和表面粗糙度值要求很小时，应选用主要起润滑作用的切削液，如菜油、猪油等。

钻不同材料常用的切削液见表 1—9。

表1—9　　　　　　　钻不同材料常用的切削液

工件材料	切削液
各类结构钢	3%～5%乳化液，7%硫化乳化液
不锈钢、耐热钢	3%肥皂加2%亚麻油水溶液，硫化切削油
紫铜、黄铜、青铜	5%～8%乳化液（也可不用）
铸铁	5%～8%乳化液，煤油（也可不用）
铝合金	5%～8%乳化液，煤油，煤油与茶油的混合油（也可不用）
有机玻璃	5%～8%乳化液，煤油

8. 钻床常用附件

(1) 钻夹头

如图1—85所示，钻夹头是可用来装夹13 mm以下的直柄钻头或铰刀的通用夹具。它可以直接装在台式钻床的主轴上，也可以安装莫氏锥柄在立式钻床或摇臂钻床上使用。

钻夹头的夹头体上铣有三等分槽，分别装有内螺纹圈和三个夹爪，由夹头套固定，夹头套一端铣有端齿，与钥匙扳手上的锥齿轮啮合，转动钥匙扳手带动夹头套转动，带动内螺纹圈，使夹爪对钻头做夹紧和放松动作。

(2) 钻头套

常用的钻头套及其装卸方法如图1—86所示，钻头套可根据需要进行多件组装。钻头套的规格分为：

1号钻头套——内锥孔为1号莫氏锥度，外圆锥为2号莫氏锥度。

2号钻头套——内锥孔为2号莫氏锥度，外圆锥为3号莫氏锥度。

3号钻头套——内锥孔为3号莫氏锥度，外圆锥为4号莫氏锥度。

4号钻头套——内锥孔为4号莫氏锥度，外圆锥为5号莫氏锥度。

5号钻头套——内锥孔为5号莫氏锥度，外圆锥为6号莫氏锥度。

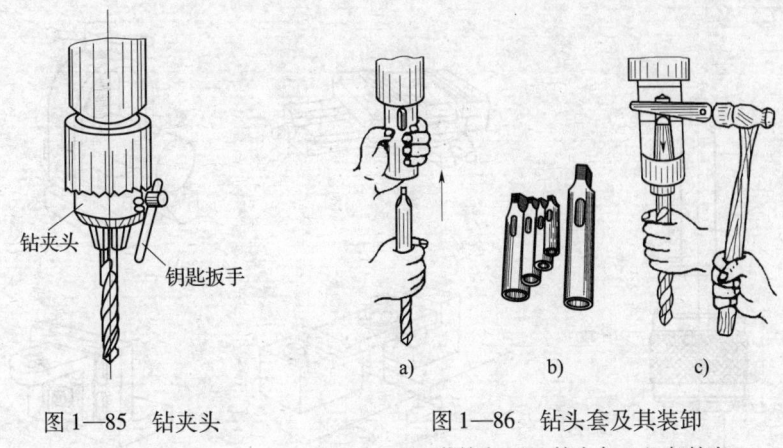

图 1—85　钻夹头　　　　图 1—86　钻头套及其装卸
　　　　　　　　　　　a）装钻头　b）钻头套　c）卸钻头

（3）快换钻夹头

快换钻夹头能在不停机的情况下顺利拆装钻头。在批量较大、孔径不同的钻孔中，由于需要多次更换钻头，采用快换钻夹头能明显提高工作效率，降低劳动强度，减少辅助时间。

快换钻夹头的结构如图1—87所示，卡套安装在莫氏锥度体上，卡套上装有两粒对称布置的钢球与可换套的球坑连接；滑套与卡套为间隙配合，可做上下滑动，其作用是锁紧或放松钢球与可换套的连接，可快速装拆；钻头锥柄安装在可换套锥孔内。

更换钻头时，用手轻轻握住滑套圆柱表面并向上推动，钢球失去了锁紧力，由于离心力的作用，钢球滑出可换套球坑，落入滑套端部孔中，可换套失去锁紧力，此时就能在不停车的情况下安全地取下可换套。若要装入钻头，只要将滑套重新推向锥柄方向，并将可换套插入卡套内，同时将滑套向钻头方向推动，钢球又被压入可换套两个球坑内，可换套被锁紧，莫氏锥度体带动可换套转动。

9．工件夹持

钻孔时，工件的装夹方法应根据钻孔直径的大小及工件的形状来决定，可采用图1—88所示方法来夹持工件以保证钻孔质量和安全。

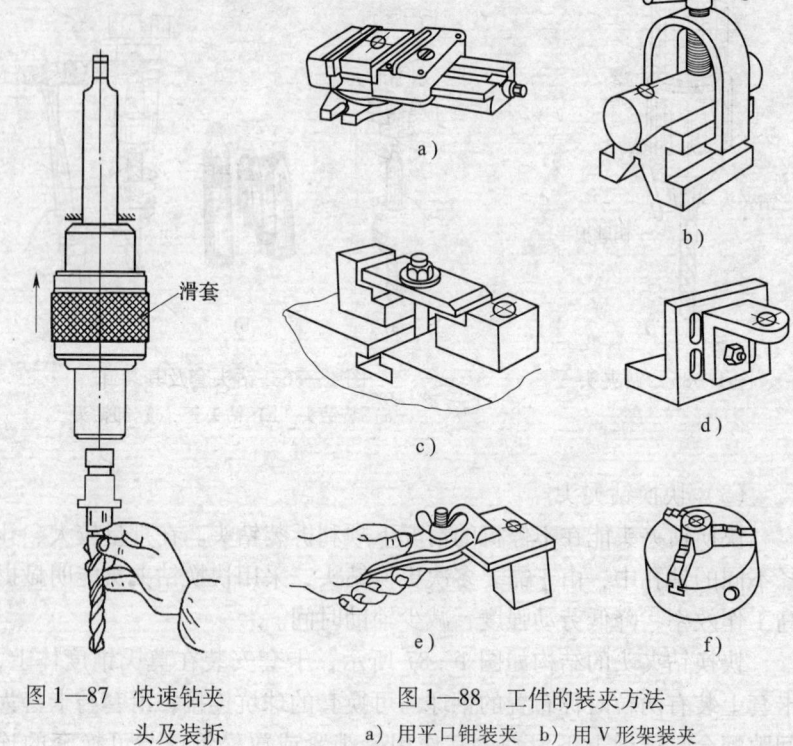

图1—87 快速钻夹
头及装拆

图1—88 工件的装夹方法
a) 用平口钳装夹 b) 用V形架装夹
c) 用阶梯压板装夹 d) 用直角铁装夹
e) 用手虎钳装夹 f) 用三爪自定心卡盘装夹

(1) 用平口钳装夹

如图1—88a所示,当钻孔直径超过8 mm且在表面平整的工件上钻孔时,可采用平口钳来装夹。装夹时,应使工件表面与钻头轴心线垂直。钻通孔时,工件应放置在垫铁上,以防止钻坏平口钳。

(2) 用V形架装夹

如图1—88b所示,V形架主要用于装夹圆柱形工件。装夹后,应使钻头轴心线位于V形架的对称中心,再按工件划线位置钻孔。钻通孔时,应将工件钻孔部位离V形架端面一段距离,避免将V形架钻坏。

(3) 用阶梯压板装夹

如图 1—88c 所示,对钻孔直径小于 10 mm 以下不便于用平口钳装夹的工件,可采取用阶梯压板夹持工件的方法。

(4) 用直角铁装夹

如图 1—88d 所示,适用于工件基准与钻孔位置有垂直度要求的异形工件。

(5) 用手虎钳装夹

如图 1—88e 所示,主要用于在小工件或薄板上钻孔的工作场合。采用此法装夹应在工件下面垫上垫木,严禁手持工件进行钻孔作业。

(6) 用三爪自定心卡盘装夹

如图 1—88f 所示,适用于在圆柱工件端面上进行钻孔作业的夹紧。

10. 钻孔步骤

钻孔的步骤如图 1—89 所示。

(1) 工件的划线

先按钻孔位置尺寸要求,划出孔的十字中心线,并打上样冲眼,要求样冲眼小、位置准确;再按孔的大小划出孔的圆周线,钻直径较大的孔时,还应划出几个大小不等的检查圆,以便钻孔时检查和矫正钻孔位置。

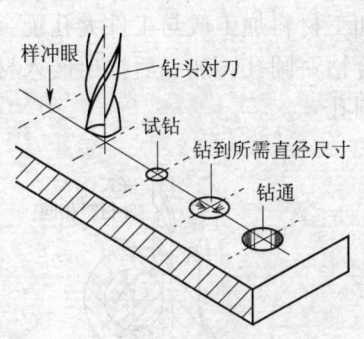

图 1—89 钻孔步骤

(2) 试钻

将钻头钻尖对准孔中心,先钻出一浅坑,用刷子清理切屑,观察所钻出的浅坑是否与圆周线同心。

(3) 借正

若浅坑与孔圆周线不同心,应及时借正,借正时可用油槽錾在需要钻出的部位錾出几条槽,以减少此处的钻削阻力,达到校正目的。借正工作须在试钻浅坑未达到钻孔直径前完成,这是保证达到钻孔位置精度的重要一环。

(4) 钻孔

中心对准后,调整好切削用量,进给时压力不可过大,以免钻头弯曲,造成钻孔轴线歪斜。当孔将钻穿时,必须减少进给量,因为此时轴向阻力突然减少,由于钻床进给机构的间隙和弹性变形的恢复,将使钻头以很大的进给量自动切入,以致造成钻头折断或钻孔质量降低等现象(如果是采用自动进给,此时最好改为手动进给)。如果是钻不通孔,应按钻孔深度调整好挡块,并通过测量控制好孔深。钻小孔或深孔时,钻头进给量要小,并经常退出排屑,防止钻头因切屑堵塞而扭断。

(5) 孔口去毛刺并检查

将完成钻削的孔口去除毛刺,并检查验收。

11. 钻孔实例

(1) 钻半圆孔

如图1—90a所示,欲在工件上钻相贯的半圆孔,可先用同样加工材料加工成与工件大孔配合的圆柱体,插入工件孔内,与工件合钻一圆孔,加工后抽出嵌入材料,工件上即留下所需要的相贯半圆孔。

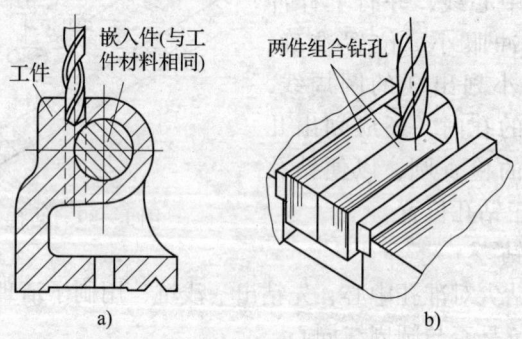

图1—90 钻半圆孔
a) 利用嵌入件钻孔 b) 组合钻孔

如图1—90b所示,欲在工件平面边缘钻出半圆孔,可采取将两个工件组合起来,用平口台虎钳装夹工件,用钻尖对准工件合缝钻出半圆孔。

(2) 在斜面上钻孔

如图 1—91 所示,欲在斜面上钻孔,可先在斜面上錾出或铣出一个平面后再钻孔;也可用中心钻钻出一个小锥孔后再钻孔;或者用一个垫铁将工件置于水平位置后,先钻一小孔,再去掉垫铁完成钻孔。

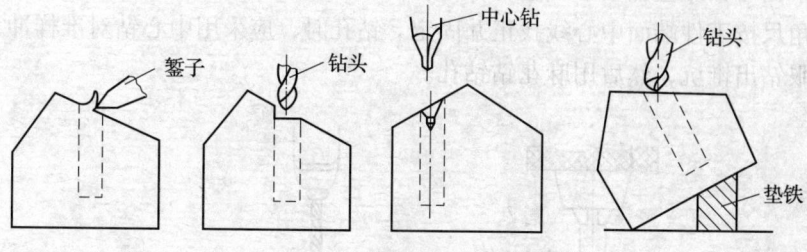

图 1—91 在斜面上钻孔

(3) 钻排孔

欲在较大的工件上钻排孔,可如图 1—92a 所示,将工件直接装夹在工作台上,采用压板螺栓夹紧工件,夹紧位置要合理对称。为防止钻坏工作台,可将钻孔位置落在工作台 T 形槽位置。

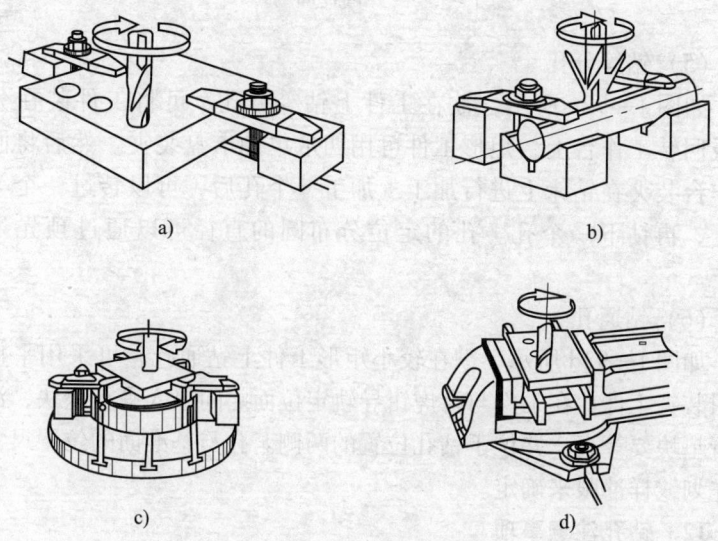

图 1—92 钻孔实例

(4) 钻轴上径向孔

如图 1—92b 所示,可将工件装夹在 V 形槽内,压板夹紧点位置落在 V 形槽内。为了准确定位,采取图 1—93 所示的方法,先用定心工具、百分表将工件找正,确定 V 形块的位置,使 V 形槽的对称平面与钻床主轴中心线重合,再将工件放置于 V 形块上,用宽座 90°角尺按工件端面中心线找正并固定。钻孔时,应采用中心钻对准样冲眼钻出锥坑,然后用麻花钻钻孔。

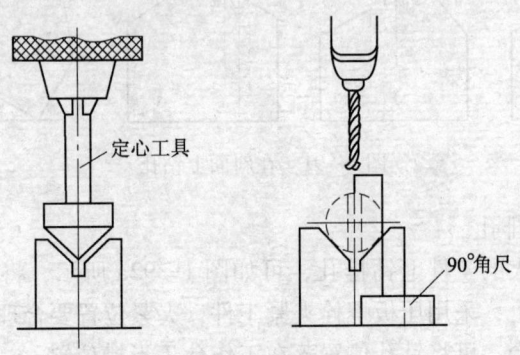

图 1—93　在圆柱面上钻孔

(5) 钻等分孔

如图 1—92c 所示,欲在工件上钻等分孔,可将工件装在分度头或回转工作台上,矩形工件可用四爪单动卡盘装夹。然后将回转工作台装夹在钻床上进行加工。加工一个孔后,可以转过一个等分角度,再钻下一个孔。孔的定位分布圆的直径可以通过预先划线确定。

(6) 钻通孔

如图 1—92d 所示,欲在较小矩形工件上钻通孔,可采用平口台虎钳装夹工件,在工件与台虎钳导轨定位面之间垫入平行垫块,注意平行垫块要等高,并位于钻孔位置的两侧。孔与基准面的位置尺寸按预先划线样冲眼来确定。

12. 钻孔注意事项

钻削时应注意养成良好的规范操作习惯。规范操作习惯不仅确保安全作业,也是产品质量的保证。

(1) 钻孔前检查钻床的润滑、调速是否良好,工作台面清洁干净,不准放置刀具、量具等物品。

(2) 操作钻床时不可戴手套,袖口必须扎紧,女工戴好安全帽。尤其是戴手套操作钻床发生安全事故频率很高,因此,应养成良好的文明生产和安全生产习惯,避免不必要的伤害。

(3) 工件必须夹紧夹牢。钻孔时工件必须进行有效的夹紧才能钻孔,根据工件的大小、厚薄选择合适的夹持方法进行钻孔。合理的夹持方法不仅有利于安全钻孔,同时能保证钻孔质量。

(4) 开动钻床前,应检查是否有钻夹头钥匙或斜铁插在钻轴上。

(5) 直柄钻头装夹时应使用钻夹头的钥匙进行夹紧或放松,严禁用敲击钻夹头方法装拆钻头。因为这样不仅会损坏钻夹头上的端齿,同时使钻床主轴的精度降低,影响钻削精度。用钻夹头夹紧刀具后,应先试转几圈并校正其跳动量再正式钻削。

(6) 锥柄钻头安装在主轴锥孔中,通常都是通过钻头锥套与主轴锥孔配合(小直径的钻头的钻柄通常是1号莫氏锥度,而钻床主轴锥孔是3号或4号莫氏锥度)。钻头套少则一件,多则三件组合使用(装夹锥柄钻头时,锥套不宜过多),因此,钻套的保养工作非常重要。尤其是钻套外锥面,由于安放和使用不当,外锥表面如有敲伤印痕,将会影响钻头的配合精度,会使钻出的孔径比实际钻头的直径大很多;同时,由于钻套接触精度不好,钻削时会使钻头脱落造成事故。因此,钻头套拆除都应从腰形槽中用斜铁拆除。

(7) 拆卸锥柄钻头时,严禁用锉刀舌或刮刀舌代替斜铁使用。因为,锉刀舌和刮刀舌这些部位硬度较高,手锤的敲击可能会使刀具端部崩裂,所产生的锋利碎块极易伤人。

(8) 快换钻头可在不停车时快速更换钻头,提高工作效率。但是,在操作时一定要注意左手推动滑套确认可换套停止后方能装拆钻头。右手拿住钻头的颈部推向钻夹头,应避免用右手拿住钻头的工作部位装拆,而可能产生的突发事故。

(9) 操作者的头部不能太靠近旋转的钻床主轴,停车时应让主轴自然停转,不能用手刹住,也不能反转制动。

(10) 钻孔时不能用手或棉纱或用嘴吹来清除切屑,必须用钢丝刷清除,长切屑或切屑绕在钻头上要用钩子钩去或停车清除。

(11) 严禁在开车状态下拆装工件,检验工件和变速必须在停车状态下完成。

(12) 清洁钻床或加注润滑油时,必须切断电源。

13. 钻孔时常见缺陷分析

实际生产中,钻孔时常见缺陷、产生原因与防止方法见表 1—10。

表 1—10　　钻孔时常见缺陷分析

常见缺陷	产生原因	防止方法
孔径大于规定值	钻头两主切削刃长短不等,高度不一致	正确刃磨切削部分
	钻床主轴径向跳动大	消除径向跳动量
	钻头弯曲或在钻夹头中未装好,引起摆动	正确装夹
孔呈多棱形	钻头后角太大	正确刃磨切削部分
	钻头两主切削刃长短不等,角度不对称	
孔位置偏移	工件划线不正确或装夹不正确	正确划线和装夹
	样冲眼中心不准	正确确定样冲眼中心
	钻头横刃太长,定心不稳	正确刃磨
	起钻过偏没有纠正	正确试钻
孔壁粗糙	钻头不锋利	将钻头修磨锋利
	进给量太大	减小进给量
	切削液性能差或供给不足	选择性能好的切削液
	切屑堵塞螺旋槽	注意钻削过程中的排屑
	后角太大	减小后角

续表

常见缺陷	产生原因	防止方法
孔歪斜	钻头与工件表面不垂直，钻床主轴与台面不垂直	正确安装
	进给量过大，造成钻头弯曲	减小进给量
	工件安装时，安装接触面上的切屑等污物未及时清除	注意做好清洁工作
	工件装夹不牢，钻孔时产生歪斜，或工件有砂眼	正确装夹
钻头工作部分折断	钻头横刃太长	修磨横刃
	钻头已钝还在继续钻孔	刃磨或更换钻头
	进给量太大	控制进给量
	未经常排屑使钻头在螺旋槽中堵塞	注意排屑
	孔刚钻穿未减小进给量	减小进给量
	工件未夹紧，钻孔时有松动	正确装夹
	钻黄铜等软金属及薄板料时，钻头未修磨	正确修磨
	孔已歪斜还在继续钻	停止钻削
切削刃迅速磨损或碎裂	切削速度太高	减小切削速度
	钻头刃磨不适应工件材料硬度	正确刃磨
	工件有硬伤或砂眼	钻削前检查工件，处理瑕疵
	进给量太大	减小进给量
	切削液输入不足	补充切削液

二、扩孔

1. 扩孔概念

扩孔是用扩孔钻对已钻出的孔做扩大钻削加工,以扩大孔径并提高精度和降低表面粗糙度值的操作。扩孔一般用于钻削较大直径的孔,为了切削省力将孔分两次钻出。第一次用较小直径的钻头将孔钻出,第二次用所需要直径尺寸的钻头进行扩孔至要求。扩孔可达到的尺寸公差等级为 IT10~IT9,表面粗糙度值为 $Ra6.3 \sim 3.2 \mu m$,属于孔的半精加工方法,常作为铰孔、磨孔前的预加工工序,也可作为精度不高的孔的终加工。

在实际生产中,一般用经修磨的麻花钻代替扩孔钻使用,扩孔钻多用于成批大量生产。扩孔时的进给量为钻孔时的 1.5~2 倍,切削速度为钻孔时的 1/2,切削效率较高。

2. 扩孔钻头结构

扩孔钻头有 3 齿或 4 齿切削刃,图 1—94 所示是扩孔钻头的结构。

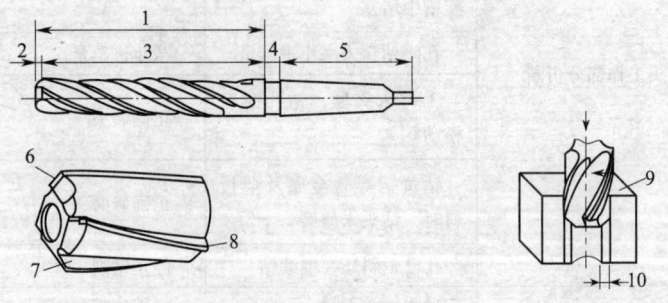

图 1—94 扩孔钻头
1—工作部分 2—切削部分 3—导向校准部分 4—颈部
5—柄部 6—主切削刃 7—前刀面
8—刃带 9—工件 10—扩孔余量

扩孔钻切削主要利用钻头的刀尖处部分切削刃进行切削,而不是全部的切削刃参加切削,因此,背吃刀量值小。扩孔产生的切屑体积小,切屑容易排出,所以扩孔钻的容屑槽可以做得小一些,从而加粗了钻心，提高了扩孔钻的刚度，因而，切削时切削用量可增大一些。

扩孔钻由多刃组成，棱边较普通麻花钻的多，因此有良好的导向作用，切削比较平稳，扩钻出来的孔表面粗糙度也较钻孔的好。

如图1—95所示，扩孔的背吃力量 a_p 按下式计算：

$$a_p = \frac{D - d}{2}$$

式中　D——扩孔后直径，mm；

　　　d——预加工孔（扩孔前）直径，mm。

3. 扩孔注意事项

扩孔钻的切削条件比麻花钻头的好。由于扩孔钻的切削刃较多，因此，扩孔时切削比较平稳，导向作用好，不易产生偏移。但为了提高扩孔精度，扩孔时还应注意以下几点：

（1）钻孔后，在不改变工件和机床主轴相互位置的情况下，立即换上扩孔钻进行扩孔。这样可使钻头与扩孔钻的中心重合，使切削均匀平稳，保证加工质量。

（2）扩孔前先用镗刀镗出一段直径与扩孔钻相同的导向孔（见图1—96），这样可使扩孔钻在一开始就有较好的导向，而不致当原有孔存在不正确偏斜时，扩后孔随之偏斜。这种方法多用于对铸铁、锻件上的孔进行扩孔。

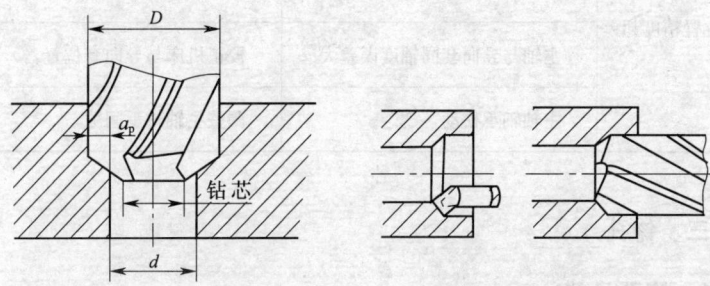

图1—95　扩孔的背吃刀量　　　图1—96　扩孔前的镗孔

4. 用扩孔钻扩孔时常见缺陷分析

用扩孔钻扩孔时常见缺陷、产生原因与防止方法见表1—11。

表 1—11　　　　　扩孔钻扩孔时常见缺陷分析

常见缺陷	产生原因	防止方法
孔径增大	扩孔钻切削刃摆差大	刃磨时保证摆差在允许范围内
	扩孔钻刃口崩刃	及时发现崩刃情况,并更换刀具
	扩孔钻刃带上有切屑瘤	将刃带上的切屑瘤用油石修整到合格
	安装扩孔钻时,锥柄表面油污未擦拭干净,或锥面上有磕、碰伤	安装扩孔钻前,必须将扩孔钻锥柄及机床主轴锥孔内部油污擦拭干净;锥面有磕、碰伤处用油石修光
孔表面粗糙	切削用量过大	适当降低切削用量
	切削液供给不足	切削液喷嘴对准加工孔口,或增大切削液量
	扩孔钻过度磨损	定期更换扩孔钻,或刃磨时把磨损区全部磨去
孔位置精度超差	导向套配合间隙大	位置公差要求较高时,导向套与刀具配合要精密些
	主轴与导向套同轴度误差大	校正机床与导向套位置
	主轴轴承松动	调整主轴轴承间隙

三、锪孔

1. 锪孔目的

用锪钻对工件上的孔进行进一步加工的操作方法称为锪孔,如锪平面、锪沉孔和锪倒角等。

锪孔的目的是为了保证孔口与孔中心线的垂直度,以使与孔连接的零件位置正确,连接可靠。在工件的连接孔端锪出柱形或锥形埋头孔,用沉头螺钉埋入孔内把有关零件连接起来,能使外观整齐,装配位置紧凑。将孔口端面锪平,并与孔中心线垂直,还能使连接螺栓(或螺母)的端面与连接件保持良好的接触。

2. 锪钻分类与应用

锪钻分为柱形锪钻、锥形锪钻和端面锪钻3种,如图1—97所示。

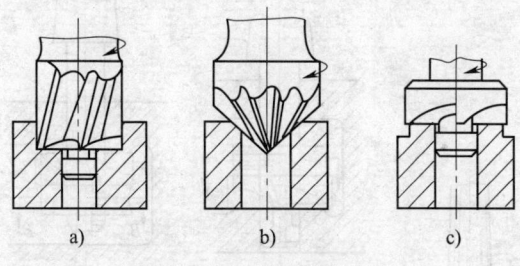

图1—97 锪钻及应用
a) 用柱形锪钻锪圆柱形孔 b) 用锥形锪钻锪沉头孔 c) 用端面锪钻锪孔口平面

(1) 柱形锪钻用于锪圆柱形埋头孔

柱形锪钻起主要切削作用的是端面切削刃,螺旋槽的斜角就是它的前角。锪钻前端有导柱,导柱直径与工件已有孔为紧密的间隙配合,以保证良好的定心和导向。这种导柱是可拆的,也可以把导柱和锪钻做成一体。

(2) 锥形锪钻用于锪锥形孔

锥形锪钻的锥角按工件锥形埋头孔的要求不同,有60°、75°、90°和120°4种,其中90°锪钻用得最多。常见的锥形锪钻如图1—98所示。

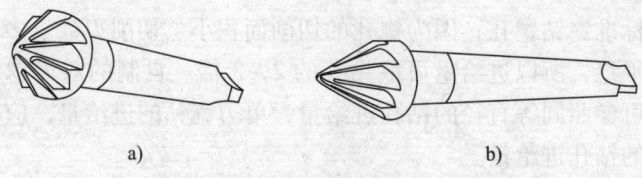

图1—98 锥形锪钻
a) 90°锪钻 b) 60°锪钻

(3) 端面锪钻专门用来锪平孔口端面

端面锪钻可以保证孔的端面与孔中心线的垂直度。当已加工孔的孔径较小时，为了使刀杆保持一定强度，可将刀杆头部的一段直径与已加工孔进行间隙配合，以保证良好的导向作用。如图 1—99 所示，端面锪钻采用套式结构，通过紧定螺钉与心轴相连，可锪出不同方向的孔端平面，适用范围较广。

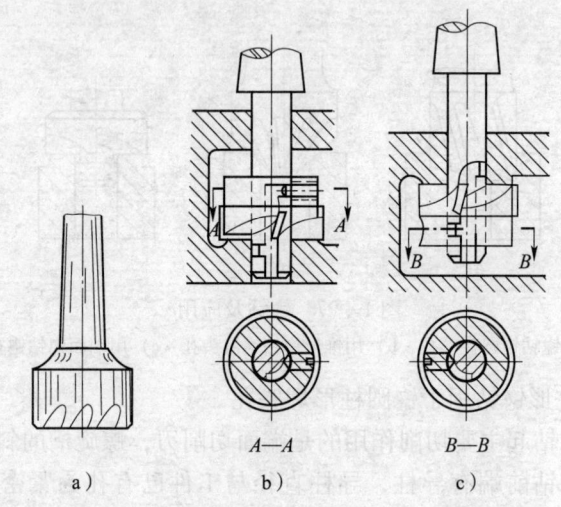

图 1—99　端面锪钻
a) 无导柱锪钻　b) 锪孔端上平面的方法　c) 锪孔端下平面的方法

3. 锪孔的锪削速度及进给量的选择

锪孔的切削速度应比钻孔时低，锪铸铁工件时，$v = 8 \sim 12$ m/min；锪钢件时，$v = 8 \sim 14$ m/min；锪有色金属工件时，$v = 25$ m/min。

用标准锪钻锪孔，因为锪孔的切削面积小、切削刃数量多、切削时比较平稳，所以进给量可取钻孔的 2~3 倍。自制的双刃锪钻的进给量，可参照同等直径的钻孔进给量，单刃锪钻的进给量，应小于同等直径的钻孔进给量。

4. 锪孔操作要点和注意事项

锪孔和钻孔方法基本相同。锪孔时存在的主要问题是由于刀具振动

而使锪孔口的端面或锥面产生振痕,使用麻花钻改制锪钻时,振痕尤为严重。为了避免这些问题,在锪孔时应注意以下几点:

(1)尽量用较短的麻花钻改制锪钻,用麻花钻改制锪钻的后角和外缘处的前角要适当减小,注意修磨前面,减小前角,以防止产生扎刀和振动现象。如图1—100所示,将麻花钻的2φ顶角修磨成所需要的锥孔角度,并将钻头两切削刃倒去0.3 mm左右的棱(减少切削刃的锋利度),使锪孔时比较平稳。

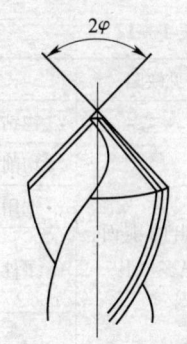

图1—100 麻花钻修磨成锪钻

(2)要先调整好工件的螺栓通孔与锪钻的同轴度,再夹紧工件。调整时,可旋转主轴试钻,使工件能自然定位。

(3)锪孔的切削速度一般是钻孔速度的1/3~1/2。在精锪时,可利用停车后主轴的旋转惯性锪孔,以减少振动而获得光滑的加工表面。

(4)锪钻的刀杆和刀片配合要合适,要装夹牢固,导向要可靠,工件要压紧,以减少振动。

(5)为控制锪孔深度,在锪孔前,可对钻床主轴(锪钻)的进给深度用钻床上的游标深度尺和定位螺母做好调整定位工作。

(6)当锪孔表面出现多角形振纹等情况时,应立即停止加工,并找出钻头刃磨等问题,及时修正。

(7)手动进刀时,用力要均匀,且用力不要过大。

(8)锪钢件时,因切削热量大,要在导柱和切削表面加机油进行润滑。

5. 锪孔时常见缺陷分析

如果存在锪钻的几何参数选择不当、锪钻和工件装夹不当、切削用量选用不当和操作不正确等情况,就会产生废品。锪孔时常见缺陷、产生原因与防止方法见表1—12。

表 1—12　　　　　　　锪孔时常见缺陷分析

常见缺陷	产生原因	防止方法
锪出的锥面、平面呈多角形	锪钻前角太大，有扎刀现象	减小锪钻前角
	切削速度太高	降低切削速度
	选用的切削液不当	重新选用切削液
	工件或刀具装夹不牢固	重新装夹工件或刀具，使其装夹牢固
	锪钻切削刃不对称	重新刃磨锪钻，使其切削刃对称
锪出的平面呈凹凸形	锪钻切削刃与刀杆旋转轴线不垂直	重新刃磨锪钻，并正确安装
表面粗糙度差	锪钻的几何参数不合理	重新刃磨锪钻
	切削液选择不当	重新选择切削液
	锪钻磨损	重新刃磨

四、铰孔

1. 铰孔概念

在制作模具、夹具或修理机床和单件生产时，通常都是采取划线后钻孔来完成孔的加工，除非使用数控加工设备来保证孔的位置精度和几何精度，通常使用麻花钻头加工出来的孔只是半精加工，要达到孔的几何精度和表面质量，需要采取铰孔来实现。

铰孔是用铰刀对已加工的孔进行精加工，可使孔的加工精度达到 IT9～IT7 级（手铰甚至可以达到 IT6），表面粗糙度达到 $Ra3.2$ ～ $0.8\,\mu m$ 或更小。实际操作中，铰削精度与上道工序的加工质量有直接关系，因此，要考虑铰孔的工艺过程。一般铰孔的工艺过程是：钻孔—扩孔—铰孔。对于 IT8 级以上精度、表面粗糙度 $Ra1.6\mu m$ 的孔，其工艺过程是：钻孔—扩孔—粗铰—精铰，如图 1—101 所示。

2. 铰削特点

（1）铰削速度很低，切削力小，切削热少，加工精度高。

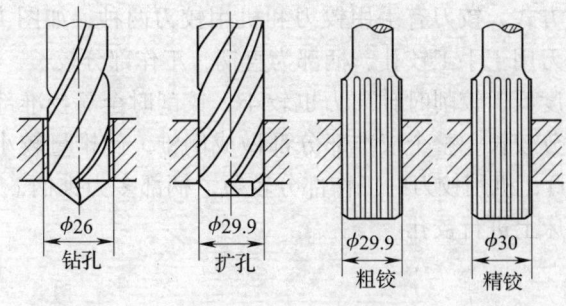

图 1—101 铰孔过程

(2) 由于铰刀的切削刃数量多 (6~12 个), 容屑槽很浅, 刀芯截面大, 故刚度和导向性好。同时铰刀本身精度高, 而且有校准部分, 可以校准和修光孔壁。

(3) 铰孔时切削余量很小, 切削变形也小, 所以铰刀对切削变形影响不大。铰削近似刮削, 尺寸精度高。

3. 铰刀种类

铰刀种类很多, 如图 1—102 所示。

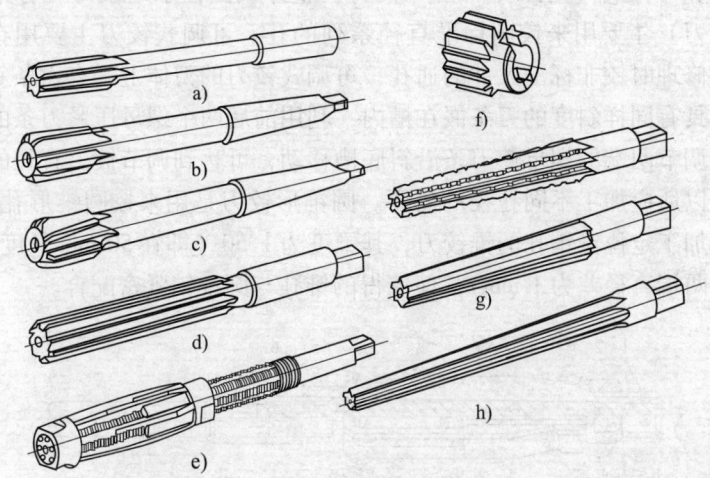

图 1—102 铰刀的基本类型

a) 直柄机用铰刀 b) 锥柄机用铰刀 c) 硬质合金锥柄机用铰刀
d) 手用铰刀 e) 可调节手用铰刀 f) 套式机用铰刀
g) 直柄莫氏圆锥铰刀 h) 手用 1:50 锥度销子铰刀

按使用方式，铰刀有手用铰刀和机用铰刀两种，如图1—103所示。手用铰刀用于手工铰孔，柄部为直柄，工作部分较长，定心作用好，切削速度低，铰削时轴向力也较小，铰削时全靠校准部分导向，所以校准部分较长，整个校准部分都做成倒锥，倒锥量较小（0.005~0.008 mm）；机用铰刀的工作部分较短，柄部多为锥柄，可以安装在钻床或车床上进行铰孔。

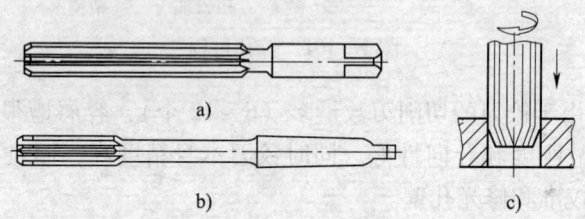

图1—103　手用铰刀和机用铰刀
a) 手用铰刀　b) 机用铰刀　c) 铰刀的应用

按铰刀用途不同有圆柱形铰刀和圆锥形铰刀。圆柱形铰刀又有整体式和可调式（见图1—104）两种。整体式圆柱手用铰刀（标准圆柱铰刀）主要用来铰削标准直径系列的孔。可调式铰刀主要用在装配和修理时铰非标准尺寸的通孔，可调式铰刀的刀体上开有六条斜底槽，具有同样斜度的刀条嵌在槽内，利用前后两个螺母压紧刀条的两端。调节两端的螺母使刀条沿斜底槽移动，可达到调节铰刀直径的目的，以适应加工不同孔径的需要。圆锥形铰刀是用来铰圆锥形孔的。用做加工定位锥销孔的锥铰刀，其锥度为1∶50（即在50 mm长度内，铰刀两端直径差为1 mm），使铰得的锥孔与圆锥销紧密配合。

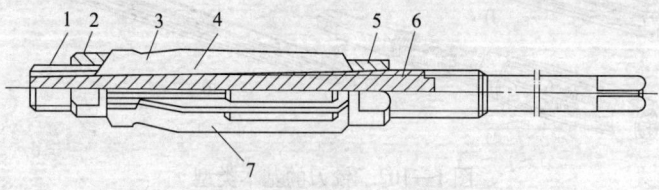

图1—104　可调式铰刀
1、6—螺纹　2、5—调节螺母　3、7—刀片　4—刀体

常用的圆锥形铰刀有以下4种:
(1) 1:10 锥铰刀,用于加工联轴器锥孔。
(2) 1:30 锥铰刀,用于加工套式刀具上锥孔。
(3) 1:50 锥铰刀,用于加工锥形定位销孔。
(4) 莫氏锥铰刀,用于加工0~6号莫氏锥孔。

1:10锥铰刀和莫氏锥铰刀切削量大,铰削时费劲,一般做成2~3把一套。为了使铰削省力,圆锥孔在铰孔前,可将孔钻成阶梯形,以减少切削余量。

按切削部分材料可分为高速钢铰刀和硬质合金铰刀。按齿槽形式,铰刀的刀齿有直齿和螺旋齿两种。直齿铰刀是常见的,螺旋铰刀多用于铰有缺口或带槽的孔,其特点是在铰削时不会被槽边勾住,且切削平稳。

钳工常用的铰刀有整体式圆柱形铰刀、手用可调式圆柱铰刀和整体式圆锥铰刀。

4. 铰刀的规格与结构组成

铰刀的规格以其加工工作部分的直径划分,手用铰刀为φ2.8~22mm,直柄机用铰刀为φ2.8~20mm,锥柄机用铰刀为φ10~23mm。

如图1—105所示,铰刀由工作部分、颈部及柄部三部分组成,工作部分主要有切削部分和修光部分,修光部分由圆柱部分和倒锥部分组成。

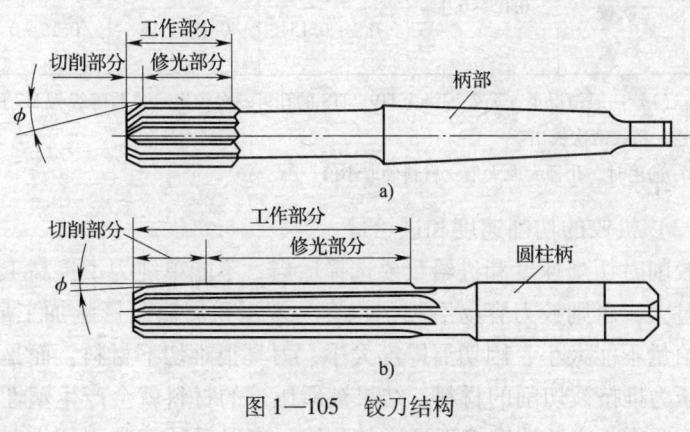

图1—105 铰刀结构
a) 机用铰刀 b) 手用铰刀

5. 铰削用量

铰削用量包括铰削余量、切削速度（机铰）和进给量。铰孔时铰削用量选择的正确与否，对铰削过程中的摩擦、切削力、切削热及积屑瘤的生成等有很大的影响，并直接影响到加工精度和表面粗糙度。

（1）铰削余量

铰削余量（直径余量）是否合适，对铰出孔的表面粗糙度和精度影响很大，因此不宜太大或太小。铰削余量太大，将加大每一刀齿的切削负荷，破坏了铰削过程的稳定性，增加切削热，使铰刀直径膨胀，孔径也随之扩张；铰削余量太小，则上道工序残留的变形难以纠正，原有的加工刀痕也不能去除，使铰孔质量达不到要求。同时，铰刀的啃刮也很严重，增加了铰刀的磨损；另外，形成的切屑呈撕裂状，使得加工表面粗糙度降低。

所以，选择铰削余量时，应考虑到铰孔的精度、表面粗糙度、孔径的大小、材料的软硬和铰刀的类型。铰削余量的范围见表 1—13。

表 1—13　　　　　　　铰削余量　　　　　　　　　　mm

铰孔直径		<6	6~18	18~30	30~35
铰削余量	一次铰	0.05~0.1	0.1~0.2	0.2~0.3	0.3~0.4
	二次铰、精铰		0.1~0.15	0.1~0.15	0.15~0.25

注：（1）一般情况下，公差等级为 IT9、IT8 的孔可一次铰出，公差等级为 IT7 的孔应经过粗铰、精铰两次铰出。

（2）选用时，孔径大取大值；材料硬取小值。

（2）机铰的切削速度和进给量

铰削时切削速度和进给量要选择适当，不能单纯为了提高工效而选得过大，否则铰刀容易磨损，也容易产生积屑瘤而影响加工质量。但进给量不能太小，因切屑厚度太小，刀具很难切下材料，而是以很大的压力推挤被切削的材料，结果被碾压过的材料就会产生塑性变形和表面硬化。这种被推挤而形成的凸峰，当以后的切削刃切入时，就会撕去一大片切屑，既增加表面粗糙度值，同时也加速了铰刀的磨损。

使用普通的高速钢铰刀铰孔时，钢件和铸铁件的切削速度和进给量选用见表1—14。

表1—14　　　　　　切削速度和进给量选用

工件 \ 铰削用量	切削速度 v (m/min)	进给量 f (mm/r)
钢件	8	0.4 左右
铸铁件	10	0.8 左右

6. 铰杠种类及使用

（1）铰杠种类

铰杠是手工铰削的工具，图1—106是常用铰杠。图1—106a铰杠中方形槽是按某一规格的铰刀制造的，使用时无需调整。图1—106b、c是活络铰杠，适应各种规格的铰刀使用，活络铰杠由铰杠体和两个手柄组成。一个手柄与铰杠体固定，另一手柄外径上车有螺纹与杠体螺纹连接。

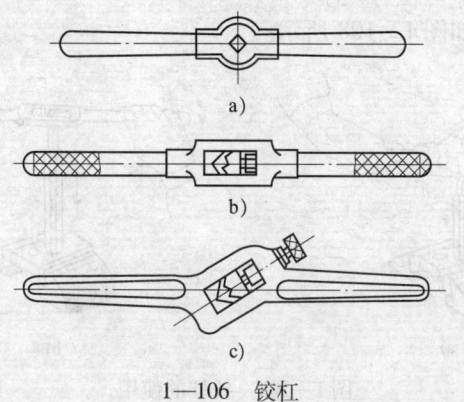

图1—106　铰杠
a）固定铰杠　b）、(c) 活络铰杠

图1—107是丁字形铰杠，丁字形铰杠适用于所要铰孔的位置在工件内部或所要铰孔的周围有障碍不能使用普通铰杠时。丁字形铰杠分为可调节式和固定式两种，其中，可调节式铰杠定心好，铰削时转

动铰杠不会出现晃动而影响铰削质量,缺点是螺母锁紧力不大;固定式铰杠前端冲制成方孔与铰刀方榫配合,有较好的力矩传递作用,缺点是铰杠方孔与铰刀方榫配合间隙较大,而影响铰削质量。

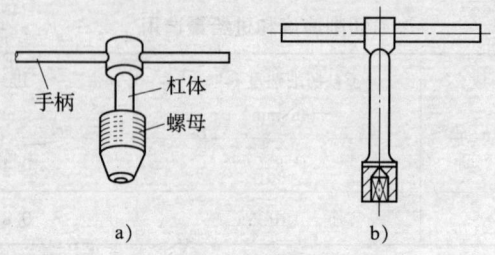

图1—107　丁字形铰杠
a) 可调节式　b) 固定式

(2) 铰杠使用

起铰时,右手握住铰杠杠体中心,左手握住铰杠使铰刀垂直于工件平面,右手施以垂直压力并同时顺时针转动,左手协助右手保持铰杠平稳并一起转动。当铰切出一定长度的导向部分后(20～30 mm),可双手握住铰杠手柄转动并同时向下施压进行铰削。双手转动铰杠时应保持两手的平衡,不能晃动,始终保持向铰刀垂直方向施力,并多次退出去屑,如图1—108所示。

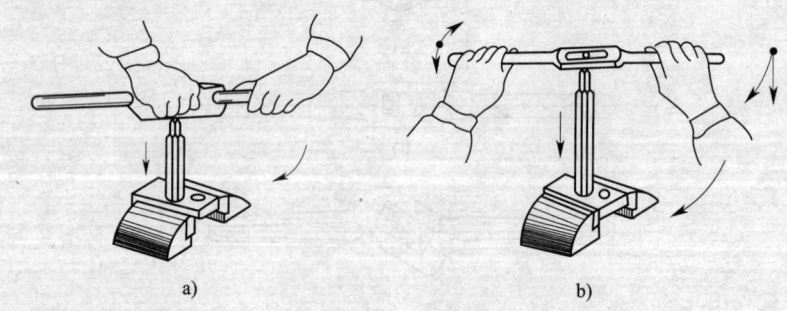

图1—108　铰杠的使用
a) 起铰　b) 铰削

7. 切削液

铰削的切屑一般都很细碎,容易粘在切削刃上,甚至夹在孔壁与铰刀校准部分的棱边之间,将已加工表面刮毛,使孔径扩大。切削过程中产生的热量积累过多，容易引起工件和铰刀的变形，从而降低铰刀的耐用度，增加产生积屑瘤的机会。因此，在铰削中必须采用适当的切削液，以减小摩擦、冲掉切屑和消散热量。切削液的选择见表1—15。

表1—15　　　　　　切削液的选择

加工材料	切 削 液
钢	10% ~20% 乳化液
	铰孔要求高时，采用30%菜油加70%肥皂水
	铰孔要求更高时，可用茶油、柴油、猪油等
铸铁	不用
	煤油，但要引起孔径缩小，最大缩小量达0.02~0.04 mm
	低浓度的乳化液
铝	煤油
铜	乳化液
不锈钢	食醋

8. 铰孔操作要点

（1）工件要夹正，使操作时对铰刀的垂直方向有一个正确的视觉和标志。对薄壁零件的夹紧力不要过大，以免将孔夹扁，在铰削后产生椭圆度。

（2）在手铰起铰时，可用右手通过铰孔轴线施加进刀压力，左手转动。手铰过程中，两手用力要平衡，旋转铰杠的速度要均匀，不得有侧向压力，铰刀不要摇摆，同时适当加压，使铰刀均匀进给，以保持铰削的稳定性，保证铰刀正确的引进和获得较小的加工表面粗糙度，并避免在孔的进口处出现喇叭口或将孔径扩大。

（3）注意变换铰刀每次停歇的位置，以消除铰刀常在同一处停歇而产生的振痕。

（4）铰削进给时，不要猛力压铰杠，要随着铰刀的旋转轻轻加压于铰杠，使铰刀缓慢进入孔内并均匀地进给，以保证良好的粗糙度。

（5）铰刀铰孔或退出铰刀时，铰刀均不能反转，退出时也要顺转。因为反转会使切屑扎在孔壁和铰刀刀齿的后刀面之间,将孔壁刮毛。同时,反转使铰刀容易磨损,甚至崩刃。

(6) 铰削钢料时,切屑碎末容易粘在刀齿上,要经常注意清除,并用油石修光切削刃,以免孔壁拉毛。

(7) 铰削过程中如果铰刀被卡住,不能猛力扳转铰杠,以防损坏铰刀。此时应小心反转,取出铰刀,清除切屑和检查铰刀。继续铰削时要缓慢进给,以防在原处再次卡住。

(8) 机铰时,要在铰刀退出后再停车,否则孔壁有刀痕,退出时孔也会被拉毛。铰通孔时,铰刀的校准部分不能全部出头,否则孔的下端会被刮坏,再退出时就很困难。

(9) 机铰时,应使工件一次装夹进行钻、铰工作,以保证铰刀中心线与钻孔中心线一致。要注意机床主轴、铰刀和工件所铰孔三者的同轴性是否符合要求。当铰孔精度要求较高而上述同轴性要求不能满足时,铰刀的装夹就不能采用普通的装夹方式,而应选用适当的浮动装夹方式,以调整铰刀与所铰孔的中心位置。

(10) 铰尺寸较小的圆锥孔,可先按小端直径并留取圆柱孔精铰余量钻出圆柱孔,然后用锥铰刀铰削即可。对孔径和深度较大的锥孔,为减小铰削余量,铰孔前可先钻出阶梯孔,然后再用铰刀铰削(见图1—109)。铰削过程中要经常用相配的锥销来检查铰孔尺寸(见图1—110)。

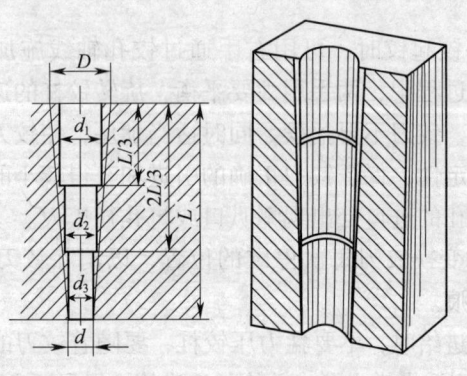

图1—109　铰大尺寸的圆锥孔

（11）铰刀是精加工刀具，使用完毕要擦拭干净，涂上机油。放置时，要保护好切削刃，以防与硬物碰撞而受损伤。

9. 铰刀的修磨

铰刀在使用中磨损最严重的地方是切削部分和校准部分的过渡处，此处因磨损破坏了刃口后，应在工具磨床上进行修磨。切削刃主后面磨损不严重时，可用油石沿切削刃的垂直方向轻轻推动，加以修光。

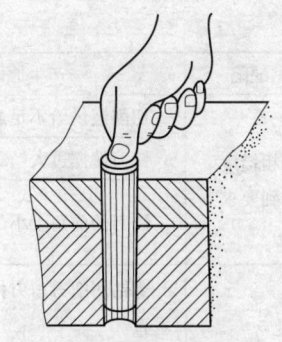

图1—110 用相配的锥销来检查铰孔尺寸

如欲将刃带宽度磨窄时，也可用上述方法将刃带磨出1°左右的小斜面，并保持需要的刃带宽度。但研磨后面时，不能将油石沿切削刃方向推动。当刀齿前面需要修磨时，应将油石紧贴在刀齿前面，沿齿槽方向轻轻推动，特别应注意不要损伤刃口。

10. 铰孔时常见缺陷分析

铰孔的精度和表面质量一般要求都较高。铰刀质量不好、铰削用量选择不当、润滑冷却不当或操作不当等，都会产生废品。

铰孔时常见缺陷、产生原因与防止方法见表1—16。

表1—16　　　　　铰孔时常见缺陷分析

常见缺陷	产生原因	防止方法
表面粗糙度达不到要求	铰切削刃口不锋利	重新刃磨或研磨铰刀
	铰刀切削刃上粘有积屑瘤	用油石研去积屑瘤
	容屑槽内切屑黏结过多	及时退出铰刀，清除切屑
	铰削余量太大或太小	重新选择合适的铰削余量
	铰刀退出时反转	纠正反转操作，严格按正确的操作方法顺转退出铰刀
	手铰时铰刀旋转不平稳	采用顶铰方法铰孔，两手用力均匀

> 钳工

续表

常见缺陷	产生原因	防止方法
表面粗糙度达不到要求	切削液供给不足或选择不当	重新选用切削液并加足
	铰刀偏摆过大	重新刃磨铰刀或改用浮动夹头
	铰刀的前角太小	根据工件的材料重新选择前角，并进行刃磨
孔径扩大	锪钻切削刃与刀杆旋转轴线不垂直	重新刃磨锪钻，并正确安装
	机用铰刀的轴线与预钻孔的轴线不重合	仔细校准钻床主轴、铰刀和工件孔三者之间的同轴度误差
	铰刀直径不符合要求	仔细检测、研磨铰刀
	铰刀偏摆过大	重新刃磨铰刀或改用浮动夹头
	铰削余量和进给量过大	应重新合理地选择铰削余量和进给量
	切削速度太快	应降低切削速度，并加注充足的切削液
孔径缩小	铰刀直径小于孔的最小极限位置	更换新的合格铰刀
	铰刀磨钝	重新刃磨或研磨铰刀
	铰削余量太大引起孔壁弹性恢复	重新合理地选择铰削余量
孔中心线不直	底孔钻得不直	钻小孔或深孔时，进给量要小，手动进给时，轻施压力
	铰刀的切削锥角太大，导向不良	更换新铰刀
	铰削间歇性的孔时，铰刀产生位移	使用有导柱的铰刀
孔呈多棱形	铰削余量太大	适当减小铰削余量
	铰孔前孔不圆或铰刀发生弹跳	采取措施提高铰孔前孔的加工精度
	钻床主轴的振摆过大	应及时调整、修复钻床主轴精度

续表

常见缺陷	产生原因	防止方法
孔出现喇叭口	铰刀切削锥角太大,铰削余量太大	减小切削锥角和铰削余量
	机铰时,切削刃径向摆动太大	调整钻床主轴旋转精度,重新进行铰削
	手铰时,铰刀不正或用力不平衡	调整铰刀与孔端面的垂直度,注意两手用力平衡
铰刀过早磨损	刃磨时未及时冷却,使切削刃退火	刃磨时及时冷却,将灼烧部分磨去
	切削刃表面粗糙,使铰刀耐磨性降低	精磨或研磨铰刀
	工件材料太硬	根据材料正确选择铰刀
	切削液使用不当或不充足	正确选用切削液并充分冷却
切削刃崩损	铰刀前、后角刃磨过大,使切削刃强度减弱	按要求刃磨铰刀
	机铰时,铰刀偏摆过大,切削负荷不均匀	检查铰刀的径向跳动量,正确装夹铰刀
	切削余量过大	减小切削余量,将切削余量分2~3次铰削
	刃磨时切削刃已有裂纹	铰削前应仔细检查铰刀质量
铰刀折断	铰刀被卡住,仍继续使用	取出铰刀清除铰屑后,再铰削
	铰刀中心线与孔中心线不同心,仍下压铰削	两条中心线调整同心后,再铰削
	进给量过大	正确选用进给量
	铰削余量过大	减小铰削余量或将铰削余量分2~3次铰削

§1—4 攻螺纹与套螺纹

攻螺纹（简称攻螺纹）和套螺纹（简称套丝）是加工内、外螺纹的操作，有时也称为切螺纹，如图1—111所示。钳工所加工的螺纹，通常都是直径较小或不适宜在机床上加工的螺纹。

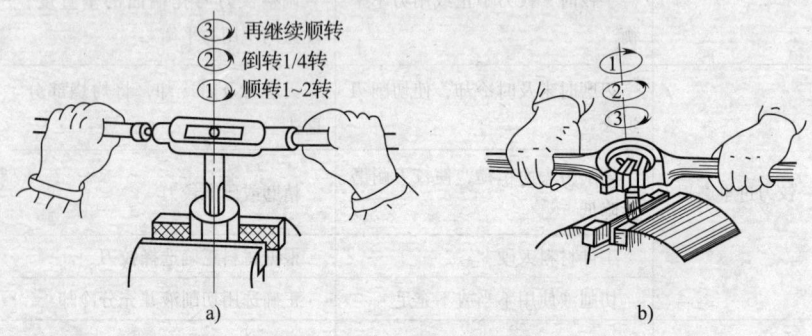

图1—111 攻螺纹和套螺纹
a）攻螺纹 b）套螺纹

一、攻螺纹

用丝锥在孔壁上切削内螺纹的操作过程叫做攻螺纹。

1．丝锥和铰杠结构

（1）丝锥结构

1）普通螺纹丝锥结构和标记。攻普通螺纹的丝锥如图1—112所示，它由柄部和工作部分组成。柄部后端有方榫可与铰杠或攻螺纹夹头连接，传递攻螺纹时所需要的力矩；工作部分分为切削部分和校准部分。攻螺纹所使用的工具丝锥分为手用丝锥和机用丝锥，丝锥由碳素工具钢或高速钢制成，并经过热处理。

丝锥前端磨出锥角，圆锥小端直径小于预钻孔（底孔）直径，使丝锥攻螺纹时能方便切入。丝锥工作部分在轴向方向开有多条容屑槽。丝锥切削部分有着锋利的切削刃，起主要切削作用。丝锥校准部分具有完整的齿形，校准部分刀齿无后角，用于修光和校准已切出的

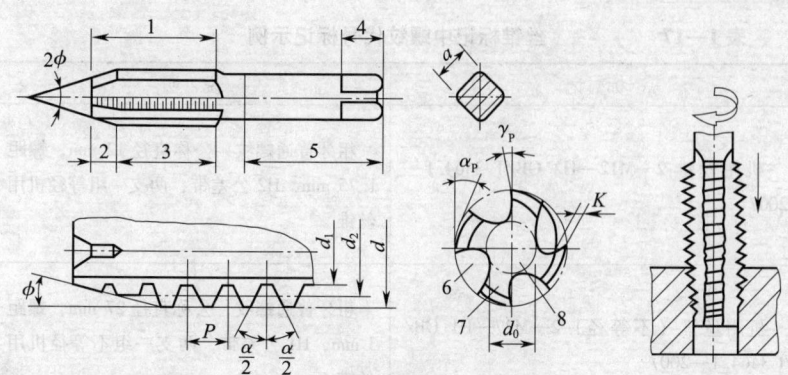

图 1—112 丝锥及其应用
1—工作部分 2—切削部分 3—校准部分 4—方榫
5—柄部 6—槽 7—齿 8—心部

螺纹,并引导丝锥沿轴向运动。丝锥校准部分的刀齿大径、中径和小径均有 (0.05~1.2)/100 的倒锥,以减小与螺纹孔的摩擦,并减小所攻螺纹孔的扩张量。

普通容屑槽是直槽形状,主要是为了便于制造和刃磨。但切屑容易堵塞在容屑槽内,因此,直槽形状的容屑槽适用于手工攻螺纹。有的丝锥为了能控制攻螺纹时排屑方向,将容屑槽制成螺旋槽。丝锥的螺旋槽制成右旋的,攻螺纹时使切屑向上排出,用来加工不通孔的螺纹;丝锥的螺旋槽制成左旋的,攻螺纹时切屑能向下排出,不会堵塞在丝锥容屑槽内,用来加工通孔的内螺纹。因为带有螺旋槽的丝锥能控制排屑方向,因而适用于机床攻螺纹。

在攻制螺纹时,为了减小切削力和延长丝锥使用寿命,通常由两只组成一套,称为头攻(粗锥)丝锥和二攻(第二粗锥)丝锥。用头攻丝锥首先加工不仅减小了切削力,同时也方便了丝锥的切入。

每一种丝锥都有相应的标记,标记的内容有:制造厂商标、螺纹代号、丝锥公差带代号(H4 允许不标)、材料代号(用高速钢制造的丝锥标志 HSS,用碳素工具钢或合金钢制造的丝锥不标记)和不等径成组丝锥的粗锥代号(第一粗锥为一条圆环、第二粗锥为两条圆环,或标志序号Ⅰ、Ⅱ)。丝锥标记中螺纹代号标记示例见表 1—17。

表1—17　　　丝锥标记中螺纹代号标记示例

标　记	说　明
机用丝锥 2—M12—H2 GB/T 3464.1—2007	粗牙普通螺纹，公称直径 12 mm，螺距 1.75 mm，H2 公差带，两支一组等径机用丝锥
机用丝锥（不等径）2—M27—H1 GB/T 3464.1—2007	粗牙普通螺纹，公称直径 27 mm，螺距 3 mm，H1 公差带，两支一组不等径机用丝锥
细长柄机用丝锥 M6—H2 GB/T 3464.2—2002	粗牙普通螺纹，公称直径 6 mm，螺距 1 mm，H2 公差带，细长柄机用丝锥
短柄螺母丝锥 M6—H2 GB/T 967—2008	粗牙普通螺纹，公称直径 6 mm，螺距 1 mm，H2 公差带，短柄螺母丝锥
长柄螺母丝锥 M6—H2 JB/T 8786—1998	粗牙普通螺纹，公称直径 6 mm，螺距 1 mm，H2 公差带，长柄螺母丝锥

注：(1) 标记中细牙螺纹的规格，应以公称直径×螺距表示，如 M10×1.25，其他标记方法与粗牙丝锥相同。

(2) 直径 3～10 mm 的丝锥，有粗柄和细柄两种结构并存，在需要明确指定柄部结构的位置，应加"粗柄"或"细柄"字样。

2) 管螺纹丝锥结构。管螺纹丝锥的结构如图 1—113 所示，管螺纹丝锥分为圆柱管螺纹丝锥和圆锥管螺纹丝锥两种。圆柱管螺纹丝锥如图 1—113a 所示，与一般手用丝锥基本近似，只是其工作部分较短，一般是两支一套。圆锥管螺纹丝锥如图 1—113b 所示，整个工作部分成圆锥形，螺纹牙型与丝锥轴心线垂直，保证了内、外螺纹牙型两边有良好的接触精度。圆锥管螺纹丝锥攻螺纹时的切削量大，多用于攻圆锥管接头和堵塞螺纹。

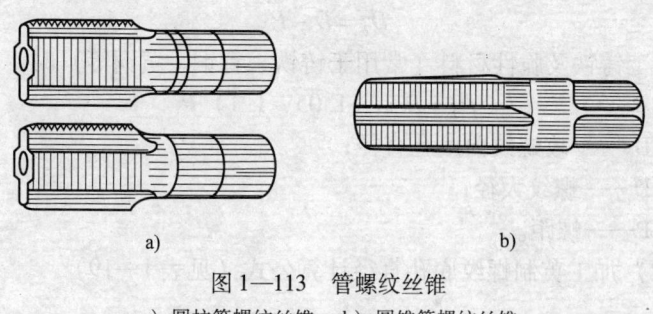

图 1—113 管螺纹丝锥
a) 圆柱管螺纹丝锥   b) 圆锥管螺纹丝锥

(2) 铰杠结构

铰杠是手工攻螺纹时用的一种辅助工具，用来夹持丝锥的柄部方头，带动丝锥旋转进行切削的工具。铰杠分为普通铰杠和丁字铰杠两类，普通铰杠又分为固定铰杠和活络铰杠（也称为可调式铰杠）两种。铰杠的构造如图 1—106 所示，由工作部分和柄部组成。

固定铰杠的方孔尺寸和柄长应符合一定的规格，使丝锥受力不会过大，丝锥不易折断，故操作比较合理，一般用于攻 M5 以下的螺纹。活络铰杠可以调节方孔尺寸，故应用范围较广，有 150 ~ 600 mm 6 种规格（适用范围见表 1—18），铰杠长度应根据丝锥尺寸的大小选择，以控制一定的攻螺纹扭矩。

表 1—18   活络铰杠的规格及适用范围

规格	150 mm	225 mm	275 mm	375 mm	475 mm	600 mm
适用范围	M5 ~ M8	M8 ~ M12	M12 ~ M14	M14 ~ M16	M16 ~ M22	M24 以上

2. 攻螺纹前底孔直径的确定和加工注意事项

攻螺纹前首先在工件上要钻孔，这个孔称为底孔。底孔的直径可根据被加工螺纹的外径和螺距，通过下列公式或查阅有关手册（见表 1—19 ~ 表 1—22）来确定。

(1) 加工普通螺纹底孔直径计算公式

加工钢材及韧性材料（常用于钢、可锻铸铁、紫铜、层压板等）时，有

$$D_2 = D - P$$

加工铸铁及脆性材料(常用于铸铁、青铜、黄铜等)时,有:
$$D_2 = D - (1.05 \sim 1.1)P$$

式中 D_2——攻螺纹前底孔直径;

D——螺纹大径;

P——螺距。

(2)加工英制螺纹底孔直径计算公式(见表1—19)

表1—19　　　加工英制螺纹底孔直径计算公式　　　　mm

螺纹尺寸代号(in)	铸铁与青铜	钢与黄铜
3/16 ~ 5/8	$D_2 = 25(D - 1/n)$	$D_2 = 25(D - 1/n) + 0.1$
3/4 ~ 1$\frac{1}{2}$	$D_2 = 25(D - 1/n)$	$D_2 = 25(D - 1/n) + 0.2$

注:n 为每英寸牙数。

表1—20　　　普通螺纹攻螺纹前钻底孔的钻头直径　　　(mm)

螺纹公称直径 D	螺距 P	钻头直径	
		钢、紫铜	铸铁、青铜、黄铜
3	0.5	2.5	2.5
4	0.7	3.3	3.3
5	0.8	4.2	4.1
6	1.0	5.0	4.9
8	1.25	6.7	6.6
10	1.5	8.5	8.4
12	1.75	10.2	10.1
14	2	12	11.8
16	2	14	13.8
18	2.5	15.5	15.3
20	2.5	17.5	17.3
22	2.5	19.5	19.3
24	3.0	21.0	20.7
30	3.5	26.5	26.2

表1—21 非螺纹密封的管螺纹攻螺纹前钻底孔的钻头直径

尺寸代号（in）	每25.4 mm内的牙数	钻头直径（mm）
1/8	28	8.8
1/4	19	11.7
3/8	19	15.2
1/2	14	18.9
3/4	14	24.4
1	11	30.6
$1\frac{1}{4}$	11	39.2
$1\frac{3}{8}$	11	41.6
$1\frac{1}{2}$	11	45.1

表1—22 螺纹密封的管螺纹攻螺纹前钻底孔的钻头直径

尺寸代号（in）	每25.4 mm内的牙数	钻头直径（mm）
1/8	28	8.8
1/4	19	11.7
3/8	19	15.2
1/2	14	18.9
3/4	14	23.6
1	11	29.7
$1\frac{1}{4}$	11	38.3
$1\frac{1}{2}$	11	44.1
2	11	55.8

（3）底孔加工注意事项

1）钻头不能有毛刺和磨损现象。加工底孔的钻头或扩孔钻头，切削刃要锋利，刃带要光滑，以避免将孔壁刮伤或使孔产生锥度。

2)切削温度不能过高。钻孔时要选择适当的切削用量,以防止产生过多的切削热,使孔壁出现冷作硬化现象,给攻螺纹造成困难。

3)底孔不能弯曲和倾斜。所钻底孔的中心线应垂直,不得弯曲和偏斜,以避免出现螺纹牙型不完整、歪斜或丝锥折断等现象。

4)底孔表面不能粗糙。底孔直径大于 10 mm 时,最好经过钻孔和扩孔,使其达到要求的孔径和表面粗糙度,从而提高底孔或螺纹孔的质量。

3. 手工攻螺纹操作要点

通常钳工攻螺纹步骤如图 1—114 所示。具体操作要点如下:

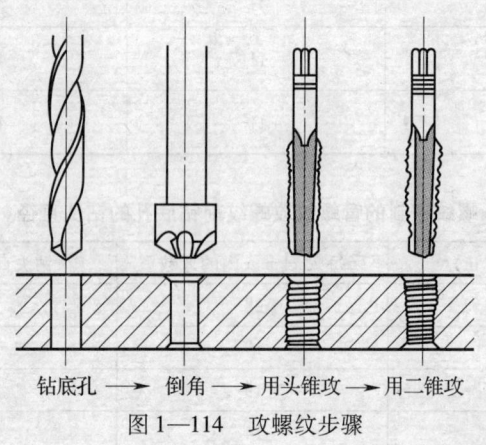

钻底孔 —→ 倒角 —→ 用头锥攻 —→ 用二锥攻

图 1—114 攻螺纹步骤

(1)通过查表法或经验公式计算法合理确定攻螺纹前底孔的钻头直径,按确定的攻螺纹底孔直径和深度钻底孔,用 90°锪钻或用略大于底孔直径的钻头对孔口倒角(通孔螺纹两端均要倒角),以便于丝锥顺利切入。

(2)工件夹持要正,一般情况下,应将工件需要攻螺纹的一面置于水平或垂直位置。

(3)用头攻起扣是攻螺纹的关键。起扣开始时,要把丝锥放正,然后用一手掌按住铰杠中部沿丝锥轴线用力加压,另一手配合做顺向旋转铰杠,同时保持平衡,保证丝锥中心线与孔中心线重合。一般攻削 3~4 圈后,丝锥方向可基本确定,如图 1—115 所示。

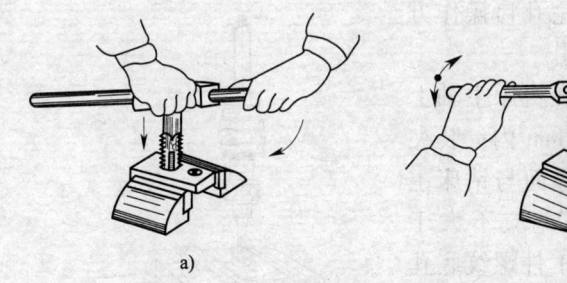

图 1—115　起攻

(4) 当头攻攻入 1~2 圈时,应通过目测或用小直角尺检查丝锥是否与工件表面垂直,并不断校正,如图 1—116 所示。当切削部分进入工件后,要间断性地倒转 1/4 ~ 1/2 圈,进行断屑和排屑。

(5) 攻螺纹时,必须以头攻、二攻顺序攻削至标准尺寸。

(6) 在较硬的材料上攻螺纹孔时,如感到很费力,应将头攻、二攻轮换交替攻削。

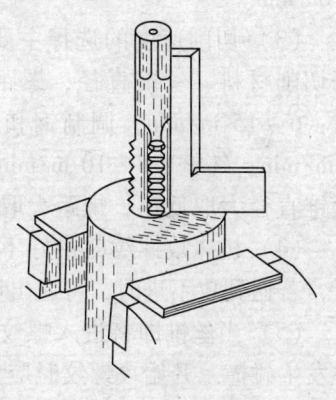

图 1—116　检查攻螺纹垂直度

(7) 攻韧性材料的螺纹时,要加合适的切削液,以减少切削阻力及提高螺纹的表面粗糙度,延长丝锥使用寿命。

(8) 攻不通孔螺纹时,应注意:
1) 钻孔深度 = 所需螺纹孔深度 + 0.7 × 螺纹大径。
2) 要防止丝锥到底后还继续下攻造成丝锥折断事故。
3) 随时清除孔内切屑,防止因切屑阻塞而造成丝锥折断事故发生。

4. 机床攻螺纹操作要点

在零件攻螺纹批量较大的时候,可采用机床攻螺纹(也称为机动攻螺纹),如图 1—117 所示。工件和夹具固定在有正反转控制的机床工作台上,攻螺纹夹头安装在主轴锥孔内,并夹持丝锥,然后开始攻螺纹。机床攻螺纹操作要点具体如下:

(1) 钻底孔和锪孔口操作方法与手工攻螺纹相同。

(2) 丝锥装夹在机床主轴上的径向振摆在 0.05 mm 内；装夹工件的夹具定位支撑面与钻床主轴中心的垂直度偏差应不大于 0.05 mm/100 mm；工件螺纹底孔与丝锥的同心度允差应不大于 0.05 mm。

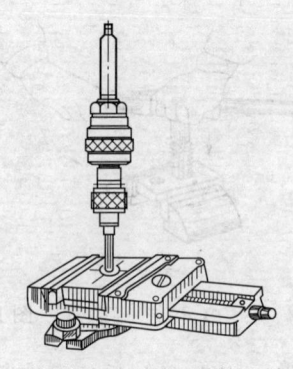

图 1—117　机床攻螺纹

(3) 切削速度的选择主要依据切削材料、丝锥直径、螺距和螺纹孔深度等因素确定。一般钢材：6~15 m/min；调制钢和较硬钢：5~10 m/min；不锈钢：2~7 m/min；铸铁：8~10 m/min。同样条件下，丝锥直径小取高速，丝锥直径大取低速，螺距大取低速。

(4) 机床攻螺纹时最好不要连续运转，应以点动倒顺转交替进行，若遇到攻不进时，可退出切屑重新攻螺纹。

(5) 当丝锥即将进入螺纹孔时，进刀要轻且慢，以防丝锥与工件发生碰撞。开始攻螺纹时应先向下用力，不能使丝锥在孔口空转，否则会造成孔口处烂牙。

(6) 螺纹孔深度超过 10 mm 或攻不通孔螺纹时，应选用安全夹头。安全夹头能承受的切削力须按丝锥的大小调节。

(7) 在丝锥切削部分长度的攻削行程内，应在进刀手柄上施加均匀的压力；当校准部分进入工件后，手握住手柄感觉到手柄有自动向下前进力时，即松手不再施加压力，靠螺纹自然旋进，以免将螺纹牙型切瘦。

(8) 攻通孔螺纹时，丝锥校准部分不能全部攻出头，否则在开反车退出丝锥时，将会产生烂牙（乱扣）。

(9) 倒转时，应注意丝锥的校准部分不能全部露出孔端，也不能在孔口处长时间的倒转，否则，再进行攻螺纹时会产生烂牙现象。

(10) 当攻螺纹阻力增大超过攻螺纹夹头的力矩时,攻螺纹夹头打滑,此时,应立即倒转退屑。

(11) 攻螺纹夹头的传递力矩调整要适当。若力矩调整过大会使丝锥折断的概率增加,力矩调整过小攻螺纹时则易产生打滑,力矩调整可进行试攻或参阅攻螺纹夹头说明书中推荐值进行。

5. 丝锥损坏形式及产生原因

丝锥最主要的损坏形式为丝锥折断和丝锥崩牙,具体的产生原因见表1—23。

表1—23　　　　　丝锥损坏形式及产生原因

损坏形式	产生原因
丝锥折断	工件材料中夹有硬物
	断屑、排屑不良,产生切屑堵塞现象
	丝锥位置不正,单边受力太大或强行纠正
	两手用力不均
	丝锥磨钝,切削阻力太大
	螺纹底孔直径太小
	攻不通孔螺纹时,丝锥已到底仍继续扳转丝锥
	攻螺纹时用力过猛或丝锥铰杠太长
丝锥崩牙	工件材料中夹有硬物
	丝锥位置不正,单边受力太大或强行纠正
	两手用力不均

6. 丝锥的修磨

(1) 当丝锥切削刃钝化或粘屑时,可用柱形油石研磨切削刃的前刀面。研磨时,在油石上涂上机油,油石要掌握平稳,不要将刀齿的刃尖磨出小圆角。

(2) 当丝锥校准部分磨损后,可在工具磨床上用片状砂轮修磨丝锥前刀面。修磨前,应将砂轮棱角修圆并与丝锥容屑槽的圆弧相吻合。修磨时，丝锥要做轴向移动，使整个刀面均磨到，要求每条刀齿前角一致，且要经常蘸水冷却，磨后再用柱形油石研磨。

（3）当丝锥的切削刃磨损后，或用二、三锥改磨成头锥时，可在一般砂轮上修磨丝锥的后刀面。修磨时，要注意各齿的半锥角和刀齿的长短要一致。转动丝锥时，应注意不要磨掉下一条刀齿。

7. 取出断丝锥的方法

丝锥工作时折断在螺纹孔中，取出是十分困难的，故在攻螺纹时应尽量避免丝锥折断事故发生。如果在攻螺纹操作时，丝锥断在孔内，可考虑用以下方法取出。在取断丝锥前，应将孔内切屑和丝锥碎屑清除干净（敲击周边，同时将螺纹孔倒置，用磁性针挑、吸碎屑等方法），并加入少许润滑油。

（1）丝锥折断部分露出孔外时，可用钳子拧出断丝锥；或用样冲、尖錾等工具抵在容屑槽内，顺着螺纹圆周切线方向，轻轻地正反方向反复敲打，一直到丝锥有了松动，就能顺利取出；也可在丝锥断面上焊一六角螺母或短六角螺钉，然后用扳手轻轻倒转取出断丝锥。

（2）丝锥折断部分在孔内时，可在带方榫的断丝锥上拧上两个螺母，用钢丝插入断丝锥和螺母的空槽中，再用铰杠按退出方向扳动方榫，靠空槽中的钢丝带动把断丝锥退出；也可用乙炔火焰或喷灯使断丝锥退火，然后用略小于底孔直径的钻头对准丝锥中心钻孔，孔钻好后，打入一方头样冲，再用扳手旋转方头样冲取出断丝锥；如果高速钢材质的断丝锥是在不锈钢工件中，可以用硝酸进行腐蚀从而取出（因为锈钢能耐硝酸腐蚀，而高速钢丝锥则不能，所以丝锥在硝酸的作用下很快被腐蚀，腐蚀到丝锥松动，便可取出）；对于从形状复杂、加工周期较长的工件上取出断丝锥，可用电脉冲将断在工件中的丝锥腐蚀掉。

8. 攻螺纹时常见缺陷分析

攻螺纹时常见缺陷、产生原因与防止方法见表1—24。

表 1—24　　　　攻螺纹时常见缺陷分析

常见缺陷	产生原因	防止方法
烂牙	螺纹底孔直径太小，丝锥不易切入，孔口烂牙	根据加工材料，选择合适底孔直径
	铰杠掌握不稳，丝锥晃动过大	加大螺纹孔口倒角
	丝锥磨钝或切削刃粘屑	刃磨或更换丝锥，清除粘屑
	换用二攻丝锥时与已切出的螺纹没有旋合好就强行攻削	换用二攻丝锥时，应将丝锥旋合好后再攻削
	头攻丝锥攻螺纹不正，用二攻丝锥强行攻正	用头攻丝锥攻削时，两手用力要均匀，注意及时检查丝锥与螺纹孔的垂直度
	未经常倒转排屑	攻削时，每攻 1/2 圈，应倒转 1/4 圈，使切屑碎断、排出
	机攻时校准部分全部出头，退出时造成烂牙	机攻时要调整好定位机构
	未加注合适的切削液	注意加注合适的切削液
滑牙	攻不通孔螺纹时，丝锥到底后仍继续扳转丝锥	攻不通孔螺纹时，应在丝锥上做螺纹孔深度记号，丝锥到底后，不要继续扳转丝锥
	在强度较低的材料上攻较小螺纹孔时，丝锥已切出螺纹仍然在继续施加压力	在强度较低的材料上攻较小螺纹孔时压力要适当
螺纹孔攻歪	丝锥与工件平面不垂直	钻螺纹底孔时，钻头与工件平面要垂直；起扣时，仔细检查丝锥与工件的垂直度
	攻螺纹时两手用力不平衡，倾向于一侧	攻螺纹时，两手用力要平衡

二、套螺纹

1. 套螺纹工具

(1) 圆板牙

圆板牙是用来加工外螺纹的工具，用合金工具钢或高速钢制作并淬火处理。它的基本结构像是一个圆螺母，只是在上面钻了几个排屑孔并形成切削刃，如图1—118所示。

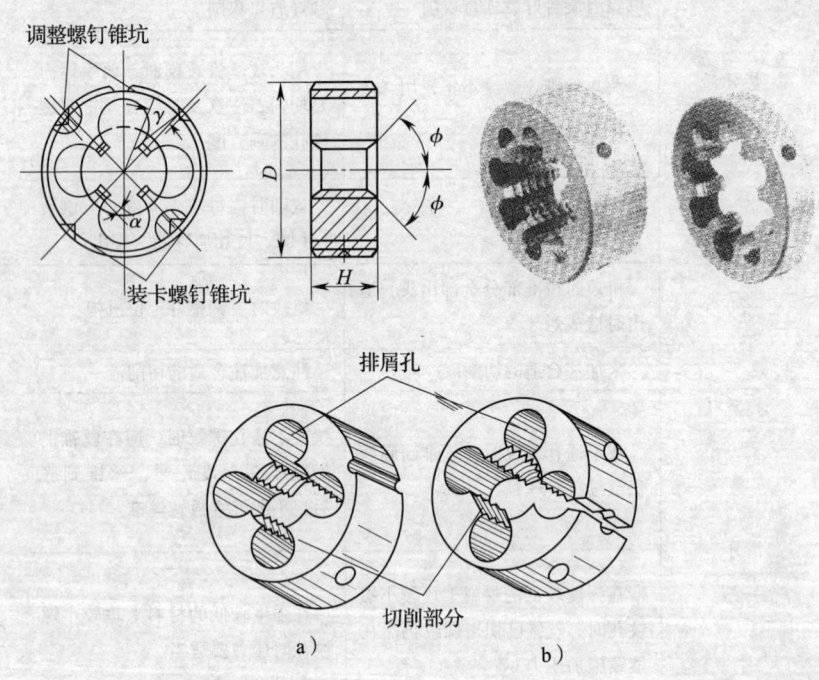

图1—118 圆板牙
a) 封闭式 b) 开槽式

圆板牙的螺纹部分可分为切削部分和校准部分，两端面磨出主偏角的部分是切削部分，它是经过铲磨而成的阿基米得螺旋面。圆板牙的中间一段是校准部分，也是套螺纹的导向部分。

M3.5以下的圆板牙,外圆上有四个锥坑和一条V形槽。有两个锥坑的轴线通过圆板牙的中心,用紧定螺钉固定并传递转矩。圆板牙磨损后,套出的螺纹直径变大时,可用锯片砂轮在V形槽中心割出一条通槽,此时的V形槽就成了调整槽。通过紧定螺钉调节两个锥坑,使圆板牙尺寸缩小,调节的范围为0.1~0.25 mm。调节时,应使用标准样规或通过试切来确定螺纹尺寸是否合格。当在V形槽开口处旋入螺钉后,可使圆板牙直径变大。圆板牙的两端都是切削部分,待一端磨损后,可换另一端使用。

(2) 板牙架

板牙架是装夹圆板牙的工具。圆板牙放入相应规格的板牙架孔中,通过紧定螺钉将圆板牙固定,并传递套螺纹时的切削转矩,如图1—119所示。

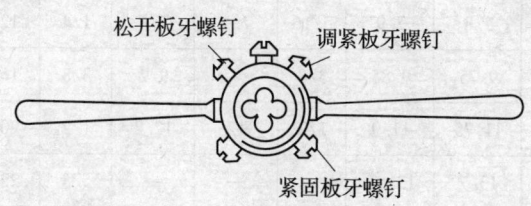

图1—119 板牙架

2. 套螺纹前圆杆直径的确定

套螺纹与攻螺纹时的切削过程相同。套螺纹时,金属材料因受圆板牙的挤压而产生变形,螺纹牙尖将被挤得高一些,所以套螺纹前圆杆直径应小于螺纹的大径,圆杆直径一般可采用下式计算或通过查表法来确定。

(1) 公式法

套螺纹前圆杆直径按下列公式计算来确定,即:

$$D_{杆} = D - 0.13P$$

式中　$D_{杆}$——套螺纹前圆杆直径;

　　　D——外螺纹大径;

　　　P——螺距。

（2）查表法

通过表 1—25 查出套螺纹前圆杆直径。

表 1—25　　套螺纹前圆杆直径尺寸

粗牙普通螺纹				英制螺纹			圆柱管螺纹		
螺纹直径 D (mm)	螺距 P (mm)	螺杆直径 $D_{杆}$		螺纹直径 D (in)	螺杆直径 $D_{杆}$		螺纹直径 D (in)	管子外径 $D_{杆}$	
		最小直径 (mm)	最大直径 (mm)		最小直径 (mm)	最大直径 (mm)		最小直径 (mm)	最大直径 (mm)
M6	1	5.8	5.9	1/4	5.9	6	1/8	9.4	9.5
M8	1.25	7.8	7.9	5/16	7.4	7.6	1/4	12.7	13
M10	1.50	9.75	9.85	3/8	9	9.2	3/8	16.2	16.5
M12	1.75	11.75	11.9	1/2	12	12.2	1/2	20.7	20.8
M14	2	13.7	13.85	—	—	—	5/8	22.5	22.8
M16	2	15.7	15.85	5/8	15.2	15.4	3/4	26	26.3
M18	2.5	17.7	17.85	—	—	—	7/8	29.8	30.1
M20	2.5	19.7	19.85	3/4	18.3	18.5	1	32.8	33.1
M22	3	21.7	21.85	7/8	21.4	21.6	$1\frac{1}{8}$	37.4	37.7
M24	3	23.65	23.8	1	24.5	24.6	$1\frac{1}{4}$	41.4	41.7
M27	3	26.65	26.8	$1\frac{1}{4}$	30.7	31	$1\frac{1}{2}$	43.8	44.1
M30	3.5	29.6	29.8	—	—	—	$1\frac{3}{4}$	47.3	47.6

3. 套螺纹步骤和操作要点

（1）套螺纹前,应将圆杆端部在砂轮机上倒成锥半角为 15°～20°的锥体,锥体的最小直径要比螺纹小径小。

（2）在钳口处,用软金属钳口或 V 形垫块衬垫,将圆杆牢固夹紧。工件夹持要正,圆板牙端面应与圆杆轴心线保持垂直。

（3）起扣时,为了使圆板牙切入工件,要在转动圆板牙时施加轴向压力,压力要大,边加压力,边缓慢旋转。

（4）当圆板牙旋入圆杆并切出 3～4 圈螺纹后,两手就不再施加压力,只平稳地转动铰杠,如图 1—120 所示。

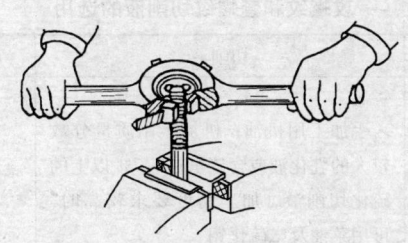

图 1—120　平稳转动铰杠

（5）转动铰杠时,用力要均匀,防止将牙型撕裂。

（6）在套螺纹中,圆板牙每旋转 1/2～1 圈,应倒转 1/4～1/2 圈,以使切屑断碎,及时排屑,如图 1—121 所示。

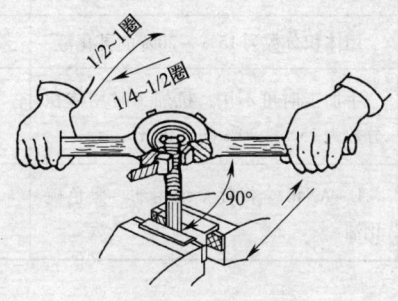

图 1—121　套螺纹

(7) 当铰削直径较大的螺纹，或圆杆材料过硬时，为避免圆板牙扭裂和保证螺纹牙型质量，应使用可调式圆板牙分 2~3 次切削。

(8) 在套螺纹中，应根据圆杆材料加适当的切削液，以改善螺纹的表面粗糙度和提高圆板牙的切削性能。

4. 攻螺纹和套螺纹切削液的选用

攻螺纹和套螺纹时，合理选择切削液可以减小切削阻力和螺纹表面粗糙度值，并提高加工工具的切削性能，攻螺纹和套螺纹切削液的选用见表 1—26。

表 1—26 　　　　攻螺纹和套螺纹切削液的选用

加工材料	切削液	机加工时流量
钢	手加工用机油；机加工用质量分数较大的乳化液或含硫量在 1.7% 以上的硫化切削液。加工精度要求较高时，可用菜油及二硫化钼	8~12 L/min
灰铸铁	一般不用；工件加工精度要求较高或材质较硬时，可用煤油；机加工时，可用质量分数为 10%~15% 的乳化液	≥4 L/min
可锻铸铁	用体积分数为 15%~20% 的乳化液	≥6 L/min
青铜、黄铜、铝合金、锌合金	手加工时可不用；机加工时用体积分数为 15%~20% 的乳化液	≥6 L/min
不锈钢	L-AN46 全损耗系统用油、黑色硫化油	≥6 L/min

5. 套螺纹时常见缺陷分析

套螺纹时常见缺陷、产生原因与防止方法见表 1—27。

表 1—27　　　　套螺纹时常见缺陷分析

常见缺陷	产生原因	防止方法
烂牙	圆杆直径太大	套螺纹前,确定圆杆直径,并将圆杆端部进行倒角
	未进行必要的润滑,圆板牙将螺纹粘去一部分	根据圆杆材料,选用适当的切削液润滑
	圆板牙一直不倒转,切屑堵塞将螺纹啃坏	套螺纹时,应经常倒转断屑
	圆板牙歪斜太多,借正时造成烂牙	套螺纹时,自始至终摆正圆板牙
螺纹歪斜	圆杆端部倒角不良,切入时圆板牙歪斜	圆杆端部倒角要对称,套螺纹时圆板牙要摆正
	两手用力不均,圆板牙位置歪斜	套螺纹时,两手用力要均匀,注意检查圆板牙的歪斜
螺纹齿形瘦小	板牙架经常摆动和借正,使螺纹切去过多	套螺纹开始前,要摆正板牙架;套螺纹过程中板牙架不要摆动
	圆板牙已切入,仍继续施加压力	当圆板牙旋入圆杆并切出 3~4 圈螺纹后,两手就不再施加压力
螺纹太浅	圆杆直径太小	套螺纹前,正确选用圆杆直径
	圆板牙螺纹直径大于标准直径	将圆板牙螺纹直径调整到标准直径

§1—5 刮削与研磨

一、刮削

1. 刮削概念

利用刮刀刮去工件表面金属薄层的加工方法称为刮削。

（1）刮削工作原理

对于精度要求高，需要用刮削方法达到要求的工件，在经过上道工序加工后，在工件与其相配合件（或标准工具）之间涂上一层显示剂，然后经过对研（也称合研）后，在工件上就会显示出较高的部位（即显点，或称研点、接触点），接着使用刮刀将较高部位的显点刮去，再对研，再刮去较高部位。这样反复地显示与刮削，直至合乎预定的要求。

刮削过程中，工件多次受到刮刀的挤压和推拉，从而使金属表面组织变得比原来紧密。工件刮削后，在表面形成了比较均匀的片片微凹，从而创造了良好的储油条件，有利于互相配合机件之间的润滑。

（2）刮削种类

刮削分为平面刮削和曲面刮削。

（3）刮削特点

1）刮削属于精加工，切削力小、切削量小、切削热少、切削变形小，能获得较高的尺寸精度、形状位置精度、传动精度和很小的表面粗糙度值。

2）刮削时，刮刀对工件的反复挤压，使工件表面紧密，提高其耐磨性。

3）刮削后的工件表面形成了很多均匀的微浅凹坑，可提供良好的储油条件，改善了机构相对运动的润滑情况。

4）刮削后的工件表面，在光线反射下显示出层次分明、明暗对比丰富的花纹，使工件外形美观。

2. 刮刀

(1) 刮刀材料、热处理与热处理后的刃磨

刮削用刮刀刀头一般采用碳素工具钢（T8~T12）或轴承钢制成，刀身可用45钢锻制，也可用废旧锉刀改制。刮刀头部需淬火，刮削硬工件（如白口铸铁）时也可焊上硬质合金刀头。刮刀的热处理见表1—28。

表1—28　　　　　　　　刮刀的热处理

步骤	操作要点和注意事项
加热	将刃磨好的刮刀放在加热炉中或用乙炔焰加热 平面刮刀加热长度约为25 mm，三角刮刀加热长度为切削刃全长，蛇头刮刀加热长度为全部的蛇头部分 加热温度为780~800℃（呈樱桃红色）
冷却	将加热好的刮刀垂直放入冷却剂中（冷水或10%盐水）冷却 平面刮刀入水深度为6~10 mm，三角刮刀入水深度为切削刃全长，蛇头刮刀入水深度为蛇头部分 将刮刀在水中慢慢移动，并上下窜动进行冷却
回火	待刀头冷却颜色刚要变黑时，立即从水中取出刮刀，利用刀身余热回火片刻，再入水全冷

图1—122a所示为对经过砂轮粗磨后的刮刀进行淬火处理。热处理后刮刀切削部分硬度应在80 HRC以上，可用于粗刮。精刮刀和刮花刀可用油来冷却，油冷所得组织较细，容易刃磨，切削部分硬度接近80 HRC。

图1—122b所示为热处理后在细砂轮上进行细磨。细磨时要经常蘸水冷却，以免刃口部分退火。通过细磨使刮刀基本达到形状和几何角度的要求。

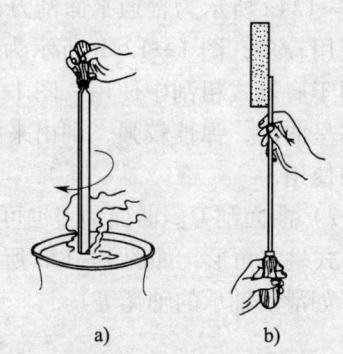

a)　　　　b)

图1—122　刮刀的淬火处理和细磨

图1—123所示为对刮刀进行精磨,精磨需要在油石上进行。刃磨时要在油石上加适量机油,先如图1—123a所示磨两平面,磨至平面平整,表面粗糙度 Ra 小于 $0.2\mu m$;再如图1—123b所示精磨端面,注意拉回时刀身略微提起,以免磨损刃口。初学者可采取图1—123c的操作姿势进行刃磨练习,待熟练后再采用前述磨法。

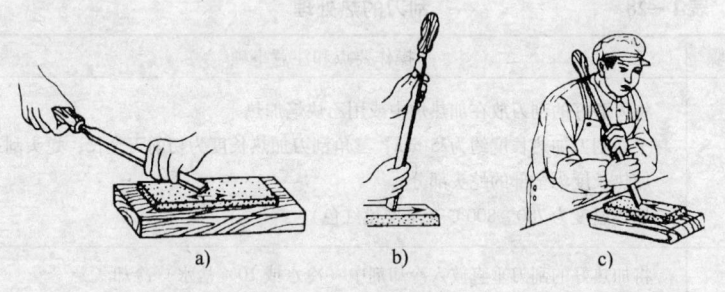

图1—123 精磨刮刀

由于刮刀刃磨质量的好坏还与油石的清洁度有关,所以应注意保持油石的清洁。否则,油石上的金属粉层会使切削刃产生缺口损伤。

(2) 刮刀种类

刮刀(大平面刮削所用的刮刀俗称铲刀)按用途可分为平面刮刀、曲面刮刀和沟槽刮刀三类。

1) 平面刮刀。平面刮刀的基本形式如图1—124所示。其中,图1—124a所示为普通平面刮刀,它的刀体较短,在普通平面粗刮中使用较多;图1—124b所示为挺刮平面刮刀,这种刮刀弹性好,适用于肩挺式粗刮中使用;图1—124c所示为精刮平面刮刀,它的刀体呈曲形,弹性较强,刮出来的表面光洁性好,适于在精刮和刮花中使用。

2) 曲面刮刀。曲面刮刀也可使用旧三角锉刀磨削而成,它的基本形式呈三角形,如图1—125所示。曲面刮刀用于刮削内孔和内弧面(如滑动轴承的轴瓦等)。

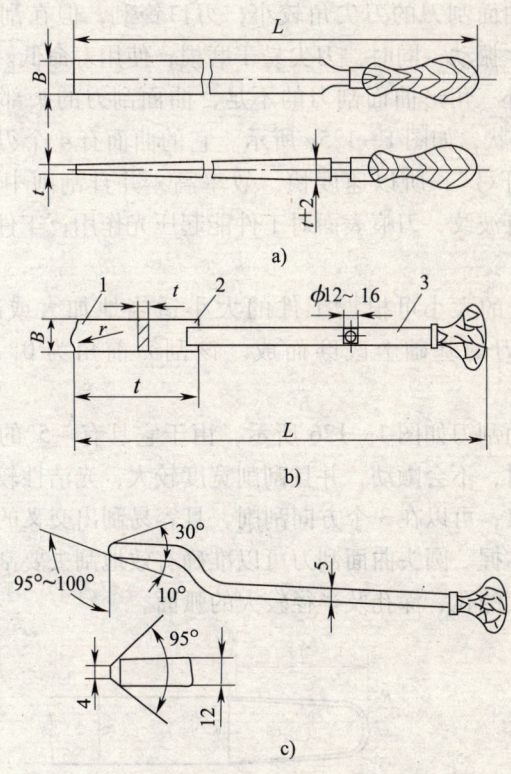

图1—124 平面刮刀

a) 普通平面刮刀　b) 挺刮平面刮刀　c) 精刮平面刮刀

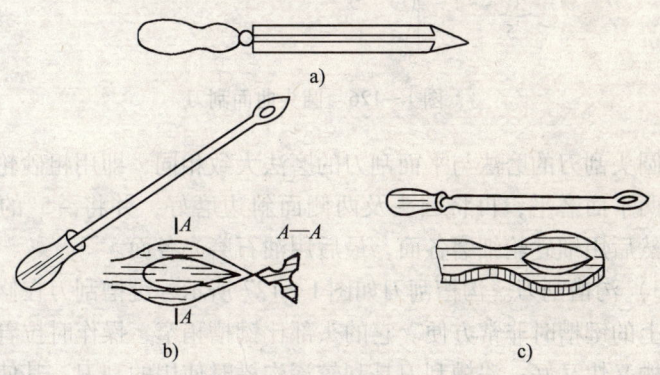

图1—125 曲面刮刀

a) 三角刮刀　b) 柳叶刮刀　c) 蛇头刮刀

三角形曲面刮刀的刀尖角较小,刃口锋利,但在刮削深度较大时,容易发生振动;同时,刀尖易于磨损,使用寿命低。

为了弥补三角形曲面刮刀的不足,曲面刮刀的头部还经常做成"蛇头"的形状,如图1—125c所示。它的曲面有4个刃口,刮削时可以"左右开弓",所以速度快、效率高,并且刮削中角度容易控制,刀痕没有波纹,刀痕表面对工件能起压光作用,工件表面经刮削后光洁性好。

"蛇头"的大小可根据工件的大小适当地加大或减小,它可以在平面刮刀的基础上改磨而成。该刮刀前角为0°,刃磨前应淬火。

圆头曲面刮刀如图1—126所示,由于它具有-5°的前角,在刮削深度较大时,不会颤动,并且刮削宽度较大,光洁性较好;圆头刮刀有6个刃口,可以在3个方向刮削,且容易刮出交叉的花纹,花纹的大小容易掌握。圆头曲面刮刀可以准确有效地刮去要刮的点,尤其适用于刮较大的孔、深孔及半径较大的弧面。

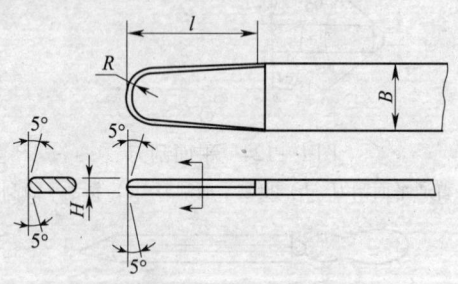

图1—126 圆头曲面刮刀

圆头刮刀的磨法与平面刮刀的磨法大致相同,即用粗砂轮先把刮刀的两平面磨平,再将圆头及两侧面斜边磨好,并将-5°的刃口磨出,然后用细砂轮细磨各面,最后用油石磨光各面。

3)沟槽刮刀。沟槽刮刀如图1—127所示,键槽刮刀在修刮孔内和轴上的键槽时非常方便。它的头部比键槽稍窄,操作时拉着刮,修刮键槽又快又好;深槽刮刀是刮较深沟槽时使用的刮刀,其使用方法与键槽刮刀相同。

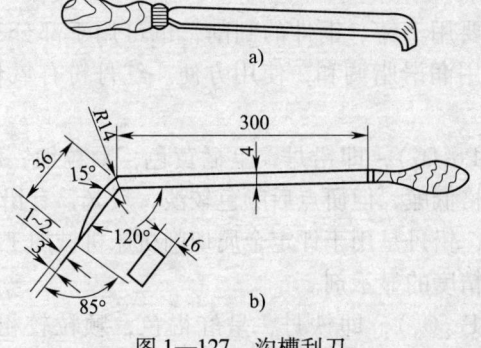

图 1—127 沟槽刮刀
a) 键槽刮刀 b) 深槽刮刀

3. 校准工具

平面刮削是通过与校准工具比较来保证刮削质量的，常用的校准工具如图 1—128 所示。

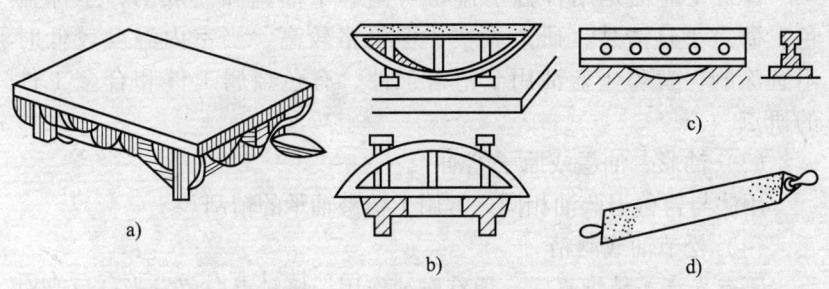

图 1—128 校准工具
a) 标准平板 b)、c) 标准直尺 d) 角度尺

图 1—128a 是精密平板校准件，通常采用有精度等级的标准平板作为刮削的基准平面。通过与被刮平面的接触斑点来检查工件的精度；图 1—128b、c 是标准直尺，利用平尺的直线性为基准，检查导轨的刮削质量；图 d 是角度尺，用于有角度要求的工件刮削校准，常用的有 55°、60°角度尺，如刮削燕尾槽导轨或 V 形导轨研点和检查。

4. 显示剂

显示剂主要用于显示接触斑点，常用的显示剂有：

(1) 红丹粉

红丹粉主要用于铸、钢件的刮削，也可用于部分有色金属的刮削。红丹粉可用润滑脂调和，使用方便。红丹粉有氧化铅和氧化铁两种。

氧化铅（Pb_3O_4），即铅丹，呈橘黄色，颗粒细，研点真实，无腐蚀作用，价格低廉，但研点后颜色较淡，反光，有铅毒产生，但对人体影响不大，铅丹是用于评定金属切削机床机械加工结合面接触精度和锥孔接触精度的显示剂。

氧化铁（Fe_2O_3），即铁丹，呈红褐色，颗粒较粗，研点清晰，无腐蚀作用，不反光，价格低廉。可用L－AN32全损耗系统用油和煤油调和使用（配制比为100∶7∶3），不要调得太稀，能润湿即可，否则在研点时要造成研点模糊不清。

(2) 普鲁士蓝油

普鲁士蓝油是用普鲁士蓝粉与蓖麻子油调和而成的，呈深蓝色，研点小且清楚，研点真实，但价格较高，当室内温度较低时不宜涂刷。普鲁士蓝油用于精密工件、有色金属工件和合金工件的研点。

(3) 油彩、油墨或原子笔油

用法与普鲁士蓝油相同，常用于精密轴承的精刮。

(4) 松节油或酒精

研点光亮，精细真实，但有腐蚀作用，接触点白色发光，反光对眼睛有刺激。松节油或酒精直接使用，用于精密工件的刮削和检验，实际工作中较少采用。

(5) 烟墨油

烟墨与机油调和后使用，研点呈黑色，小而清楚。烟墨油用于表面呈银白色的金属刮削和校验，例如铝等白色金属。

5. 研点和检查方法

使用校准件研点时，当工件尺寸小于校准件时应以拖研工件为主；当工件尺寸大于校准件时则以拖研校准件为主。工件研点检查应真实反映工件的形状误差，研点时要注意加在工件或校准件上的力不宜过大，拖力一般不超过研具或工件自重的力。移动距离不宜太大，工件与校准件同等长度时，移动距离一般不超过校准件长度的1/5；工件尺寸小于校准件尺寸时，工件移动范围不应超过自身长度的1/2，否则容易出现虚假研点，发生误判而造成不必要的工时浪费。

显示剂的涂布应薄而均匀呈半透明状，过多的显示剂会使研点模糊不清，并出现虚假研点而造成误刮。

对小型工件研点时，将显示剂涂在工件或校准平板上（一个接触平面上），双手握住工件，如图1—129所示的方法，均匀地施力于工件上拖研。

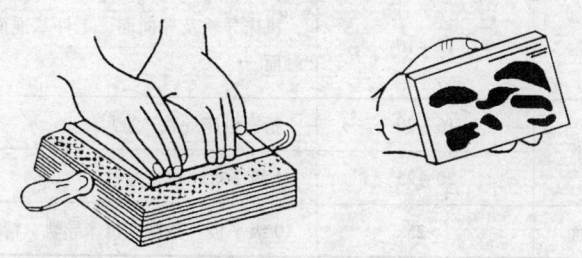

图1—129　研点方法

研点检查方法如图1—130所示，用铁板制成的25 mm×25 mm方框验具，以研点稀少位置进行测点，在25 mm×25 mm方框内所含研点数量为接触精度的评定依据。

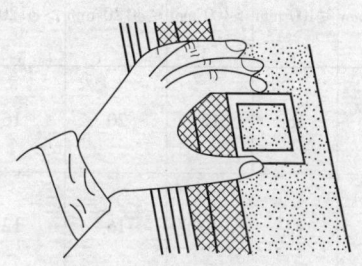

图1—130　研点检查方法

各种平面接触精度研点数见表1—29，对结合面研点数的要求见表1—30，对滑动轴承研点数的要求见表1—31。

表 1—29　各种平面接触精度研点数

平面种类	每 25 mm × 25 mm 内的研点数	应用举例
一般平面	2～5	较粗糙机件的固定结合面
一般平面	5～8	一般结合面
一般平面	8～12	机器台面、一般基准面、机床导向面、密封结合面
一般平面	12～16	机床导轨及导向面、工件基准面、量具接触面
精密平面	16～20	精密机床导轨、直尺
精密平面	20～25	1 级平板、精密量具
超精密平面	>25	0 级平板、高精度机床导轨、精密量具

表 1—30　对结合面研点数的要求

机床类别 \ 结合面性质	静压、滑(滚)动导轨		移置导轨		主轴滑动轴承		镶条、压板滑动面	特别重要的固定结合面
	≤250 mm	>250 mm	≤100 mm	>100 mm	≤φ120 mm	>φ120 mm		
高精度机床	20	16	16	12	20	16	12	12
精密机床	16	12	12	10	16	12	10	8
普通机床	10	8	8	6	12	10	6	6

表1—31　　　　　　　对滑动轴承研点数的要求

轴承直径（mm）	机床或精密机床主轴承			锻压设备、通用机械的轴承		动力机械、冶金设备的轴承	
	高精度	精密	普通	重要	普通	重要	普通
	每25 mm×25 mm 内的研点数						
≤120	25	20	16	12	8	8	5
>120	20	16	10	8	6	6	2

6. 刮削方法

（1）平面刮削

平面刮削有刮削和铲削两种方法。刮削是利用刮刀刀身下压的回弹力对工件表面进行挤刮切削，工件表面纹理美观但刮削效率较低。铲削是利用刮刀作长距离的推进，铲出纵横交错的直线来达到修正平面的作用。这种方法虽然铲出的研点没有刮削的纹理美观，但其最大的特点是研点大小均匀，而且点与点之间不会连成一片。铲削常用于固定结合面的加工，其效率较高。

平面刮削一般要经过粗刮（利用粗刮刀采用长刮法，通过刮削和粗刮均匀有序地交叉刮削，使凸起的部分迅速接近低凹处）、细刮（采用短刮法，将连续成片的研点分开，改善和增加研点的均匀性）、精刮（采用筛选刮点法，继续增加研点数，改善表面质量，达到规定的技术要求）和刮花等过程。每次刮削应在工件上（或平板上）涂一层显示剂，并使工件与平面对研，以显示工件平面上的高低部位，然后用刮刀将高起的部分刮削掉，此过程需要重复多次。通过刮削，所显示的研点应该是由少变多，由粗变细，再由多变密，最后用25 mm×25 mm量具检测所加工工件在任何位置上的研点，来确定其精度。

平面刮削一般有两种操作方法：挺刮法和手刮法。

1）挺刮法。挺刮法如图1—131所示，将刮刀柄放在小腹右下侧肌肉处，双手握住刀身，左手在前，右手在后，左手握于距切削刃约80 mm处。刮削时，双手下压刮刀（右手压力小一些），利用腿部和臀部的力量，使刮刀对准研点向前推挤，在推动后的瞬间，右手引导刮刀方向，左手立即将刮刀提起，这样刮刀便在刮削面上刮去一片金属，完成挺刮动作。

2）手刮法。手刮法如图1—132所示，右手握刀柄（握法与握锉刀柄方法相同），左手四指向下蜷曲握住刮刀距头部约50 mm处，刮刀和加工面成25°~30°角度，使切削刃抵住被刮削加工面。同时，左脚向前跨一步，上身随着往前倾斜一些，这样可以增加左手压力，也便于看清刮刀前面的研点情况。刮削时，右臂利用上身摆动使刮刀向前推进，随着推进的同时，左手下压，引导刮刀的前进方向，当推进到所需的距离后，左手立即提起，这样就完成了一个手刮动作。

图1—131　挺刮法　　　　图1—132　手刮法

挺刮法虽然每刀的刮削量较大，但操作者容易疲劳。手刮法中的推、压和提起动作，都是依靠两手臂的力量来完成的，要求臂力大。尤其是工件误差大、重复刮削次数较多时，就需要有较大、持久的臂力才能完成。但在刮削大面积的刮削面时，挺刮法由于受到刮刀长度和工作位置限制而无法刮削时，用手刮法来完成刮削则比较有利。所以，挺刮法和手刮法各有利弊，需要操作者根据不同工作情况来灵活选择使用。

（2）曲面刮削

1）内曲面刮削。刮削内曲面的姿势一般有两种，如图1—133所示。第一种是手握式，用右手握住刀柄，左手掌心向下，四指横握刀身。当进行刮削时,左右手同时做圆弧运动,还要使刮刀做后拉和前推运动,刮刀的刀迹与曲面轴线形成45°的夹角,进行交叉刮削,如图1—133a所示。第二种是臂托式,将刮刀搁在右手臂上,双手握住刀杆,进行刮削时的动作和刮刀运动轨迹同于第一种姿势,如图1—133b所示。

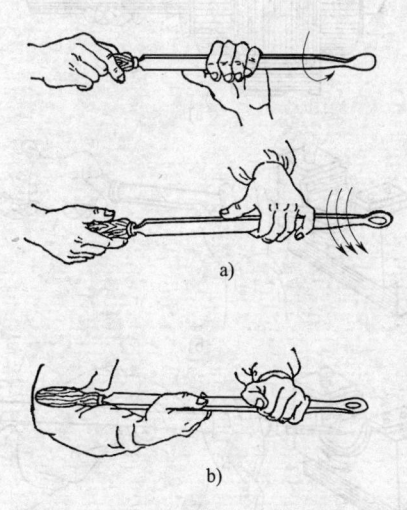

图1—133 内曲面刮削姿势
a)手握式 b)臂托式

　　内曲面刮削时,以标准棒(也称为工艺棒)或相配合的轴作弯形面研点的校准工具。校准时将显示剂涂在轴的圆周面上,用轴在轴承孔中来回旋转显示研点,如图1—134a所示,根据研点进行刮削。内曲面刮削原理和平面刮削一样,但刮削方法不同。如图1—134b、c所示内曲面刮削时,用力不可太大,以不发生抖动,不产生振痕为宜。刀迹与孔中心线约成45°。每刮一遍后,下一遍刀迹应交叉进行,可避免刮削面产生波纹,研点不会成为条状。

　　2)外曲面刮削。刮削零件外曲面的姿势如图1—135所示,将两手同时握住刀身,用右手掌握刮削的方向,而用左手起到加压或提起刮刀的作用,将刮刀的柄部放在右手臂后。在刮削时刮刀面与外曲面的端面倾斜成30°角度,同时也要交叉进行刮削。

> 钳工

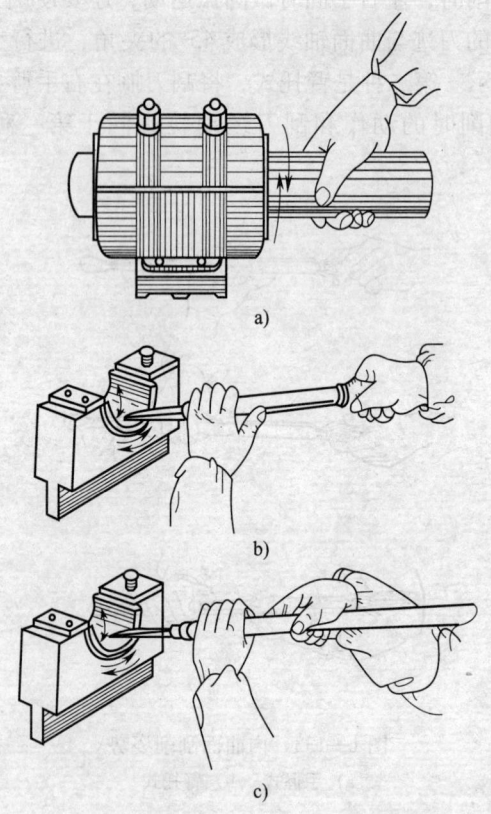

图 1—134 内曲面刮削方法
a) 研点方法　b)、c) 手刮方法

7. 刮削工作要求

（1）刮削操作现场亮度要适宜，以免影响观察。

（2）精密工件的刮削现场温度不能变化过大，以免影响工件刮削精度。

（3）工件安放要牢固平稳，在刮削大质量工件时，要选择地基坚实的场地。工件安放位置要考虑操作者身高等因素，以便于操作者操作施力。在显点刮研时，工件不可超出标准平板太多，以免掉下而损坏工件及造成人身伤害事故。

(4) 刮削前应去除工件刮削面上的毛刺、倒钝锐边,以免划伤。

(5) 粗刮未达到要求时,不要急于进入细刮、精刮阶段,否则将加大刮削工作量。

(6) 刮削刀迹不宜过宽。粗刮时,刀迹宽度取刃口宽度的 2/3~3/4,过宽则会使切削刃两侧陷入刮削面会造成沟纹;细刮时,刀迹宽度取刃口宽度的 1/3~1/2,过宽则会影响研点数;精刮时,刀迹宽度应更窄。

图 1—135　外曲面刮削姿势

(7) 精刮时注意清洁和保洁,否则在合研时会因中间夹有杂质而在刮削面上拉出细纹或深痕,增加了后期修复工作量,甚至使工件报废。

(8) 当刮削面上有光孔或螺纹孔时,刮刀不能在孔口直接用力刮过,以免将孔口刮低。刮削面上如果有窄边,刮刀的刮削方向与窄边所成的角度应小于30°,以免将窄边刮低。

(9) 对小工件的显示研点,应该是固定标准平板,工件在平板上合研。合研时压力要均匀,以免显示失真。在面积大的平板上合研时,应该在整个面积上轮番进行,使平板不产生局部磨损。

(10) 对面积大、刚度差的工件,标准平板的质量尽可能减小,必要时可将标准平板卸荷。

(11) 刮削工件边缘时,不可用力过猛,以免失控,发生事故。

(12) 刮刀柄要安装可靠,防止木柄破裂,造成刮刀柄端穿过木柄伤人事故。

(13) 刮刀使用完毕,刀头部位应用纱布包裹,妥善放置。

(14) 标准平板使用后需擦拭干净,并涂抹机油妥善放置。

(15) 正确合理使用砂轮和油石,防止出现局部凹陷,缩短使用寿命。

在生产中，需要刮削的工件很多，而且工件形状十分复杂，工件的用材不一，对刮削精度要求不一样；所以在实际刮削中会出现由于各种各样原因引起的质量缺陷。刮削时常见缺陷、产生原因与防止防止方法见表1—32。

表1—32　　　　　刮削时常见缺陷分析

常见缺陷	特征	产生原因	防止方法
深凹痕	刮削面研点局部稀少或刀迹与显示的研点高低相差太多	切削刃部分圆弧半径太小	刮削时，用力要均匀，注意刀迹不要多次重叠 修磨切削刃弧形或更换刮刀
		刮削时压力过大	
		刮削时刮刀倾斜	
		刀迹重叠	
撕纹	刮削面上有粗糙的、较正常刀迹深的条状刮痕	刮切削刃口不锋利或不光滑	精磨刮切削刃口 去除缺口或裂纹部分，重新淬火、刃磨
		刮切削刃口损坏，例如：有缺口或裂纹	
刮削面不精确	显点情况无规律	合研时，压力不均匀或工件伸出研具边缘过多，使研点不真实，出现假点	合研时，保持正确的推研方法 检查校验工具
		研具本身有误差	
振痕	刮削面上出现有规律的波纹	多次同向刮削，刀痕没有交叉	调换方向成网状进行交叉刮削
		曲面刮削时用力过大	
		刮刀切削刃伸出工件太多	

续表

常见缺陷	特征	产生原因	防止方法
起刀痕或落刀痕	起刀或落刀时出现的刮痕	起刀时，双手配合不好，起刀不及时	起刀、落刀时应轻柔，平稳地接触加工面
		落刀时，压力过大，落刀速度过快	
划道	刮削面上划出深浅不一的直线	研点时夹有砂粒、切屑等杂质	注意清除显示剂和工件上的杂质
		显示剂不清洁	

二、研磨

1. 研磨概念

用研具和研磨剂从工件表面磨掉一薄层金属的操作方法叫做研磨。研磨属于精密加工，通过研磨，工件表面粗糙度和工作精度能大大提升，几何形状更加精确，其误差可控制在 0.005 mm 以内。研磨过去是采用手工操作，随着我国工业的发展，现已趋向于机械化，图 1—136 所示为圆盘式研磨机。

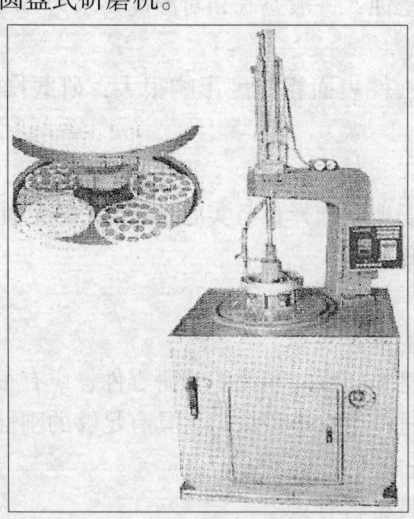

图 1—136　圆盘式研磨机

研磨加工可用于各种硬度的钢材、硬质合金、铸铁及有色金属，还可以用来研磨水晶、天然宝石及玻璃等非金属材料。

2. 研磨原理

研磨是用比工件软的材料做研具，在研具上涂抹研磨剂，在工件或研具的压力作用下，部分研磨剂嵌入研具，这样的研具表面就像砂轮一样有无数的切削刃。研磨时，工件与研具做相对运动，就产生了切削作用。

3. 研磨余量

一般每研磨一次所磨去的金属层厚度不超过 0.002 mm，所以研磨余量不能太大，否则会延长研磨时间。通常研磨余量在 0.003 ~ 0.005 mm 范围内比较适宜，研磨余量的大小应根据工件尺寸大小和精度高低有所不同，有时研磨余量就在工件的公差范围内。

4. 研磨工作对场地要求

（1）温度

室内温度控制在 (20±1)℃ 或 (20±5)℃ 内。对于精度要求不是很高的工件，也可在常温下进行研磨。

（2）湿度

为防止工件锈蚀，一般空气相对湿度要求为 40%~60%。

（3）尘埃

尘埃对研磨工件表面粗糙度影响很大，研磨操作间一定要保持清洁。

（4）防振

精密研磨的场地应选择在坚实的基础上，以防止由于振动而影响研磨和对精度的测量。

5. 研具

（1）对研具材料的要求

研具的表面材料硬度应稍低于被研零件，应有很好的嵌存磨料微粒的性能。研具材料组织应该均匀，具有足够的刚性、很高的耐磨性和稳定性。

常采用的研具材料有：

1）灰铸铁：应用最广泛。灰铸铁润滑性好，磨耗小，硬度适中，易于加工，加工成本低，研磨剂在其表面容易涂布均匀。

2）球墨铸铁：磨料微粒比灰铸铁易嵌存，且嵌入后牢固均匀，使用寿命长。

3）低碳钢（也称软钢）：韧性好，不易折断，常用来作为诸如小规格螺纹、小直径工具、窄小内腔等小型工件的研具。

4）黄铜、纯铜：用于研磨余量大的工件、粗研及青铜件和小孔研磨。

5）其他材料：巴氏合金、皮革、毛毡、玻璃、木材、沥青等。

（2）研具种类

不同工件的形状需要不同形状的研具，常用的研具有研磨平板、研磨棒和研磨套等。

1）研磨平板。研磨平板主要用来研磨平面，如研磨量块、精密仪器的平面等。常见研磨平板分为有槽研磨平板（用于粗研，开沟槽的目的在于研磨过程中可把多余的研磨剂刮去，使工件与研磨面接触均匀，减少工件的平面度误差）和光滑研磨平板（用于精研，以获得高光洁表面）两种，如图1—137所示。

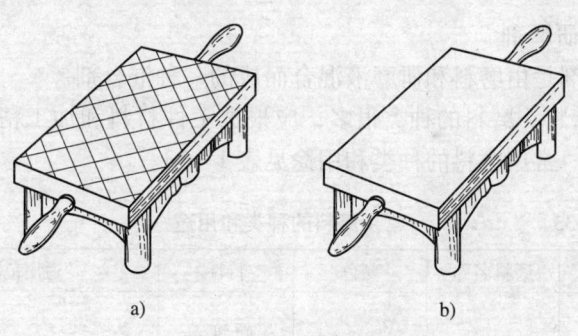

图1—137　研磨平板

a）粗研用平板（有槽）　b）精研用平板（光滑）

2）研棒。研棒主要用来研磨套类工件的内孔，研棒有固定式和可调式两种。固定式研棒制造简单，但磨损后无法补偿，多用于单件工件的研磨，如图1—138a、b所示；可调式研棒的尺寸可在一定的范围内调整，其使用寿命较长，应用广泛，如图1—138c所示。

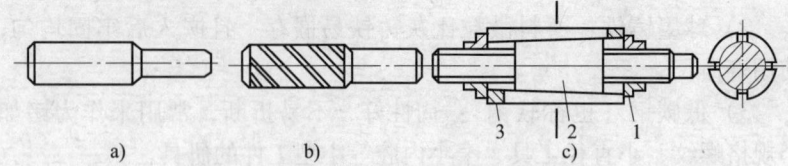

图 1—138 研磨棒

a)、b) 固定式研磨棒　c) 可调式研磨棒

3) 研磨套。研磨套用来研磨轴类工件的外圆表面，研磨套常分为整体式和可调式两种，如图 1—139 所示。

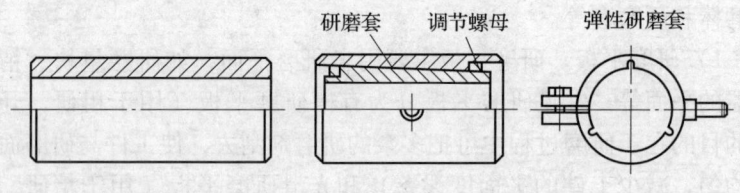

图 1—139 研磨套

(3) 研磨剂

研磨剂是由磨料和研磨液混合而成的一种混合剂。

1) 磨料。磨料的种类很多，应根据工件材料和加工精度要求来选择使用。常用磨料的种类和用途见表 1—33。

表 1—33　　　　　　常用磨料的种类和用途

系列	磨料名称	颜色	特性	适用范围
氧化铝系（刚玉）	棕刚玉	棕色	硬度高，韧性大，价格便宜	粗精研磨钢、铸铁、黄铜
	白刚玉	白色	切削性能优于普通刚玉，而韧性稍低	精研磨淬火钢、高速钢、高碳钢及薄壁零件

续表

系列	磨料名称	颜色	特性	适用范围
氧化铝系（刚玉）	铬刚玉	玫瑰红或紫红色	韧性比白刚玉高，磨削表面质量好	研磨量具、仪表零件及高精度表面
	单晶刚玉	淡黄色或白色透明	多棱，硬度大，强度高	研磨不锈钢、高钒高速钢等强度高、韧性大的材料
碳化物系	黑碳化硅	黑色半透明，有光泽	比白刚玉硬度高，性脆而锋利，导热性和导电性良好	研磨铸铁、黄铜、铝、耐火材料以及非金属材料
	绿碳化硅	绿色半透明	较黑碳化硅硬而脆，具有良好的导热性和导电性良好	研磨硬质合金、硬铬、宝石、陶瓷、玻璃等材料
	碳化硼	灰黑色	硬度仅次于金刚石，耐磨性好	精研磨和抛光硬质合金、人造宝石等硬质材料
金刚石系	人造金刚石	无色透明或淡黄色、黄绿色或黑色	硬度高，比天然金刚石略脆	粗精研磨硬质合金、人造宝石、半导体等高硬度脆性材料
	天然金刚石		最硬	

续表

系列	磨料名称	颜色	特性	适用范围
其他	氧化铁	红色、暗红色或紫色	比氧化铬软	极细的精研磨或抛光钢、铁、玻璃等材料
	氧化铬	深绿色	较硬	

2）磨料粒度选择。磨料粒度直接影响研磨效率和被研磨工件的表面粗糙度，研磨效率与磨料粒度的粗细程度成正比关系。磨料粒度的分组见表1—34。

表1—34　　　　磨料粒度的分组

粒度分组	粒度号数		用途
	新标准（1998年）	旧标准	
磨粉	F100～F200	100#～320#	粗研磨，表面粗糙度值 $Ra > 0.2~\mu m$
微粉	F360～W0.5	M28～M5	精细研磨，表面粗糙度值 $Ra\ 0.2～0.1~\mu m$，粒度选择 W40～W20；$Ra < 0.05~\mu m$，粒度选择 W5 以上

注：（1）表中磨粉采用过筛法取得。在这一组中，粒度号数大磨料细，号数小磨料粗。

（2）表中微粉采用沉淀法取得。在这一组中，粒度号数大磨料粗，号数小磨料细。表中 W 号数与 M 原有号数相当。但是 W 级数较 M 级多 W40、W3.5、W2.5、W1.5、W1 和 W0.5 等6种。

在实际工作中，不同粒度磨料的应用范围见表1—35。

表1—35　　　　不同粒度磨料的应用范围

磨料粒度	应用范围
F14 以粗	荒磨毛坯、中负荷磨钢锭、磨皮革、磨地板、喷砂打锈等
F14～F30	磨钢锭、打磨铸件毛刺、截断钢坯钢管、粗磨平面、磨大理石及耐火材料

续表

磨料粒度	应用范围
F30 ~ F60	一般粗磨
F60 ~ F100	半精磨、工具刃磨、齿轮磨
F100 ~ F220	刀具刃磨、精磨、粗衍磨、螺纹磨
F230 ~ F360	粗磨、衍磨、精磨螺纹等
F400 以细	超精磨、精细研磨、镜面磨削、抛光等

3）研磨液。研磨液在研磨过程中起调和磨料、润滑、冷却、洗涤、缓冲、软化表面、促进工件表面的氧化、加速研磨作用。粗研钢件可用煤油、汽油或机油（L-AN15 和 L-AN32 应用较普遍）作为研磨液；精磨被研磨件可采用机油与煤油混合的混合液作为研磨液；猪油可在精密工件的研磨中作为研磨液。除此之外，工业用甘油、酒精和肥皂水等也可作为研磨液。

选用研磨液，必须根据被加工零件的技术要求、研磨材料、磨料粒度、研磨方法和工艺步骤来确定。例如，采用大粒度磨料粗研时，应选用适当的表面张力系数和黏度较小的研磨液。

4）研磨膏。在磨料和研磨液中再加入适量的石蜡、蜂蜡等填料和黏性较大而氧化作用较强的油酸、脂肪酸等，就可配制成研磨膏。一般情况下研磨膏的配比原则见表1—36。

表1—36　　一般情况下研磨膏的配比原则

工作情况	磨料				媒剂	主要目的
	硬度	在研磨膏中的比例	粒度	粒度均匀度		
研磨面积较大	硬	多	较细	均匀	黏度不能太低并有良好的冷却性能	使磨粒能均布在研磨器具上，保证研磨粗糙度

> 钳工

续表

工作情况	磨料				媒剂	主要目的
	硬度	在研磨膏中的比例	粒度	粒度均匀度		
余量大，表面粗糙度小	先用硬后用软	先用多后用少	先用粗后用细	先一般后很匀	先黏度高，活化、冷却作用大；后黏度低，润滑性能好	先去余量，后降低粗糙度，分两工步进行
余量小，表面粗糙度大	软	中等	细	一般	黏度中等，其他作用一般	保证工件加工合格率
余量大，表面粗糙度大	硬	多	粗	一般	黏度中等，切削、冷却作用大	提高生产率
余量小，表面粗糙度小	软	少	细	很匀	黏度中等，润滑作用大	不产生划伤
保持尖边或保持良好配合	硬	少	细	很匀	黏度低，活化、润滑作用大	创造细、匀、锋利的研削条件
高精度配合的窄的内外锥面	较硬	多	细	很匀	黏度较高，润滑作用大	在研磨区域能保存研磨剂

注：研磨过程中，研磨液的黏度在研磨器（或工件）旋转运动时应比水平运动时高，高速运动比低速运动高，垂直工作位置比水平工作位置高，夏季比冬季高。

研磨膏分为粗、中、精，可根据需要按研磨精度的高低来选用。使用时，将研磨膏加机油稀释后就可以进行研磨。

6. 研磨加工程序

（1）准备阶段

根据工件加工要求和材质，选择适当的研磨装置和研磨膏。

（2）清洗与检查阶段

用煤油将工件被研表面清洗干净，然后用绢纺绸擦拭干净，也可用干燥清洁的压缩空气吹干，直至肉眼看不到工件表面灰尘、杂质和污迹为止。

（3）研磨阶段

通常按粗研、半精研和精研顺序进行。可视具体情况，并不一定要全部进行。

（4）清洗，防锈阶段

完成清洗，及时做好防锈工作。

7. 研磨操作方法

研磨分为手工研磨和机械研磨两种。手工研磨时，为使工件表面各处受到均匀的切削，提高研磨效率、工件表面质量和研具使用寿命，应根据工件被研磨面的形状特点合理选择研磨运动轨迹，其中，手工研磨运动轨迹的形式一般采用直线、直线与摆动、螺旋形、8字形和仿8字形等几种，如图1—140所示。

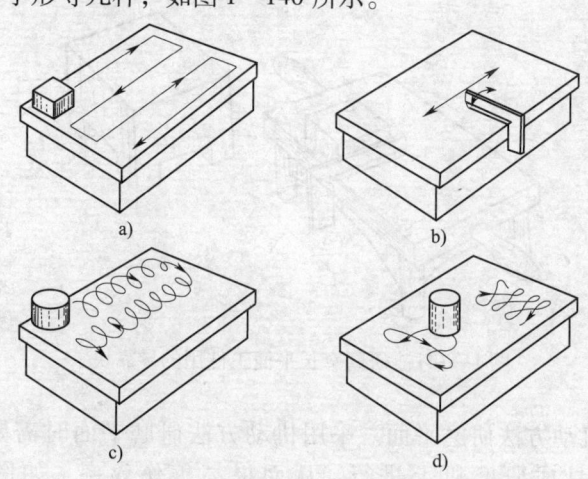

图1—140 研磨运动轨迹

a）直线 b）直线与摆动 c）螺旋形 d）8字形和仿8字形

(1) 平面研磨方法

1) 手工方法研磨平面。手工方法研磨平面通常采用螺旋形和8字形研磨运动轨迹。其中螺旋形研磨运动轨迹常用于小工件、圆片平面或圆柱形工件端面的研磨；8字形研磨运动轨迹通常用于研磨小平面工件。这两种研磨运动轨迹互相交错，没有同一方向的平行轨迹，有利于被研磨表面纹路细致，避免了重叠研磨，有助于获得比较理想的研磨效果。

手工研磨时，要注意使工件的运动轨迹均匀地遍布于整个研磨面，使被研磨面有相同的研磨机会，从而保证研磨均匀和研磨质量；研磨过程中要使工件受力要均匀，粗研时，压力大小要适中，研磨一段时间后必须将工件调头或偏转一个位置再磨，防止周边研多而产生中凸现象；精研时，可以对工件不加或稍加压力，并且，研磨时速度不宜太快，一般控制在30次/min左右。

研磨窄长平面工件时，为了防止平面倾斜和圆角等缺陷，应在紧贴工件处辅以一个垂直度好的导靠块（见图1—141），这样有助于被研磨表面获得较高的几何精度。研磨时，应使工件做直线往复式运动。

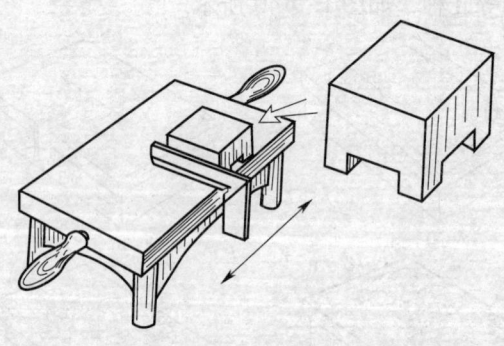

图1—141　研磨窄长平面工件用的导靠块

2) 机动方法研磨平面。采用机动方法研磨平面时需要在专用的研磨工具或研磨机上进行，从而提高工作效率，如图1—142所示。

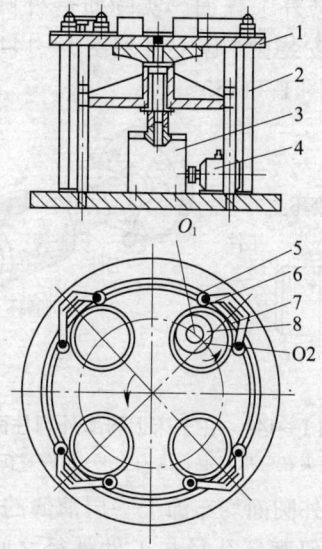

图 1—142　无齿轮星形研磨机
1—研磨盘　2—主体　3—减速器　4—电动机　5—滚轮
6—臂　7—圆环　8—工件

（2）外圆柱面研磨方法

1）手工方法研磨外圆柱面。少量研磨小尺寸外圆柱面时，可采用手工研磨方法。如图 1—143 所示，研磨环装夹在台虎钳内，将工件伸进研磨环内进行研磨。由于工件尺寸较小，在条件允许的情况下，可通过紧固螺母装上一个手柄，以方便研磨。拧动调整，即可调整研磨环孔径与工件间的研磨空隙。

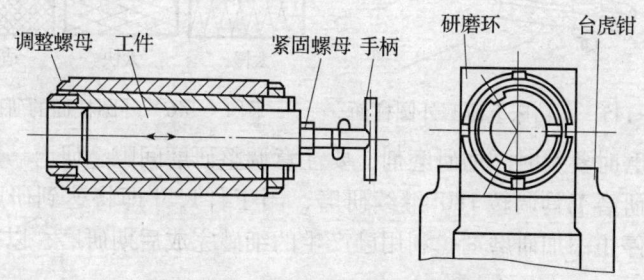

图 1—143　手工方法研磨外圆柱面

2）机动方法研磨外圆柱面。实际研磨外圆柱面多采用机动方法。研磨时，将工件安装在车床上（见图1—144），或装夹在钻床主轴上的钻夹头内（见图1—145）。

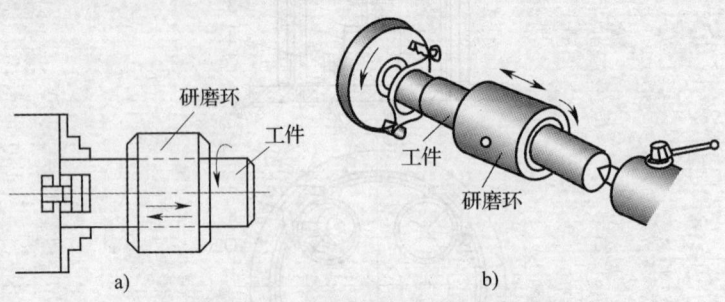

图1—144　在车床上研磨外圆柱面
a) 工件装夹在三爪自定心盘内　b) 工件装在两顶尖间

研磨时，在工件外圆面均布涂上一层薄薄的研磨剂，然后套在研磨环孔内，并调整好研磨环孔径与工件外径之间的研磨间隙（通常这个间隙取 0.05～0.025 mm）。操作时，手握研磨环或研磨环的手柄，使工件既做正反向转动，又做轴向往复移动。转动和移动同时进行，所研磨出的交叉网纹以30°～50°为宜，如图1—146所示。

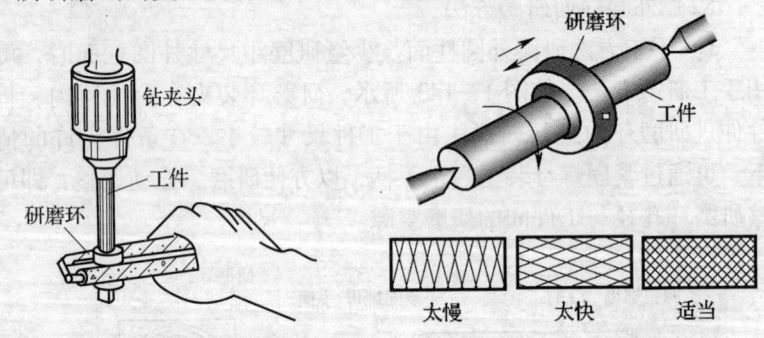

图1—145　在钻床上研磨外圆柱面　　图1—146　外圆柱面的研磨

研磨时要及时添加研磨剂，要注意调整研磨间隙，研磨一定时间后，将研磨工具调转180°继续研磨，当工件尺寸即将达到研磨尺寸时，应停止添加研磨剂，利用已产生的细砂完成后期研磨，以得到精细的表面。

(3) 内圆柱面研磨方法

一般使用研磨棒作为内圆柱面研磨的工具。如图1—147所示，研磨小尺寸内圆柱面工件时，将研磨棒装夹在车床上，用手握着工件，使研磨棒做正反方向的低速旋转，工件做轴向往复直线移动；研磨较大尺寸内圆柱面工件时，可把研磨棒装夹在钻床的

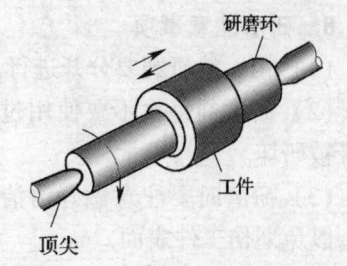

图1—147 小尺寸内圆柱面机动研磨

钻夹头内，将工件的位置找正固定好后进行研磨。研磨棒外径与内圆柱面的间隙为0.01~0.025 mm，间隙过大，会使研磨棒在研磨孔内松动，造成研磨过程的受力不均匀，导致研磨质量降低。

（4）圆锥面研磨方法

研磨内圆锥面使用外锥形研磨棒，锥度与工件相同，可手工研磨，也可采用机动研磨方法，如图1—148所示。研磨外圆锥面使用环规（见图1—149），研磨方法与研磨内圆锥面大致相同。

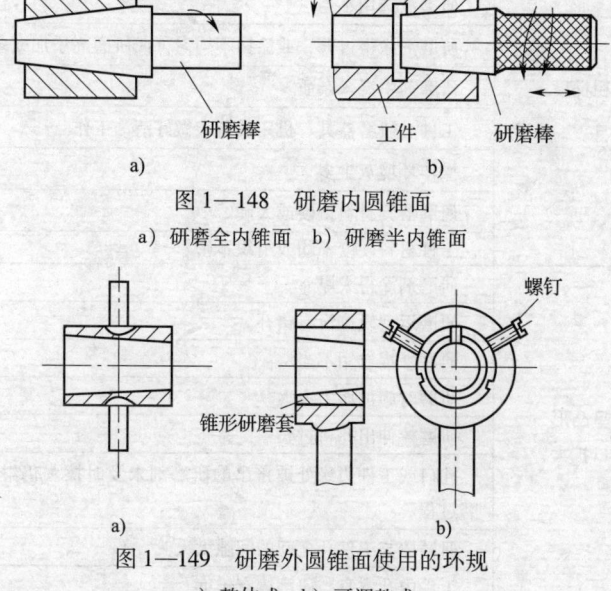

图1—148 研磨内圆锥面
a）研磨全内锥面 b）研磨半内锥面

图1—149 研磨外圆锥面使用的环规
a）整体式 b）可调整式

8. 研磨注意事项

（1）粗、精研磨要分开进行。

（2）研磨剂每次不要使用过多，并要涂抹均匀，以免造成工件边缘被研坏。

（3）研磨时要注意做好清洁和保洁工作，研磨剂中不要混入杂质，以免划伤工件表面。

（4）研磨窄平面要采用导靠块，研磨时使工件紧靠，保持研磨平面与侧面垂直，以避免产生倾斜和圆角。

（5）研磨工具与被研工件需要相对固定其一，否则会造成移动或晃动现象，甚至出现研具与工件损坏及伤人事故。

9. 研磨时常见缺陷分析

研磨时常见缺陷、产生原因见表 1—37。

表 1—37　　　　　　研磨时常见缺陷分析

常见缺陷	产生原因
表面粗糙度不合格	磨料太粗
	研磨液选用不当
	研磨剂涂得过薄，或涂抹不均匀，或研磨剂添加太多
	研磨剂中混入杂质
	工件、研磨器具、机床设备未做好清洁工作
	操作环境灰尘多
	研磨器具材料偏硬或太硬
	工件材料硬度不均或组织不密
平面呈凸形或孔口扩大	研磨剂涂得太厚
	研磨运动轨迹没有错开
	研磨平板选用不当
	研磨时施加压力太大
	研磨棒伸出孔口过长
	孔口或工件边缘处被挤出的研磨剂未及时擦去仍继续参与研磨过程
	研磨棒与工件孔之间的间隙太大
	工件内孔本身与研磨棒有锥度

续表

常见缺陷	产生原因
孔的圆度和圆柱度不合格	研磨时没有更换方向或及时调头
	研磨棒本身的制造精度低，研磨器具结构设计不合理
	研磨速度太快，研磨运动不适当
	研磨剂太厚，研磨剂太粗
	研磨时间过长，研磨过程有跳动
薄形工件拱曲变形	工作发热温度超过50℃仍在继续研磨
	夹持过紧造成拱曲变形
研磨效率低	研磨剂不符合质量要求，或调配得太软太细，或添加量不够
	研磨速度慢，研磨压力太小
	研磨余量过大，或没有将精、粗加工分开

§1—6 矫正与弯形

一、矫正

1. 矫正概念

由于金属材料或制件内部组织结构发生变化，会导致金属材料在加工过程中产生诸如弯曲、翘曲、凹凸不平等变形。消除金属材料或制件的不平、不直或翘曲等缺陷的加工方法称为矫正。金属材料的变形通常分为弹性变形和塑性变形。弹性变形不需要进行矫正，只要外部作用力消除就能自行恢复原来形状。当外部作用力超过材料所能承受的强度极限，使金属材料或制件产生永久性变形（即塑性变形），这种变形可通过不同的矫正工艺使其恢复原来的状态。矫正的原理就是使材料纤维较短部分伸长或使材料纤维较长部分缩短，直至各层纤维的长度趋于一致。

在矫正过程中，金属材料或制件要产生新的塑性变形，它的内部组织变得紧密，金属材料表面硬度增加，性质变脆，这种材料变硬的现象称之为冷作硬化。冷作硬化的产生给材料的进一步矫正或其他冷加工带来困难，必要时可进行退火处理，使材料恢复到原来的机械性能。

2. 矫正分类

按矫正材料温度不同分为冷矫正和热矫正。冷矫正是指在常温下对材料进行矫正，这种方法适用于材料塑性好、变形不严重的情况下；热矫正是指对材料加热（700～1 000℃）后进行矫正，这种方法适用于材料塑性较差、变形较大或较厚的金属板材与型材矫正。

按矫正时产生矫正力的方法不同，分为手工矫正和机械矫正。手工矫正是由钳工用手锤在平台、铁砧或台虎钳上进行的，通过扭转、弯曲、延展和伸张等方法，使工件恢复到原来的形状；机械矫正是指使用滚板机、滚圆机和压力机等机械设备对板件进行矫正的方法。

3. 手工矫正方法

（1）扭转法

如图1—150所示，对工件施以扭矩，使之产生扭转变形，来达到矫正目的的方法。

（2）弯曲法

如图1—151所示，对工件施以弯矩，使之产生弯曲变形，来达

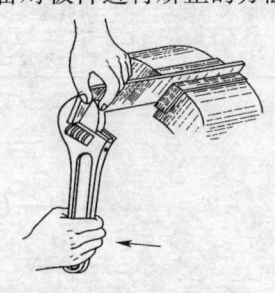

图1—150　扭转法

到矫正目的的方法。一般可用台虎钳夹持靠近弯曲处，用活扳手把弯曲部分扳直如图1—151a所示；或用台虎钳将弯曲部分夹持在钳口内，利用台虎钳把它初步压直，如图1—151b所示，再放在平板上用手锤矫直，如图1—151c。利用弯曲法矫正时，应注意材料的抗弯强度。

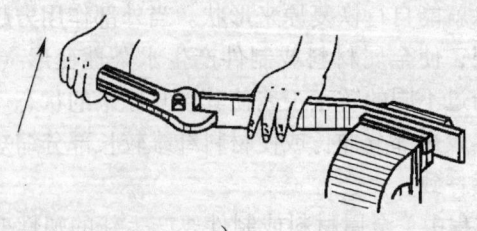

a)

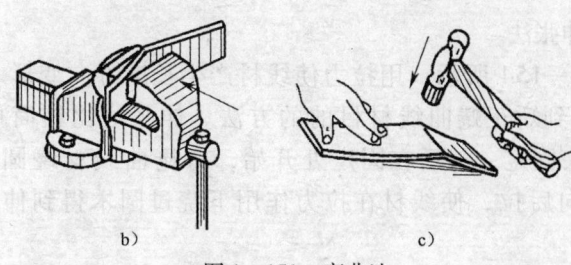

图1—151 弯曲法

(3) 延展法

如图1—152所示,用手锤敲打材料的适当部位,使之局部伸长和展开,以达到矫正复杂变形目的的方法。

矫正时,锤击力度和锤击点要掌握好,从弯曲的凹弧中心开始向两端展开,锤

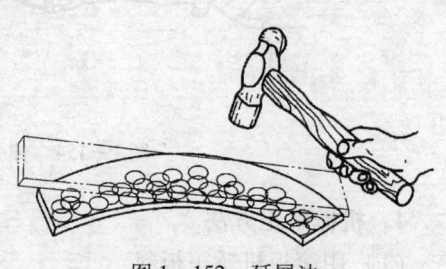

图1—152 延展法

击力度按照中间重两端渐轻展开锤击,材料受到锤击作用产生局部伸展,使凹形的一边伸长而变直,反复矫正使其逐步恢复到平直的要求。

如图1—153所示,对于中部凸起的薄板料,如果锤击凸起部分,由于板料的延展,就会使凸起更高。因此,必须在凸起部分的四周锤击。锤击时锤要端平,不可使锤边接触材料而敲击出麻点,同时要不断翻转板料,在正反两面进行锤击。在锤击时应先锤击边缘,从外到里逐渐由重到轻,由密到稀,使板料延展,凸起部分自然消除,最后达到平整要求。

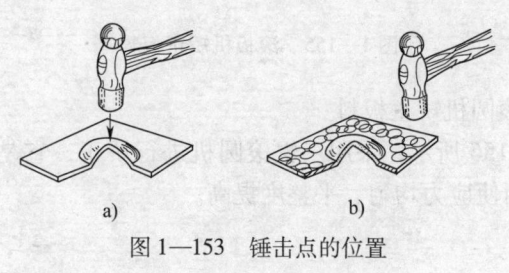

图1—153 锤击点的位置
a) 错误 b) 正确

(4) 伸张法

如图1—154所示,用拉力使线材产生长度方向变形(拉伸变形),来达到矫正蜷曲线材目的的方法。伸张法比较简单,只要将线材一头固定,然后在固定处开始,将蜷曲线材绕圆木一周,紧捏圆木向后拉,使线材在拉力作用下绕过圆木得到伸张矫直。

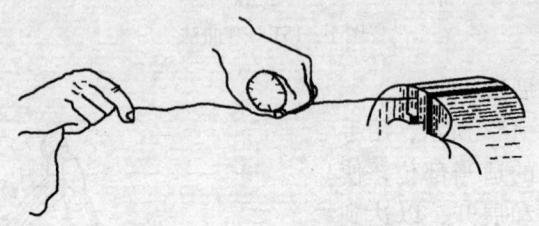

图1—154 伸张法

4. 机械矫正方法

(1) 用滚板机矫正板料

如图1—155所示,采用辊轴板料矫平(厚板辊少,薄板辊多,下辊单数,上辊双数)。当板料通过辊轴,由于上下辊垂直间隙小于板厚,使板料受到多次反复弯曲变形,最终将其矫平。

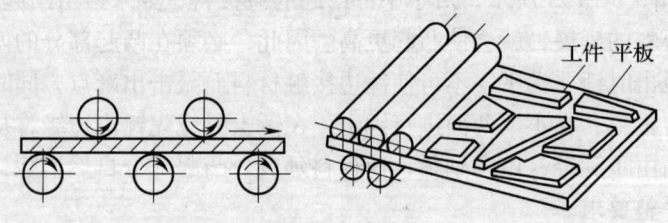

图1—155 滚板机矫正板料

(2) 用滚圆机矫正板料

如图1—156所示,采用三辊滚圆机进行矫正,它是利用材料反复弯曲变形而使应力均匀、平整度提高。

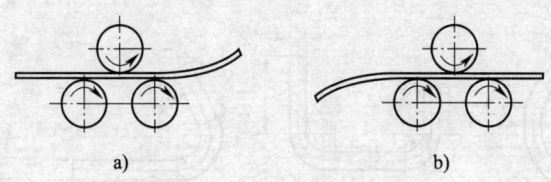

图 1—156 滚圆机矫正板料
a) 第一次正滚 b) 第二次反滚

5. 矫正注意事项

（1）淬火后未经回火处理的工件不宜矫正，否则会断裂。塑性差的材料不宜进行矫正，否则，将会产生断裂现象，造成工件报废。换句话说，只有塑性好的材料才能进行矫正。

（2）矫正薄板材料不能直接敲击凸起部位。否则，反而会使板料凸起部位凸起更加严重。此时，应在材料的边缘适当地加以延展，边缘板料的厚度和凸起部位的厚度越趋近则越平整。

（3）矫正操作时，握持材料或工件的左手应戴防护手套，左前方不要站人，以免手锤伤人。

（4）锤子的材质不宜过硬，最好与被矫正材料相似。对于薄而软或有表面粗糙度要求的材料，宜采用木槌。

（5）锤柄应安装牢固，切忌松脱，以免甩出伤人。

（6）锤子头部应修磨成圆顶，不可使锤击点无规律。

（7）已经用延展法矫正过的工件，不能再进行其他加工，否则会出现回曲，而使工件报废。

（8）用火焰矫正法不能加热待延展的部位，否则，反而会使工件更弯曲。

二、弯形

1. 弯形概念

将坯料（如板料、棒料、条料、型材、钢丝或管子等）弯成所需要形状或一定角度的加工方法，称为弯形，如图 1—157 所示。弯形工艺需要材料有很好的塑性，是通过材料的塑性变形实现的，因此，只有塑性好的材料才能进行弯形。

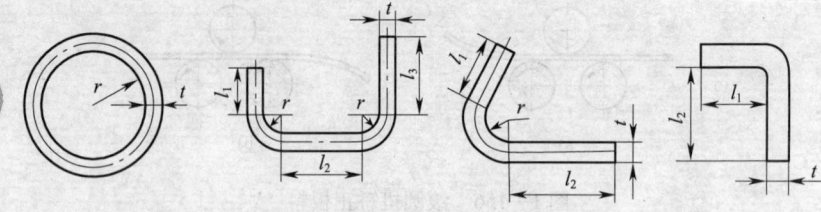

图1—157 常见的弯形形状

弯形时,越接近材料表面变形越严重,也就越容易出现拉裂或压裂现象。同种材料、相同厚度的情况下,外层材料变形的大小取决于弯曲半径的大小,弯曲半径越小,外层材料变形越大。为此,必须限制弯曲半径,使它大于导致材料开裂的临界弯形半径——最小弯形半径。最小弯形半径的数值由实验确定。通常材料的弯形半径应大于2倍材料厚度。如果弯形半径较小,应进行2次或多次弯形(见图1—158),其间还应进行退火处理,以避免弯裂。

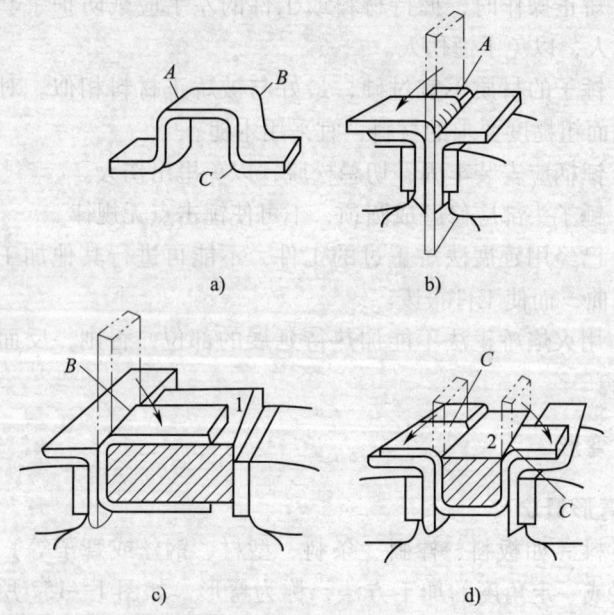

图1—158 多次弯形

a) 实样 b) 第一次弯形 c) 第二次弯形 d) 第三次弯形

材料弯形虽然是塑性变形,但也有弹性变形存在。工件弯形后,由于弹性变形的回复,使得弯形角度和弯形半径发生变化,这种现象称为回弹。通常,工件在弯形过程时应多弯一些,以抵消工件的回弹。

2. 弯形前毛坯长度的计算

弯形前,要计算出弯形工件的毛坯展开长度,才能下料和弯形。计算时,根据图形按几何形状特点先进行分段,直线部分不需要计算,圆弧部分可用,然后把各段长度加起来就是毛坯长度。计算公式为:

$$A = \pi \left(r + \frac{S}{2} \right) \frac{\alpha}{180°}$$

式中 A——圆弧长度,mm;

r——内弯形半径,mm;

S——材料厚度,mm;

α——与圆弧相对的圆心角,(°)。

计算举例:如图1—159中,若圆心角 $\alpha = 120°$,内弯曲半径 $r = 5$ mm,板料厚度 $S = 2$ mm,一边长为27 mm,另一边长为30 mm,试计算毛坯长度。

解:将相关数值代入公式 $A = \pi \left(r + \frac{S}{2} \right) \frac{\alpha}{180°}$ 中得出圆弧部分的长度 $A = 12.56$ mm。所求毛坯长度 $L = l_1 + l_2 + A = 20 + 23 + 12.56 = 55.56$ (mm)。

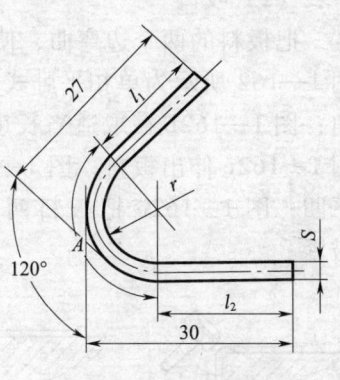

图1—159 计算举例

3. 弯形方法

实际弯形作业中,有冷弯形和热弯形两种弯形方法。冷弯形是指在常温下的弯形,钳工通常只进行冷弯形操作;热弯形是将工件的弯曲部分加热后进行弯形,一般厚度在5 mm以上的板料需要采取热弯形,热弯形通常由锻工来完成。

(1) 弯直角形工件

先在弯形位置划线,然后装夹在台虎钳上,使划线与钳口平齐,两边与钳口垂直,用锤敲打根部,使之成为直角形,如图 1—160 所示。

如果台虎钳钳口比工件短或深度不够时,可用角铁制成夹具来夹持工件,如图 1—161 所示。

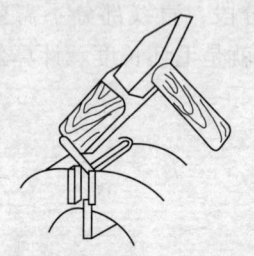
图 1—160 弯直角形工件

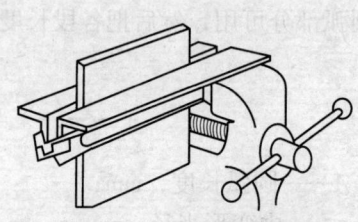
图 1—161 用角铁夹持工件

(2) 咬口

把板料的两个边弯曲,使它们互相紧紧扣合的操作叫做咬合。图 1—162 所示为单扣平卧式咬口的操作过程,图 1—162a 弯成直角;图 1—162b 截取适当长度短边,翻转板料,弯成 75°~80°;图 1—162c 伸出板料;图 1—162d 捶打伸出部分,使弯角缩小和下凹;图 1—162e 把板料两个边扣合起来;图 1—162f 把咬口敲紧。

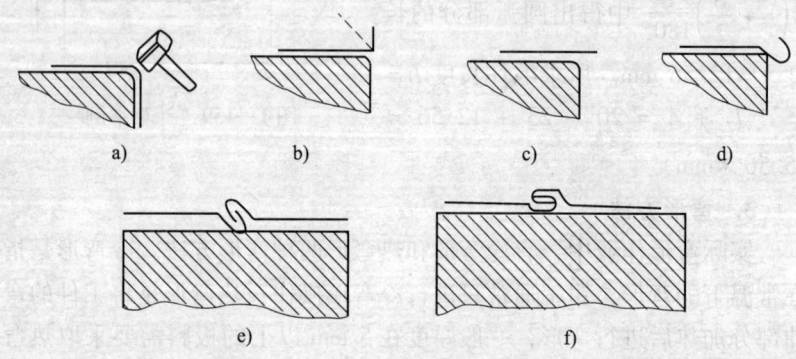
图 1—162 单扣平卧式咬口的操作过程

(3) 管材弯形

1) 冷弯形方法。冷弯形适用于直径较小的钢管或铜管弯形。弯形前,应灌入铅或松香,也可以采用穿芯弯曲。

当管径 < 40 mm 时,可用手动弯管器弯形;当管径 > 40 ~ 100 mm 时,应在弯管机上弯形。无缝钢管的穿芯冷弯也应在弯管机上进行,如图1—163 所示。

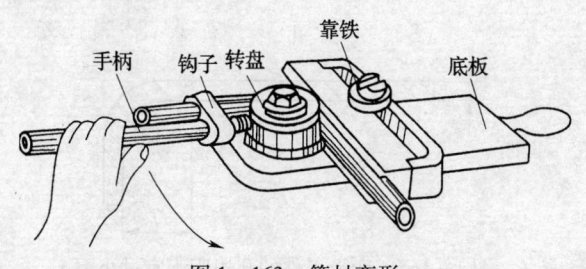

图1—163 管材弯形

2) 热弯形方法。

热弯形适用于直径较大的钢管弯形。弯形前,应填充黄沙。灌黄沙时,需要不断敲击管壁使黄沙充实,再用木塞堵住两端,而后加热,再进行弯形。

4. 弯形要求

(1) 弯形工件的圆角半径不宜过小,否则工件在弯形处的外层纤维会产生拉裂损坏。

(2) 弯形工件的圆角半径不宜过大,否则,因为回弹现象的存在难以保证工件的弯形精度。

(3) 弯形工件的直边高度不宜过小,必须大于或等于最小高度 h_{min},如图1—164 所示。

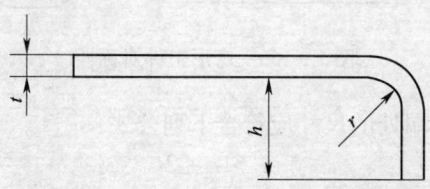

图1—164 弯形工件的直边高度不宜过小

弯形工件的直边高度计算公式为:
$$h \geq h_{\min} = r + 2t$$
式中 r——弯形圆角半径,mm;
t——弯形工件的厚度,mm。

(4) 弯形工件的孔边距不宜过小。如果孔的位置过于靠近弯形部位,则弯形时孔的形状将发生变化,如图 1—165 所示。

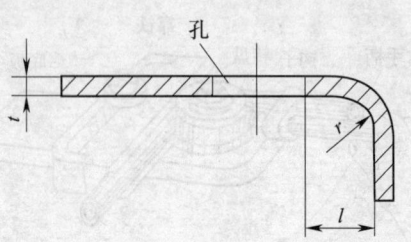

图 1—165 弯形工件的孔边距不宜过小

从孔的边缘到弯形边的距离 l 符合下列公式:
$$当 t < 2 时, l \geq r + t$$
$$当 t \geq 2 时, l \geq r + 2t$$
式中 r——弯形圆角半径,mm;
t——弯形工件的厚度,mm。

(5) 弯形工件的形状和尺寸的对称性不宜相差过大,否则,在弯形时,小端处将产生歪扭,如图 1—166 所示。

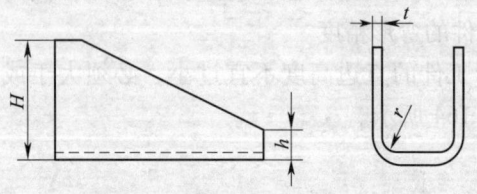

图 1—166 弯形工件对称性

弯形工件小端处的尺寸应符合下列公式:
$$h > r + 2t$$
式中 h——小边的高度,mm;
r——弯形圆角半径,mm;

t——弯形工件的厚度，mm。

（6）弯形工件的弯曲边缘不宜有缺口，否则，工件在弯形时会出现叉口，严重时更无法成形。如果工件的边缘处必须有缺口，可采取先弯形后加工缺口的方法加以解决。

（7）不宜采用弹性模量小的材料进行弯形。因为弯形回弹大小与工件材料的弹性模量成反比，弹性模量小的材料，工件弯形后的弹性回复量大。常用材料里，低碳钢较适宜作为弯形加工材料，软锰、黄铜则不适宜作为弯形加工材料。

5．弯形时常见缺陷分析

弯形时常见缺陷、产生原因见表 1—38。

表 1—38　　　　　　弯形时常见缺陷分析

常见缺陷	产生原因
出现裂纹或断裂	弯形过程中进行了多次反复弯折
	工件材料塑性差
	弯形半径小于最小弯形半径
工件的形状和尺寸不准确	弯形前工件毛坯长度计算有误
	夹持不稳造成弯形时出现松动现象
	锤击点偏向一边，锤击力过大
	弯形模具的形状和尺寸不准确
管材弯形后有凹痕或焊缝开裂	弯形前管材内没有灌满黄沙
	管材的焊缝没有放置在中性层位置
	弯形半径小于规定的最小值

第二章

装配知识

装配是产品制造（也是设备大修）过程中的最后一道工序，通过装配才能形成最终产品，并保证它具有设计所规定的精度、使用功能及质量要求。

装配工作的好坏，对整个设备的质量起着决定性的作用。零件间、机构间的配合如果不按工艺技术进行装配，不符合规定的要求，即使所有零件加工质量都合格，也不一定能够装配出合格的优质产品，从而使得设备不能正常工作，有的甚至无法工作，即装配质量对设备的性能和加工质量都有很大的影响。例如，车床主轴与床身导轨装配的不平行，加工出来的工件就会出现锥度；装配时，若零件擦洗得不干净，设备工作起来将会很快磨损，这样就会降低设备的使用寿命。乱敲粗装造成装配质量差的设备，其精度低，性能差，生产能力降低，消耗功率增加，使用寿命缩短。

相反，虽然有些零部件的加工精度并不是很高，但经过仔细的装配、精确的调整后，仍可以装配出性能良好的产品来。因此，装配工作是钳工一项非常重要而细致的工作，必须认真做好。

§2—1 装配工艺规程

一、装配工艺规程概念

装配时，零件之间的连接和部件之间的安装都是按规定的技术要求进行的，因此，熟悉和掌握各种连接件的基本要求及规范的操作方法，认真按照产品装配图样制定出合理的装配工艺规程，采用新的装配工艺，可提高装配精度，达到质量优、费用少、效率高的要求，是实现产品装配质量的保证。

规定产品或零部件装配工艺过程和操作方法等的工艺文件，称为装配工艺规程。装配工艺规程是规定产品装配顺序、装配方法、技术要求、检验方法、工时定额及装配时所需设备、工具的技术文件。装配工艺规程是生产实践和科学实验的总结，执行工艺规程能合理地使用劳动力和工艺设备，降低生产成本，能使生产有条理地进行，并能提高产品的质量和劳动生产率。

装配工艺规程通常是按工序和工步的顺序编制的。工序，是指在一个工作地对同一个或同时对几个工件所连续完成的那一部分工艺过程；工步，是指在加工表面（或装配时的连接表面）和加工（或装配）工具不变的情况下，所连续完成的那一部分工序。

二、装配工艺规程的编制

1. 编制装配工艺规程的基本原则

所编制的装配工艺规程要能保证产品质量，能做到合理安排装配工序，尽量减少钳工装配工作量（钻、刮、锉、研等），以提高装配效率，缩短装配周期。同时，所编制的装配工艺规程要尽可能减少占据的生产面积。

2. 编制装配工艺规程所需要的原始资料

编制装配工艺规程所需要的原始资料包括产品的总装配图和部件装配图、零件明细表、产品验收的技术条件、产品的生产规模、现有的生产条件（工艺装备、车间面积、工人技术水平）及工时定额等。

3. 装配工艺规程的主要内容

装配工艺规程的主要内容包括：规定了所有零部件的装配顺序；对所有装配单元和零件给出了最经济和快捷的装配方法；划分工序，决定工序内容；决定必需的工人技术等级和工时定额；选择装配用的工夹具和设备；确定验收方法和装配技术条件。

4. 编制装配工艺规程的步骤

（1）研究产品的装配图及装配技术文件，确定装配方法。

(2) 决定装配的组织形式。根据工厂的生产规模和产品结构特点，决定装配的组织形式。装配的组织形式可分为固定式装配和移动式装配，两种装配组织形式的具体特点如下：

1) 固定式装配是全部装配工作都在固定工作地进行，产品位置不变。这种装配形式对工人技术要求高，装配效率不高，多用于单件小批量生产。

2) 移动式装配是产品或部件不断地从一个工作地移到另一工作地，每个工作地重复完成某一固定的装配工作。这种装配形式对工人技术水平要求低，装配效率高，多用于大批量生产。

(3) 确定装配顺序。确定装配顺序的原则是先下后上、先内后外，先难后易，先精密后一般，从零件到部件，从部件到机器。

(4) 划分工序，确定工序内容。

(5) 编制装配工艺系统图。

(6) 确定工序的工时定额。

(7) 编制装配工艺卡片。

表 2—1 所示为一轴承套组件的装配工艺卡。

表 2—1　　　　　　轴承套组件的装配工艺卡

				装配技术要求		
				（1）组装时，各装入零件应符合图样要求		
（轴承套组件装配图）				（2）组装后，圆锥齿轮应转动灵活，无轴向窜动		
工厂	装配工艺卡			产品型号	部件名称	装配图号
					轴承套	
车间名称	工段		班组	工序数量	部件数	净重
装配车间				4	1	
工序号	工步号	装配内容		设备	工艺装备	工人等级	工序时间
					名称	编号		
I	1	分组件装配：圆锥齿轮与衬套的装配 以圆锥齿轮轴为基准，将衬套套装在轴上						

续表

				装配技术要求			
	(轴承套组件装配图)			(1) 组装时，各装入零件应符合图样要求 (2) 组装后，圆锥齿轮应转动灵活，无轴向窜动			
工厂	装配工艺卡			产品型号	部件名称	装配图号	
					轴承套		
车间名称	工段		班组	工序数量	部件数	净重	
装配车间				4	1		
工序号	工步号	装配内容		设备	工艺装备	工人等级	工序时间
					名称	编号		
Ⅱ	1	分组件装配：轴承盖与毛毡的装配 将已剪好的毛毡塞入轴承盖槽内			锥度芯轴			
Ⅲ	1	分组件装配（轴承套与轴承外圈的装配）： 用专用量具分别检查轴承套孔及轴承外圈尺寸		压力机	塞规 卡板			
	2	在配合面上涂上机油						
	3	以轴承套为基准，将轴承外圈压入孔内至底面						
Ⅳ	1	轴承套组件装配： 以圆锥齿轮组件为基准，将轴承套分组件套装在轴上		压力机				
	2	在配合面上加油，将轴承内圈压装在轴上，并紧贴衬垫						
	3	套上隔圈，将另一轴承内圈压装在轴上，直至与隔圈接触						
	4	将另一轴承外圈涂上油，轻压至轴承套内						
	5	装入轴承盖分组件，调整端面的高度，使轴承间隙符合要求后，拧紧3个螺钉						
	6	安装平键，套装齿轮、垫圈，拧紧螺母，注意配合面加油						
	7	检查圆锥齿轮转动的灵活性及轴向窜动						
							共 张
编号	日期	签章	编号	日期	签章	编制 移交	批准 第 张

§2—2　装配工艺过程及装配方法

一、装配工艺过程

产品装配工艺过程包括以下4个部分。

1. 装配前的准备工作

（1）研究和熟悉产品装配图、工艺文件及技术要求；了解产品的结构、零件的作用及相互的连接关系，并对装配零部件配套的品种及其数量加以检查。

（2）确定装配的方法、顺序和准备所需的工具。

（3）对装配零件进行清洗和清理，去掉零件上的毛刺、锈蚀、切屑、油污及其他脏污，以获得所需的清洁度。

（4）对有些零部件还需进行刮削等装配工作，有的要进行平衡试验、渗漏试验和气密性试验等。

2. 装配工作

比较复杂产品的装配工作分为两步来完成：部装和总装。

（1）部装

部装是指产品在进入总装以前的装配工作，凡是将两个以上的零件组合在一起或将几个组件结合在一起，成为一个装配单元的工作，都可以称为部装。

把产品划分成若干个装配单元是保证缩短装配周期的基本措施。因为划分成若干个装配单元后，可在装配工作上组织平行装配作业，扩大装配工作面。同时，各装配单元能预先调整试验，各部分以比较合理完善的状态送去总装，有利于保证产品质量。

（2）总装

总装是把零件和部件装配成最终产品的过程。产品的总装通常是在工厂的装配车间（或装配工段）内进行的。但在某些场合（如制造重型机床、大型汽轮机和大型泵等），产品在制造厂内只进行部装工作，而在产品安装的现场进行总装工作。

3. 调整、精度检验和试机

(1) 调整工作是调节零件或机械的相互位置、配合间隙、结合松紧等，其目的是使机构或机器工作协调，如轴承间隙、镶条位置、蜗轮轴向位置的调整等。

(2) 精度检验包括工作精度检验、几何精度检验等。如车床总装后要检验主轴中心线和床身导轨的平行度、中滑板导轨和主轴中心线的垂直度误差，以及前后两顶尖的等高等。工作精度检验一般指切削试验，如车床要进行车圆柱或车端面试验等。

(3) 试机包括机构或机器运动的灵活性、工作温升、密封性、振动、噪声、转速、功率和效率等方面的检查。

4. 喷漆、涂油、装箱

喷漆是为了防止不加工面的锈蚀和使机器外表美观；涂油是使工作表面及零件已加工表面不生锈；装箱是为了便于运输。它们都属于装配工序内容。

二、装配方法

为了保证机器的工作性能和精度，在装配中必须要达到零部件相互配合的规定要求。根据产品的结构、生产条件和生产批量的不同，为保证规定的配合要求，一般采用以下4种装配方法。

1. 互换装配法

(1) 互换装配法概念

在装配时，各配合零件不经修配、选择或调整即可达到装配精度要求的方法称为互换装配法。按互换装配法，装配精度由零件的制造精度保证。

(2) 互换装配法特点

1) 装配操作简便，生产效率高。
2) 便于组织流水作业及自动化装配。
3) 便于采用协作方式组织专业化生产。
4) 零件磨损后，便于更换。
5) 对零件的加工精度要求较高，制造费用将随之增大。

(3) 互换装配法适用范围

互换装配法适用于组成件少、精度要求不高或大批量生产中。

2. 选配法

（1）选配法概念

选配法是将零件的制造公差适当放宽，然后选取其中尺寸相当的零件进行装配，以达到配合要求，这种方法称为选配法。这种装配法的配合精度取决于分组数，增加分组数可以提高装配精度。

（2）选配法分类

选配法分为直接选配法和分组选配法。

1）直接选配法。直接选配法是由装配工人直接从一批零件中选择"合适"的零件进行装配。这种方法比较简单，零件不必事先分组。但装配中挑选零件的时间长，装配质量取决于工人的技术水平，不宜用于质量要求较严的大批量生产。

2）分组选配法。分组选配法是将一批零件逐一测量后，按实际尺寸的大小分成若干组，然后将尺寸大的包容件（如孔）与尺寸大的被包容件（如轴）相配，将尺寸小的包容件与尺寸小的被包容件相配。

（3）选配法特点

1）经分组选择后，零件的配合精度高。

2）因为零件制造公差放大，所以加工成本降低。

3）增加了对零件的测量分组工作量，并需要加强对零件的储存和运输管理。同时，会造成半成品和零件的积压。

（4）选配法适用范围

分组选配法常用于成批或大量生产，装配精度高、配合件的组成数少，又不便于采用调整装配法的情况。如柴油机的活塞与缸套、活塞与活塞销、滚动轴承的内外圈及滚子等。

3. 调整装配法

（1）调整装配法概念

在装配时，改变产品中可调整零件的相对位置或选用合适的调整件以达到装配精度的方法，称为调整装配法。例如，用垫片、套筒来调整轴向间隙；用调节螺钉调节配合间隙等。

（2）调整装配法特点

1）装配时，零件不需要任何修配加工，只靠调整就能达到装配精度。

2）可进行定期调整，故容易恢复配合精度，这对容易磨损或因温度变化而改变尺寸位置的结构是很有利的。

3）调整件容易降低配合副的连接程度和位置精度，所以要认真仔细地调整。调整后，固定要坚实牢靠。

（3）调整装配法适用范围

调整装配法常用于小批量生产、组成件较多、装配精度要求高的场合。

4. 修配装配法

（1）修配装配法概念

在装配时修去指定零件上预留的修配量，以达到装配精度的方法，称为修配装配法。

（2）修配装配法特点

1）零件的加工精度要求降低。

2）不需要高精度的加工设备，而又能得到很高的装配精度。

3）使装配工作复杂化，装配时间增加。

（3）修配装配法适用范围

修配装配法适宜在单件、小批量生产或成批生产精度高的产品中采用。

三、装配方法选用注意事项

1. 大批量生产且装配精度要求很高时，不宜采用互换装配法

互换装配法虽然有便于安装、生产效率高的优点，但其装配精度需要零件的制造精度来保证，带来了生产成本的增加。此时可考虑选配法装配，即各零件按经济公差制造，然后选择合适的零件进行装配，同样可以保证规定的装配精度要求。

2. 大批量流水线装配条件下，不宜采用直接选配法进行装配

因为直接选配法是装配前不将零件进行测量和分组，过程虽然简单，但挑选零件需要时间较多，装配精度在很大程度上取决于工人的技术水平。因此，在装配节奏严格的流水线作业中不宜采用直接选配法。

3. 采用分组选配法应注意的问题

（1）配合件的公差应相等，且公差的增加要同一方向。只有这样才能在分组后按对应组装配时得到预定的装配精度和配合性质。

（2）不能随着公差的放大而放大配合件的形位公差和降低表面粗糙度要求。

（3）分组数不宜过多，否则会增加对零件的测量分组工作量。

（4）要注意保证零件在分组装配中都能配合，不应发生某一组零件过多或过少的问题，以免因无法配套而造成浪费和积压。

（5）有条件的话可采用自动化测量和分组等措施，以免造成过多的人力、物力浪费。

4. 采用修配法注意事项

（1）正确选择修配对象

应首先选择与本项装配精度有关而与其他装配精度项目无关的零件作为修配对象，然后再选择其中易于拆装且装配面不大的零件作为装配件。如普通卧式车床调整前、后顶尖中心线等高时，应选择尾座底板作为修配对象，而不能以床身导轨面作为修配件。

（2）修配量要合适

应通过尺寸链计算，合理确定修配件的尺寸及公差，既要保证具有足够的修配量，又不能使修配量过大。

例如，图2—1所示为保证卧式车床前、后顶尖中心线等高的装配尺寸链，要求装配精度 A_0 为 0.05 mm。在这个装配链中影响其精度的组成环很多，且加工都比较复杂。此时，各环可按经济可行的公差制造，并选定较易修配加工的尾座底板作为补偿环。装配时，用刮削的方法来修配改变 A_2 的实际尺寸，使之达到装配精度要求。

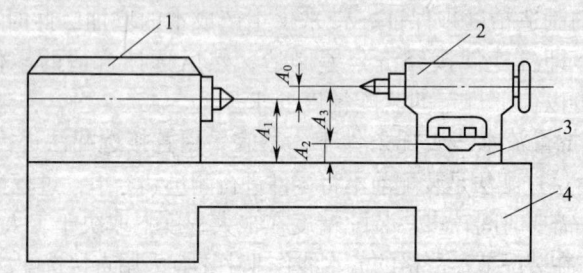

图2—1　保证卧式车床前、后顶尖中心线等高的装配尺寸链

1—前顶尖　2—后顶尖　3—尾座底板　4—车床床身

四、装配工作的要点和调试

要保证产品的装配质量,主要是应按照规定的装配技术要求去执行。不同的产品其装配技术要求虽不尽相同,但在装配过程中有许多工作要点是必须共同遵守的。

1. 做好零件的清理和清洗工作

(1) 做好零件的清理工作

清理工作包括除去残留的型砂、铁锈、切屑、研磨剂等,对于孔、槽、沟及其他容易存留杂物的地方,尤其应仔细清理。零件加工后的去毛刺倒角工作应保证做得完善,但要防止因动作粗糙而影响其他表面精度。对箱体、机体内部,清理后应涂以淡色油漆。清除非加工表面可用錾子、钢丝刷;清除加工表面上的铁锈和油漆等则用刮刀、锉刀和砂布等工具。清除后用毛刷、皮风箱或压缩空气清理干净。

(2) 做好零件的清洗工作

零件的清洗工作一般都是不可缺少的。其清洁的程度可视相配表面的精密性高低,允许有所差别。如对于轴承、液压元件和密封件等精密零件的清洁程度,要求应十分严格。

1) 常见清洗方法。装配前要用清洗液和清洗设备对零件进行清洗,去除表面黏附的油污与其他杂质,使零件达到规定的清洁度。常用的清洗方法有擦洗、浸洗、喷洗、气相清洗和超声波清洗等。

①擦洗是在洗涤槽内用棉纱或砂布对零件进行手工清洗。擦洗设备简单,适用于小批生产中的中小型零件、大型零件的局部清洗及有严重污垢零件的初次清洗。

②浸洗是将零件浸泡在清洗液中晃动或静置。与擦洗一样,浸洗设备简单,清洗时间较长,适用于批量大、形状复杂的零件及轻度油脂污垢的零件。

③喷洗是靠压力将清洗液喷淋在零件表面上。喷洗需要配备压力和输送装置,零件与喷嘴间有相对运动,生产效率高,适用于大批、中批生产中形状较简单的零件。

④气相清洗是利用清洗液加热生成的蒸气在零件表面冷凝而将油污洗净。其清洗效果好,但设备复杂,需配备加热冷凝装置,辅助装

置多,操作管理严格,适用于成批生产的中小零件及清洗要求高的零件。

⑤超声波清洗是利用超声波清洗装置使清洗液产生空化效应,以清除零件表面的油污。其清洗效果好,但设备复杂,维护管理要求严格,当零件污垢严重时需用其他方法进行初次清洗后再用超声波清洗,适用于清洁度要求高的中小型零件及成批生产中清洁度要求高的微型零件。

2) 常用的清洗液。常用的清洗液有汽油、煤油、轻柴油和化学清洗液等。

汽油主要适用于清洗较精密的零部件上的油脂、污垢和一般黏附的杂质;煤油和轻柴油的应用与汽油类似,清洗效果比汽油差,但比汽油安全;化学清洗液(又称乳化剂清洗液)具有配制简单、稳定耐用、无毒、不易燃烧、使用安全和成本低等优点。

3) 清洗注意事项

①应根据零件特点、生产批量,选择合适的清洗方法。清洗加工表面的防锈油层可用干净的棉纱、棉布、木刮刀等,不能用砂布或金属刮具;对于干油可用煤油清洗;对于防锈漆可用松香水、酒精、松节油或丙酮擦洗。

②滚动轴承不能用棉纱清洗,以防棉纱屑进入轴承内,影响轴承的安装质量。

③对于橡胶制品(如密封圈),应使用酒精或化学清洗液进行清洗,而不能用汽油清洗,以免清洗后发胀变形。

④加工表面的锈蚀,如果用油无法去除,可用棉纱蘸醋酸擦洗,除锈后必须用石灰水擦拭中和,再用干净的棉纱或棉布擦干。

⑤清洗时,先洗主要零件,后洗次要零件;先洗干净零件,后洗较脏零件;先洗光滑零件,后洗粗糙零件。不能将所有零件混在一起清洗,以免相互磕碰。

⑥零件的清洗一般分两次进行。第一次清洗后,要检查配合表面有无磕碰或划伤,齿轮的齿部和棱角有无毛刺,螺纹有无损坏。并对零件的碰损部位和毛刺进行修整。修整后的零件,再进行第二次清洗。

⑦清洗后的零件，应等零件上的油滴干后再进行装配，以防污油影响装配质量。同时，清洗后的零件不应放置时间过长，以防再被污物和灰尘污染。

特别要引起注意的是：对于已经仔细清洗过的零件，装配时随意拿纱头再去擦几下，这反而是一种不清洁的做法。

2. 做好润滑工作

相配表面在配合或连接前，一般都需要加油润滑。因为如果在配合或连接之后再加油润滑，往往不方便、不到位，这将导致机器在启动阶段一旦不能及时供油而加剧磨损。对于过盈连接件，配合表面如缺乏润滑，则当敲入或压合时更容易发生拉毛现象。活动连接的配合表面缺少润滑时，即使配合间隙准确，也常常因有卡滞而影响正常的活动性能，而有时被误认为配合不符合要求。

3. 相配零件的配合尺寸要准确

装配时，对于某些较重要的配合尺寸进行复验和抽验，这常常是很必要的，尤其是需要知道实际的配合间隙和过盈量。过盈配合在装配后要考虑如何再拆下重装，所以对实际过盈量的准确性更要十分重视。

4. 做到边装配边检查

当所装的产品较复杂时，每装完一部分就应检查一下是否符合要求。而不要等大部分或全部装完后再检查，此时发现问题往往为时已晚，有的甚至不易查出问题的原因所在。

在对螺纹连接件进行紧固的过程中，还应注意对其他有关零部件的影响，即随着螺纹连接件的逐渐拧紧，有关的零部件位置也可能有所变动，此时要防止卡住、碰撞等情况，以免产生附加应力而使零部件变形或损坏。

5. 试车时的车前检查和启动过程的监视

试车意味着机器将开始运转并经受负荷的考验，不能盲目进行，因为这是最有可能出现问题的阶段。试车前，做一次全面的检查是很有必要的。例如，装配工作的完整性，各连接部分的准确性和可靠性，活动件运动的灵活性，润滑系统是否正常等。在确保都准确无误和安全的条件下，方可开机运转。

6. 零件的密封性试验

对于液压元件、液压缸、阀体、泵体、汽缸套、油缸等零部件要求在一定压力下不允许发生漏油、漏水或漏气的现象,即有密封要求。但由于零部件可能存在的气孔、砂眼、裂痕等缺陷,这些缺陷会破坏零部件的密封性能。对此,有密封性能要求的零部件在装配前要进行密封性试验,否则可能会给机器的质量带来隐患。密封性试验通常采用气压法或液压法两种方法。

(1) 气压法

如图2—2所示,实验前将零件各孔全部用压盖或塞头密封,放置于盛水容器中,然后向零件内注入压缩空气,观察是否有气泡产生。密封要求零件在水中没有气泡产生,若有气泡出现,则说明零件有泄漏。此时,可根据气泡的密度来判断零件是否符合密封性技术要求。气压法适用于承受工作压力小的零部件。

(2) 液压法

如图2—3所示,实验前也是将零件各通孔全部用压盖或塞头密封,然后用手压泵将液体压入零件内腔,按要求达到一定的压力时,观察零件各部分是否有泄漏、渗透等现象,从而判断零部件的密封性能。对于容积较大的零件,可采用机动液压泵进行试验,注入零件内腔的液体压力应大于零件正常工作压力。液压法适用于承受工作压力较大的零部件。

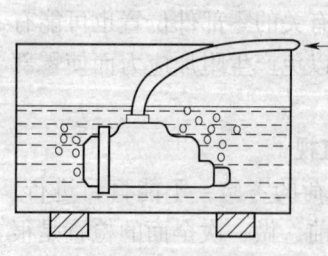

图2—2 气压试验

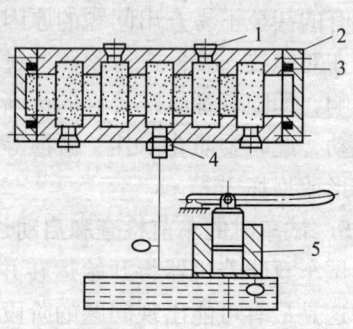

图2—3 液压试验
1—锥螺塞 2—端盘 3—密封圈
4—接头 5—手压泵

五、装配操作注意事项

1. 螺纹连接装配前要检查

螺纹连接装配前,应先检查螺母、螺栓的螺纹牙型是否准确,螺纹是否有倒牙、滑牙等现象。必须保证螺纹完整、光洁、配合良好以及牙型准确。因为螺杆弯曲、垫圈厚度不均匀都将会导致装配后受力不均,容易松动等现象,所以对这样的零件要筛选出去,不能使用。另外,装配前应对被连接件和螺栓、螺纹孔进行清理和清洗,使零件间接触的表面特别是零件与螺栓头部、螺母互相接触的表面保持平整清洁。

2. 平垫圈数量不能少

平垫圈在螺纹连接中,一是用来保护被连接件的支撑表面和与其接触的螺母表面,减少单位面积所受的压力;二是缓解因被连接件与螺母贴合的表面不光洁平整而引起的螺杆弯曲变形甚至松动等现象的发生。所以,图样上明确要求使用的平垫圈数量在装配时不能缺少。

3. 利用温差法装拆过盈连接的要求

(1) 热装小型零件时,一般要把零件放在润滑油中加热。加热时要随时测试油温,禁止油温超过润滑油闪点,以防止发生火灾。

(2) 热装大型零件或往长轴上装套件时,应特别注意保持加热温度,以免在安装过程中因温度的下降造成套件中途因冷缩而被卡住。

(3) 温差法装配时,无论是热胀装配还是冷缩装配,都要注意保持配合表面的洁净。

(4) 用温差法装配时,温差要控制,不可过大,否则会影响零件的强度。

(5) 用温差法装配时,操作者应注意自我安全保护,避免被烫伤或冻伤。例如,取出低温零件时应戴上石棉手套。

(6) 用热胀法装配时,要注意控制过盈的大小,一般按每25 mm直径上需要0.04 mm过盈来确定。过盈太大,孔的附近就会产生过大的配合应力,同时加热温度也高,容易产生塑性变形;过盈太小,传递扭矩时,轴与孔就会松动。

§2—3 常见结构的装配

机器装配工作是将零部件连接、安装,并通过调整工作使完成装配的机器达到规定的技术要求。零件之间的连接和部件的安装都是按规定的技术要求进行的。因此,熟悉和掌握常用结构的装配要求和方法,是完成产品装配质量的基本保证。

一、螺纹连接件的装配

生产实践中,螺纹连接是一种可拆的固定连接,它具有结构简单、连接可靠、夹紧力大、自锁性好、装拆方便迅速、装拆时不易损坏机件等特点,在机械装配中应用非常普遍。螺纹紧固件是使用一对内、外螺纹来连接和紧固一些零部件的零件。

1. 螺纹连接类型

(1) 螺栓连接

如图2—4a所示,通过螺栓和螺母的配合将两被连接件连接在一起。这种连接方法无需在被连接件上攻螺纹,装拆方便。螺栓连接主要用于固定不太厚的连接件。

(2) 双头螺柱连接

如图2—4b所示,双头螺柱一端通过螺纹与基础件固定,另一端通过螺纹与螺母配合将两被连接件连接在一起。拆卸工件时,只要拧下螺母就能取下被连接工件。双头螺柱连接主要用于连接件较厚,又需要经常装拆的场合。

(3) 螺钉连接

如图2—4c所示,螺钉一端通过螺纹与基础件固定,另一端通过头部压力作用将两被连接件连接在一起。拆卸时,只要拧下螺钉就能取下被连接工件。螺钉连接主要用于连接件不需要经常装拆的场合。

2. 常用螺纹紧固工具

(1) 扳手

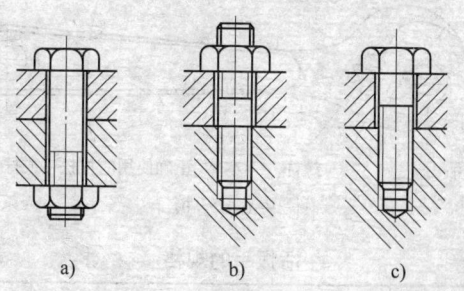

图 2—4 螺纹连接类型
a) 螺栓连接 b) 双头螺柱连接 c) 螺钉连接

装配六角头螺栓和六角螺母常使用扳手等工具,实际工作中,根据不同的工作要求所使用的扳手种类很多,如图 2—5 所示。

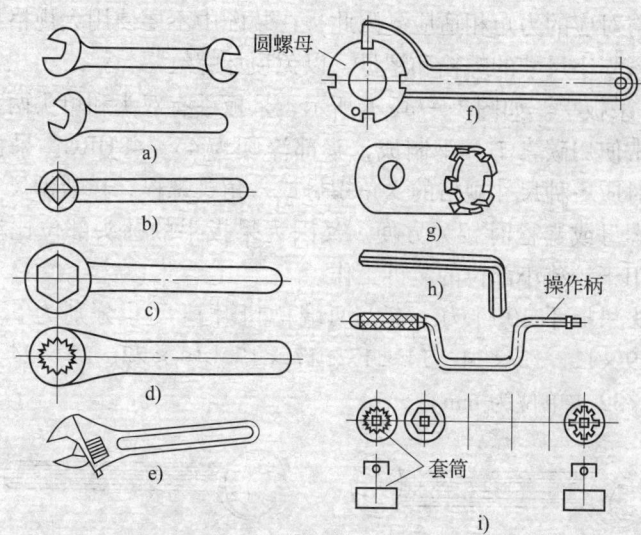

图 2—5 常用扳手
a) 呆扳手 b) 方身扳手 c) 六角扳手 d) 梅花扳手
e) 活扳手 f) 钩扳手 g) 套筒式圆螺母扳手 h) 内六角扳手 i) 成套套筒扳手

1) 活扳手。如图 2—6 所示,这种扳手用于各种规格的六角头螺栓和六角螺母装拆。

常用的活扳手规格如表 2—2 所示。

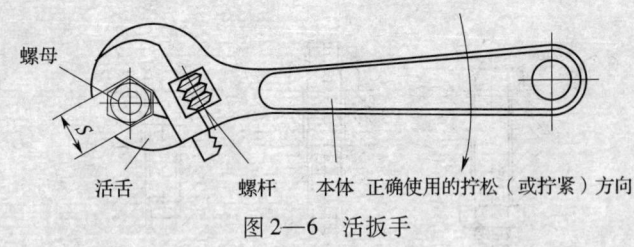

图 2—6 活扳手

表 2—2　　　　　活扳手的规格

长度	公制（mm）	100	150	200	250	300	375	450	600
	英制（in）	4	6	8	10	12	15	18	24
开口最大宽度（mm）		14	19	24	30	36	46	55	65

表中所示是各种规格适用相对应的六角头螺栓和六角螺母，其长度尺寸与对应的力矩相适应。因此，在装配中不要使用大规格尺寸的扳手去紧固小尺寸的螺栓和螺母，以免损坏螺纹。

2）呆扳手。如图 2—7a、b 所示，呆扳手有双头和单头两种。呆扳手通常使用碳素工具钢制成，头部淬硬为 45～48HRC。呆扳手槽口只能对应一种尺寸规格的六角螺母或六角头螺栓，在装拆尺寸规格单一的螺母或螺栓时较为方便。又因为呆扳手的圆头部位比活扳手小，适用于较狭小部位的装拆工作。

双头呆扳手 10 件为一套，两端槽口开口尺寸分别为 5.5×7、8×10、9×11、12×14、14×17、17×19、19×22、22×24、24×27、30×32（单位为 mm）。

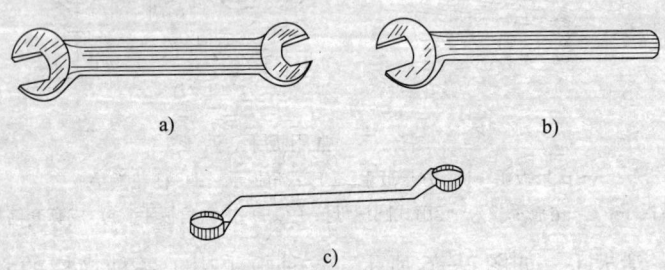

图 2—7 呆扳手
a）双头呆扳手　b）单头呆扳手　c）双头梅花扳手

如图 2—7c 所示为双头梅花扳手，其规格与双头呆扳手相同。梅花扳手的特点是承受扭矩大，使用安全，特别适用于位置狭小的场合或位置于凹处不便容纳呆扳手的工作场合。

3）成套套筒扳手。成套套筒扳手分为成套小型套筒扳手、成套普通套筒扳手和成套大型套筒扳手等规格。小型套筒扳手根据套筒尺寸（尺寸范围 4～13 mm）不同有多种规格；普通套筒扳手规格与呆扳手规格相同；大型套筒扳手根据套筒尺寸（尺寸范围为 30～80 mm）不同有多种规格。

如图 2—8 所示是成套套筒扳手，它由快速摇杆和各种规格的套筒组成。套筒有两种结构，一端有六角孔或有十二角孔，可与相应规格的六角头螺栓或六角螺母连接；另一端有方孔可与快速摇杆上的方榫或其他手柄方榫连接。

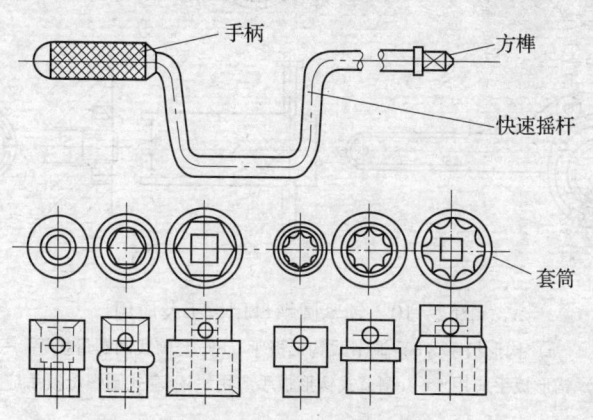

图 2—8　成套套筒扳手

图中所示的快速摇杆由手柄和摇杆组成。摇杆与手柄为活动配合，摇杆另一端有方榫可与各种规格的套筒连接。使用时，左手握住手柄，右手转动摇杆能使紧固件被快速拧紧。

4）内六角扳手。如图 2—9 所示，内六角扳手是采用六角型钢弯成 90°制成的。内六角扳手是圆柱头内六角螺钉的专用扳手。在使用中，通常把长脚作为扳手，短脚用于

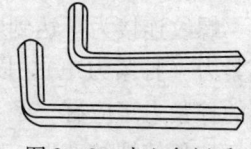

图 2—9　内六角扳手

插入圆柱头内六角螺钉内六角孔中。内六角扳手的公称尺寸为六角的对边尺寸,其规格有 2.5～36 mm 近 20 种。

5) 钳形扳手。钳形扳手专门用于锁紧各种圆螺母,外形结构如图 2—10 所示。

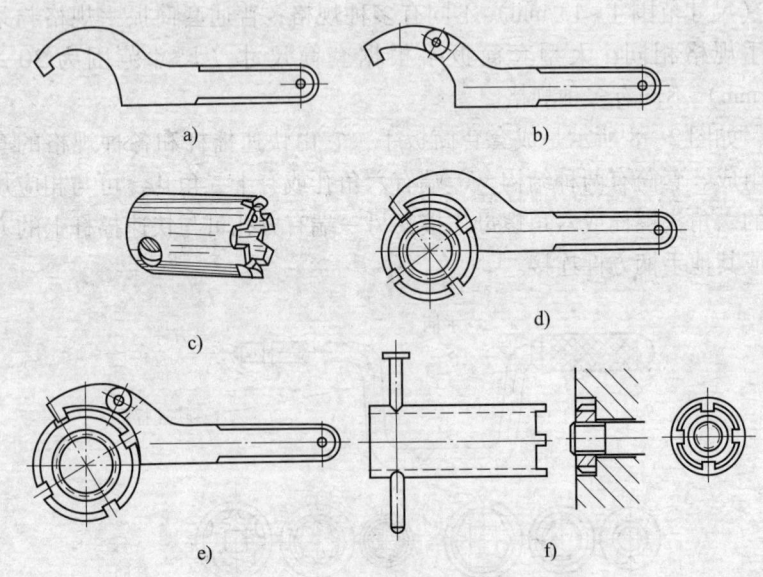

图 2—10　锁紧圆螺母用扳手及应用
a) 钩形扳手　b) 调节式钩形扳手　c) 套筒式圆螺母扳手
d) 钩形扳手应用　e) 调节式钩形扳手应用　f) 套式圆螺母扳手应用

(2) 螺钉旋紧工具

因为螺钉种类很多,所以螺钉旋紧工具的种类也很多,但其基本外形和结构都很类似,如图 2—11 所示。

3. 螺纹连接的预紧力

(1) 螺纹连接预紧力的概念

螺纹连接为了达到紧固可靠的目的,在拧紧螺纹副时要有一定的预紧力(拧紧力矩),以保证螺纹配合具有一定的摩擦力矩。螺纹连接的拧紧力矩应有一个合理的值,否则,预紧力过大,会引起螺栓或螺杆拉长使螺纹变形,降低了紧固强度和紧固件使用寿命,甚至会因

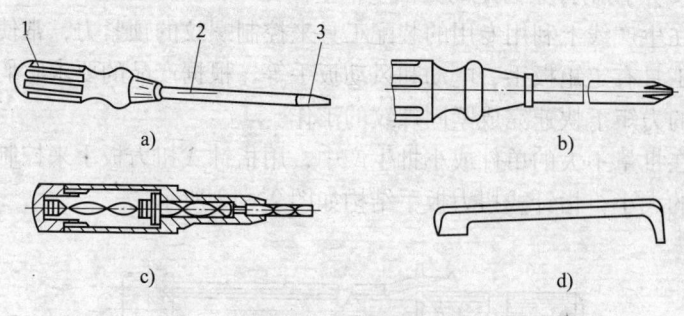

图 2—11 螺钉旋具

a) 一字旋具 b) 十字旋具 c) 快速旋具 d) 弯头旋具

1—刀柄 2—刀体 3—刀口

为拧紧力矩过大而拉断螺杆；预紧力过小，螺纹配合的摩擦力矩小，易受机械振动和其他原因影响而出现松动的现象，使机器无法正常工作，甚至造成安全事故。

（2）拧紧力矩的确定

装配时，螺纹预紧力大小与零件的材料及螺纹的直径等因素有关。预紧力大小可以从装配的工艺文件中得到。根据预紧力要求可用以下公式计算出拧紧力矩，即：

$$M_t = KP_0 d \times 10^{-3}$$

式中 M_t——拧紧力矩，N·m；

d——螺纹公称直径，mm；

K——拧紧力矩系数（有润滑时取 $K = 0.13 \sim 0.15$；无润滑时取 $K = 0.18 \sim 0.21$）；

P_0——预紧力，N。

拧紧力矩也可按表 2—3 中查出后，再乘以一个修正系数（30 钢为 0.75；35 钢为 1；45 钢为 1.1）求得。

表 2—3　　　　　　　　螺纹连接拧紧力矩

公称直径（mm）	6	8	10	12	16	20	24
拧紧力矩（N·m）	4	10	18	32	80	160	280

(3) 控制拧紧力矩的方法

在生产线上利用专用的装配工具来控制螺纹的预紧力,常使用的专用工具有定矩扳手、电动和风动扳手等,根据产品的要求它们能在规定的力矩下快速完成紧固螺纹的工作。

在批量不大的单件或小批生产中,用指针式扭力扳手来控制旋紧力矩的大小,指针式扭力扳手结构如图2—12所示。

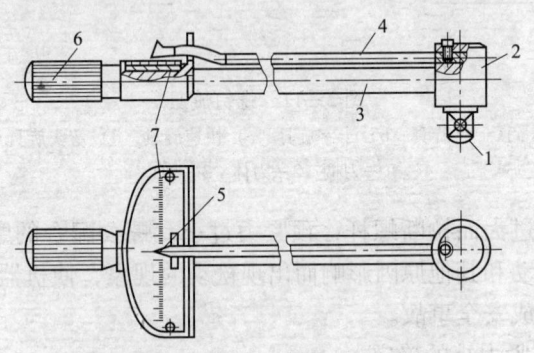

图2—12 指针式扭力扳手

1—钢球 2—柱体 3—弹性杆 4—长指针
5—指针尖 6—手柄 7—刻度板

指针式扭力扳手上有一个长的弹性杆,一端装手柄,另一端装有带方头或六角头的柱体,方头或六角头上套装一个可更换的套筒,用钢球卡住。在柱体上还装有一个长指针,刻度板固定在柄座上,每格刻度值为10 N。在工作时,弹性杆和刻度板一起向旋转方向弯曲,因此,指针就在刻度板上指出拧紧力矩的大小。

4. 螺钉、螺栓、螺母的装配

螺钉、螺栓、螺母的装配方法比较简单。零件与螺钉头部或螺母端面贴合处的平面应经过加工。装配前,要将螺钉、螺母和零件表面擦净。装配后,螺钉、螺栓、螺母的表面必须与零件的平面紧密贴合,以保证连接牢固可靠。

5. 双头螺柱的装配

(1) 双头螺柱的装配要求

1) 双头螺柱与机体螺纹的连接必须紧固,在装拆螺母过程中,螺柱不能有松动现象,否则容易损坏螺纹孔。

2)双头螺柱的轴线必须与机体表面垂直,通常用90°角尺检查(见图2—13)或目测判断。当稍有偏差时,可用丝锥来找正螺纹孔或通过锤击螺柱找正;偏差较大时,则不能强行找正,以免影响连接的可靠性。

3)装入双头螺柱时必须加润滑油,以免拧入时产生螺纹拉毛现象,同时可以防锈,为以后更换提供方便。

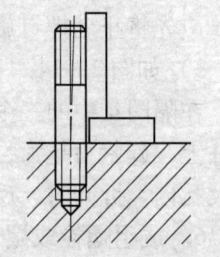

图2—13 检查双头螺柱安装垂直度

(2)双头螺柱的装拆方法

1)如图2—14a所示采用双螺母装拆法。先将两个螺母相互锁紧在双头螺柱上,然后扳动上螺母将螺柱紧固端旋入机体螺纹孔内;拆卸时,反向扳动下螺母即能拧松螺柱。

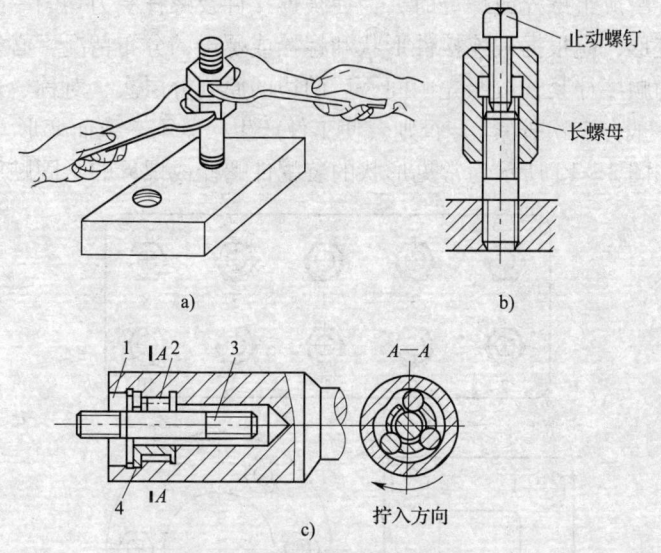

图2—14 双头螺柱装拆方法
a)双螺母装拆法 b)长螺母装拆法 c)用专用工具装拆法
1—工具体 2—滚子 3—双头螺柱 4—隔圈

2)如图2—14b所示采取长螺母装拆法。使用时先将长螺母旋在双头螺柱上,再将长螺母上的止动螺钉旋紧,顶住双头螺柱顶端,安装或拆卸时只要扳动长螺母,就可以使双头螺柱拧紧或拧松。拆卸时,应先将止动螺钉旋松,然后再旋出长螺母。

3) 如图2—14c所示采取专用工具装拆法。当顺向拧动工具体1时,在隔圈4中的三个滚子2牢牢地压在工具体内壁与双头螺柱3的光柱上,旋紧力越大,压得越紧,这样可使双头螺柱紧固端旋入机体螺纹孔内。拆卸时,反向拧动工具体即可。

6. 成组螺栓或螺母紧固顺序

机械装配中经常会遇到箱体、缸盖、盖板等处有成组螺栓和螺母的紧固顺序问题。因为工件的安装面的平面度会有不同程度的不平现象,会有凹、凸、扭曲的形状误差存在,因此,当螺栓或螺母紧固的顺序不当时,工件会产生内应力,降低了工件使用寿命,甚至会损坏机件。尤其是缸盖类工件,安装中螺栓和螺母紧固顺序很重要,不正确的紧固方法会使缸盖因温升而产生断裂现象。

装配成组螺栓或螺母时,为使被连接件及螺杆受力均匀一致,不产生变形,应根据被连接件形状和螺栓或螺母的分布情况,必须按照一定的顺序拧紧,按照先中间、后两边的原则分层次、对称、逐步拧紧(一般分三次拧紧),否则会使工件产生松紧不一致而变形。

如图2—15所示为常见形状的装配件螺栓或螺母的紧固顺序。

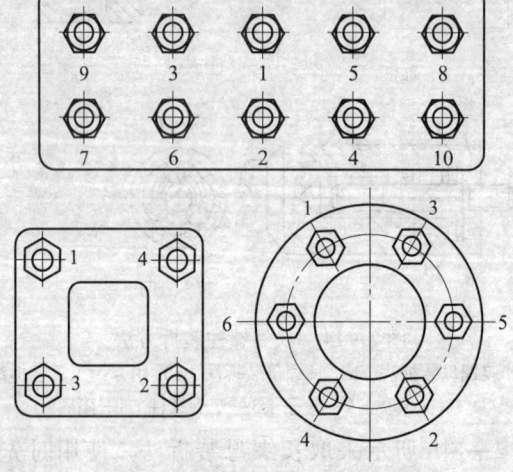

图2—15 成组螺栓或螺母紧固顺序

7. 螺纹连接的防松

螺栓因为有自锁性，在受静载荷和工作温度变化不大的情况下，通常不会自行脱落。而在受到振动、冲击、可变载荷作用或工作温度变化很大的时候，螺纹连接有可能出现松动现象。为了设备及人身安全，在连接时必须要采取切实有效的防松措施，如图2—16所示。

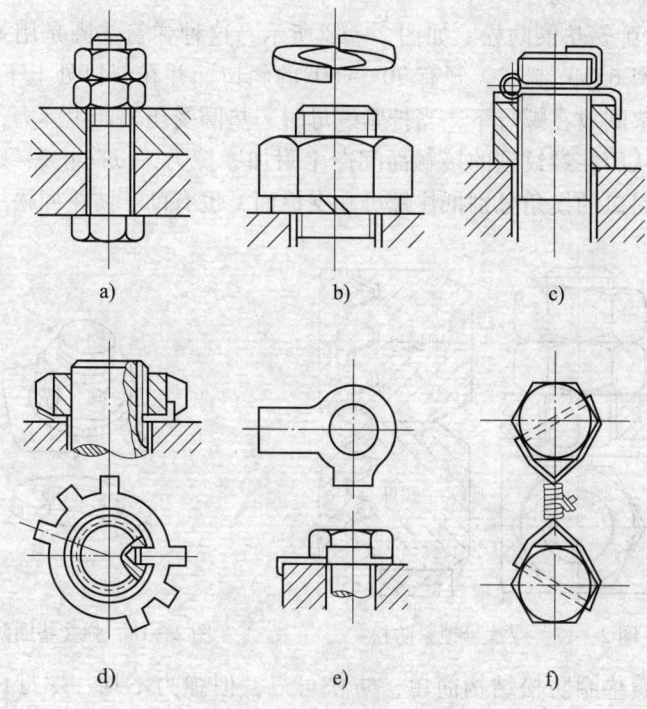

图2—16 螺纹防松装置
a) 双螺母 b) 弹簧垫圈 c) 开口销 d) 圆螺母止动垫圈
e) 六角螺母止动垫圈 f) 串联钢丝

螺纹防松的根本问题在于防止螺纹副间的相对转动。螺纹防松装置有很多种，按其工作原理不同，可分为用附加摩擦力和用机械方法防松两大类。

（1）用附加摩擦力的防松装置

1）双螺母锁紧防松。如图 2—17 所示，这是装配中常用来防止螺母松动的措施。

装配时，先将主螺母拧紧，然后将副螺母旋入压紧主螺母，用两个扳手沿相对方向扳动两个螺母至螺母锁紧为止。

双螺母锁紧方法原理简单，操作方便，锁紧防松可靠，但增加了螺母数量，结构的尺寸和重量也随之增加。此法一般用于低速重载或载荷较平稳的场合。

2）弹簧垫圈防松。如图 2—18 所示，这种弹簧垫圈是用弹性较好的材料 65Mn 制成，开有 70°～80°的斜口，并在斜口处上下分开。把弹簧垫圈放在螺母下，当拧紧螺母时，垫圈受压，产生弹力，顶住螺母，从而在螺纹副的接触面间产生附加摩擦力，以防止螺母松动。同时，斜口的楔角分别抵住螺母和支撑面，也有助于防止回松。

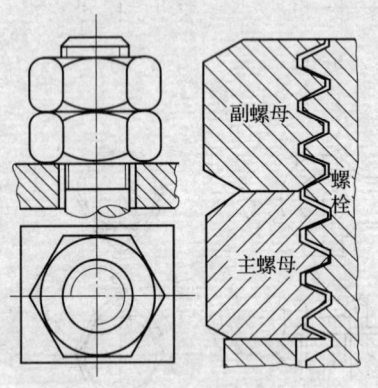
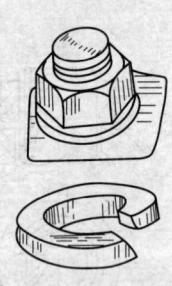

图 2—17　双螺母锁紧防松　　　　图 2—18　弹簧垫圈防松

弹簧垫圈防松结构简单，防松可靠，但弹力不均，螺母可能倾斜，同时，斜口容易刮伤螺母和被连接件的表面。此法一般用于不经常装拆的场合。

(2) 用机械方法的防松装置

1）止动垫圈防松装置。如图 2—19 所示为止动垫圈防松装置，使用时，在螺纹孔附近钻有定位孔（或有直角边），垫圈的一个耳边定位在孔中。当螺母拧紧后将止动垫圈另一耳边弯折贴平六角螺母一个侧面，可防止六角螺母回松。

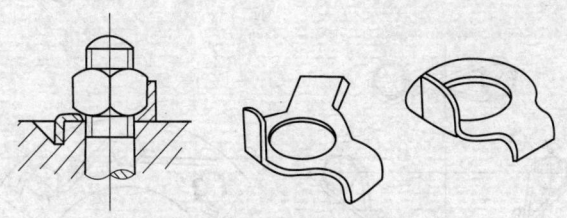

图 2—19　止动垫圈防松装置

这种防松方法结构简单，防松可靠，但制造麻烦，多次装拆容易损坏。此法常用于连接部分可容纳弯耳的场合。

2）开口销防松装置。如图 2—20 所示，在振动较大的场合常采用带槽螺母与开口销配合的防松装置。这种装置是把螺母直接锁在螺杆上。六角螺母端面开有等分槽，螺杆钻有小孔径通孔（孔径与开口销直径相同），拧紧螺母使槽口与小孔相通，并将开口销插入螺母槽后弯脚边固定。

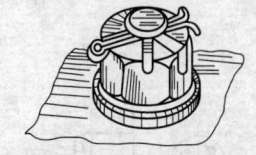

图 2—20　开口销防松装置

这种防松结构防松可靠，但螺杆上的销孔位置不易与螺母最佳锁紧位置的槽吻合。装配时遇到此类情况，绝不能回转螺母使其贯通，也不能采取修锉螺母槽口使其贯通，而应根据实际情况通过修磨垫圈厚度来予以调整。开口销防松措施常用于变载和振动工作场合。

3）串联钢丝防松装置。如图 2—21a 所示，在振动较大、温度变化较大、布置较紧凑的成组螺纹连接场合，常采用串联钢丝防松装置。采用这种防松装置时，外六角螺栓头部径向方向钻有小孔，当螺栓旋紧后，用细钢丝串联穿入螺栓小孔中，以钢丝绳牵制作用防止螺栓回松。

这种防松装置利用钢丝相互牵制，防松可靠，但串联钢丝麻烦。若串联方向不正确，则不能达到防松的目的，反而向回松方向牵制，如图 2—21b 所示。

4）点铆法防松。如图 2—22 所示，采用点铆法防松时，先将螺母或螺钉拧紧，然后用样冲在螺钉头部直径上的端面、侧面、螺钉头冲点来防止回松。这种防松方法防松可靠，操作简单，拆卸后连接零件不能再用。此法适用于各种特殊需要的连接场合。

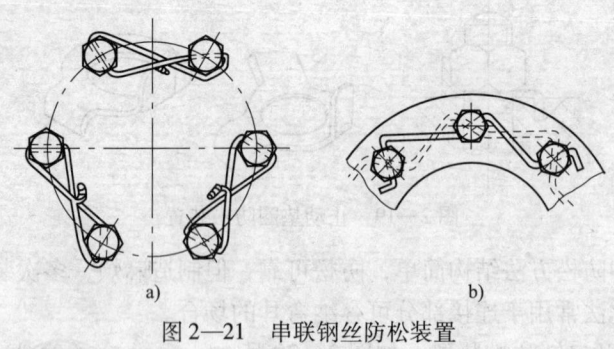

图2—21 串联钢丝防松装置
a) 正确 b) 错误

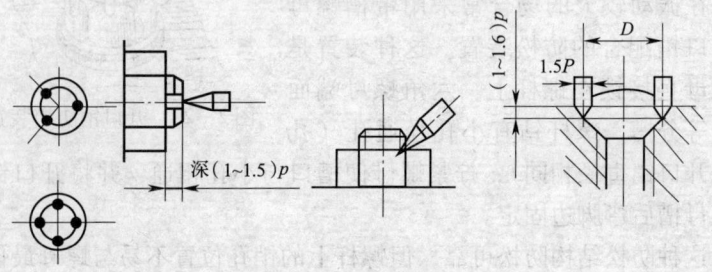

图2—22 点铆法防松

5) 黏结防松。这种防松方法采用厌氧胶（在没有氧气的情况下才能固化），在螺纹连接面涂厌氧胶，拧紧后，厌氧胶能自行固化从而达到防止回松的目的。此法黏结牢固，黏结后不易拆卸。适用于各种机械修理场合。

8. 螺纹连接的损坏形式和修理

常见的螺纹连接损坏形式有：螺纹有部分或全部滑牙、螺钉头损坏、螺杆断裂等。对于这些损坏一般都采取更换新件的方法来解决。螺纹孔滑牙后如果需要修复，通常采取扩大螺纹孔直径，镶入套圈后再重新攻螺纹，但这也是在特殊条件下才采用的。

螺纹连接修理时，常会遇到难于拆卸的锈蚀螺纹，通常采用以下几种方法来解决：

(1) 用煤油浸润或浸泡锈蚀的螺纹连接件。煤油的渗入，可使锈蚀处疏松，这时就比较容易拆卸了。

(2) 利用锤子的敲打，使铁锈受到振动而脱落，以便于拆卸。

(3) 根据热胀冷缩原理，利用火焰对锈蚀部位加热，经过膨胀或冷却后收缩作用，使锈蚀处松动，即可比较容易拆卸。

二、键连接的装配

键是连接传动件，并传递转矩的一种标准化零件。键常用来固定装配在轴上的零件，如各类齿轮、联轴器、带轮、叶轮等。键连接具有结构简单、工作可靠、拆卸方便等优点，所以在机械设备中得到广泛的应用。

1. 键连接种类、特点及应用

如图 2—23～图 2—25 所示，根据工作需要，键连接分为松键联

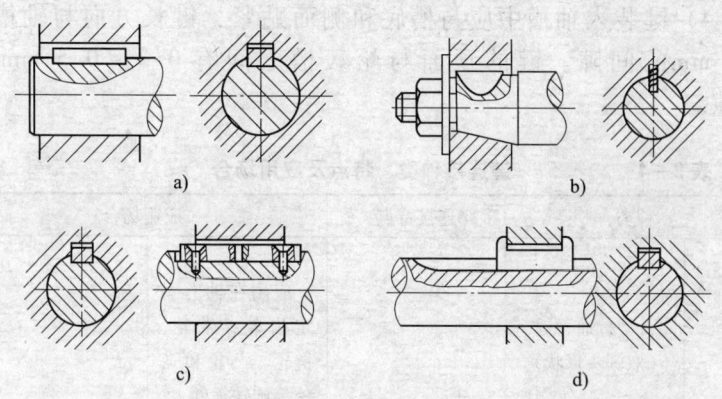

图 2—23 松键连接

a) 普通平键连接 b) 半圆键连接 c) 导向平键连接 d) 滑键连接

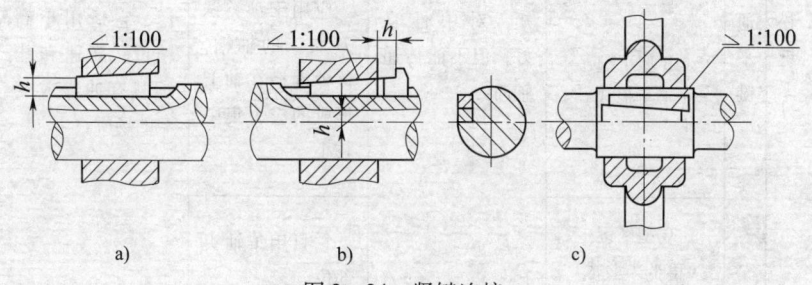

图 2—24 紧键连接

a) 普通楔键 b) 钩头楔键 c) 切向键

接、紧键连接和花键连接等多种形式,各种键连接的特点和应用场合见表2—4。

2. 键连接的装配

(1) 松键连接的装配要点

1) 普通平键连接中的键与轴槽采用 H9/h9 或 N9/h9 的配合,键与轮毂槽的配合为 JS9/h9 或 P9/h9,即键在轴上和轮毂上均固定。

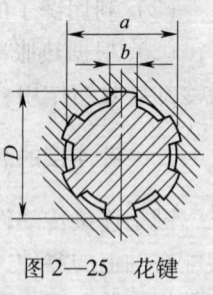

图2—25 花键

2) 导向平键连接的键与轴槽采用 H9/h9 或 N9/h9 的配合,键与轮毂槽采用 D10/h9 配合,轴上的零件能沿键做轴向移动。

3) 键与键槽应具有较小的表面粗糙度值。

4) 键装入轴槽中应与槽底和侧面贴紧,键长方向与轴槽有 0.1 mm 的间隙。键的顶面与轮毂槽之间有 0.3~0.5 mm 的间隙。

表2—4　　键连接种类、特点及应用场合

种类		连接特点	应用场合	
松键	普通平键	A型普通平键(双圆头形状)	靠侧面传递转矩,对中性良好,但不能传递轴向力	应用在轴上固定齿轮、带轮、链轮、凸轮和飞轮等旋转零件	平键在实际生产中应用最为广泛,它适用于高精度、高速和能承载有冲击或变载的场所
		B型平键(平头形状)		应用于盘类铣刀加工的轴槽,该种键槽在轴上形成的应力集中较小	
		C型平键(单平头形状)		它只用于轴头部位	

续表

种类			连接特点	应用场合
松键	半圆键		靠侧面传递较小的转矩，对中性好，半圆面能围绕圆心作自适应调节，不能承受轴向力	适用于轻载机构，主要是安装在轴的锥形端部，或作为辅助的连接装置，在汽车、拖拉机和机床等应用较多
	导向平键		除具有普通平键特点外，还可以起导向作用	一般要用螺钉固定在轴上，键与轮毂为动配合，所以轴上零件能做轴向的移动。为了键的拆卸方便，在键上安装起键的螺钉。当轴上的零件移动距离不大时多采用导向平键，如变速箱内的滑移齿轮
	滑键		滑键被固定在轮毂的键槽上（如齿轮、带轮等零件），因而轴上的零件在移动时是带键移动的	适用于轴上零件滑动距离较大的场合
紧键	楔键	普通楔键	键的上下面是工作面，键的上表面和轴的底面各有1:100的斜度，因为它是靠楔紧的作用来传递转矩，所以，在装配时需要采用打击的方法。能承受单向轴向力，但对中性差，装配部件与轴的配合会产生偏心和偏斜	用于需承受单方向轴向力及对中性要求不严格的连接处。钩头楔键用于不能从另一端将键打出来的场合
		钩头楔键		

续表

种类		连接特点	应用场合
紧键	切向键	由两个斜度为1∶100的楔键组成,其上下两窄面为工作面,其中一面在通过轴线的平面内。工作面上的压力沿轴的切线方向作用,能传递很大的转矩。一组切向键只传递一个方向的转矩,要传递双向转矩时,需用两组切向键,互成120°~135°	用于传递载荷很大,但旋转时对中要求不高的场合
花键	矩形	接触面大,轴的强度高,传递转矩大,对中性及导向性好,但成本高	用于需要对中性好、强度高、传递转矩大的场合。如汽车和拖拉机以及切削力较大的机床传动轴等
花键	渐开线形	接触面大,轴的强度高,传递转矩大,对中性及导向性好,但成本高	用于需要对中性好、强度高、传递转矩大的场合。如汽车和拖拉机以及切削力较大的机床传动轴等
花键	三角形	接触面大,轴的强度高,传递转矩大,对中性及导向性好,但成本高	用于需要对中性好、强度高、传递转矩大的场合。如汽车和拖拉机以及切削力较大的机床传动轴等

(2) 松键连接的装配要点

1) 装配前要清理键和键槽的锐边、毛刺,以防装配时造成过大的过盈。

2) 对重要的键连接,装配前应检查键的直线度误差、键槽对称度误差和倾斜度误差。

3) 用键头与键槽试配松紧,应能使键紧紧地嵌在轴槽中。

4) 锉配键长、键宽,与轴键槽间应留0.1 mm左右的间隙。

5) 在配合面上涂机油,用铜棒或台虎钳(钳口上应加铜皮垫)将键压装在轴槽中,直至与槽底面接触。

6) 试配并安装套件,安装套件时要用塞尺检查非配合面间隙,以保证同轴度要求。

7)对于滑键,装配后应滑动自如,但不能摇晃,以免引起冲击和振动。

(3)紧键连接的装配要点

1)先去除键与键槽的锐边、毛刺。

2)将轮毂装在轴上,并对正键槽。

3)键上和键槽内涂机油,用铜棒将键打入,两侧要有一定的间隙,键的底面与顶面要紧贴。

4)配键时,要用涂色法检查斜面的接触情况,若配合不好,可用锉刀、刮刀修整键或键槽。

5)若是钩头楔键,不能使钩头紧贴套件的端面,必须留有一定的间隙,以便拆卸。装入钩头楔键时需要用铜棒和锤子敲入,拆卸时可使用拉卸工具,如图2—26所示。

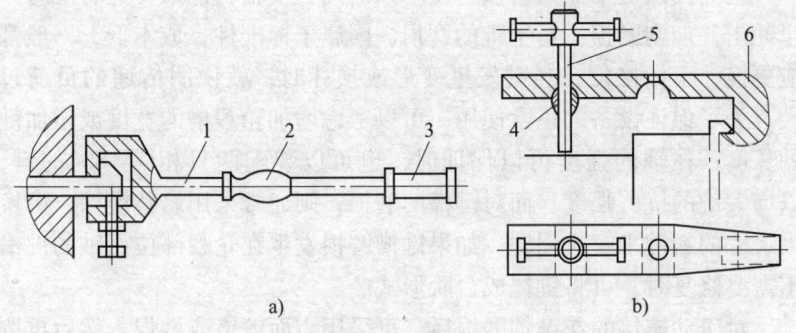

图2—26 拉卸工具
a)冲击式 b)抵拉式
1—杆 2—作用力圈 3—受力圈
4—圆柱形螺母 5—螺杆 6—本体

(4)花键连接的装配要点

花键连接有固定套和滑动套两种类型。

1)固定套花键连接的装配要点是:

①检查轴、孔的尺寸是否在允许过盈量的范围内。

②装配前必须清除轴、孔锐边和毛刺。

③装配时，可用铜棒等软材料轻轻打入，但不得过紧，否则会拉伤配合表面。

④过盈量要求较大时，可将花键套加热（80~120℃）后再进行装配。

2）滑动套花键连接的装配要点是：

①检查轴、孔的尺寸是否在允许过盈量的范围内。

②装配前必须清除轴、孔锐边和毛刺。

③用涂色法修正各齿间的配合，直到花键套在轴上能自由滑动，没有阻滞现象，但不应有径向间隙的感觉。

④套孔径若有较大缩小现象，可用花键推刀修整。

3. 键连接的损坏形式和修复

键连接的损坏形式一般有键侧面和键槽侧面磨损、键发生变形或被剪断等形式。

键侧面或键槽侧面磨损，使原来的配合变松，以致传递转矩时产生冲击并加剧磨损。对于键的磨损，因属于标准件，成本低，一般都应更换，不做修复；当键发生变形或损坏时，就说明传递的负荷过大，为了保证设备的正常使用，可以考虑增加轮毂槽的宽度或增加键的长度；在轴的强度可以保证时，也可以装配两只相隔180°的键，以增大键的抗剪强度。而对键槽的磨损，则通常采用修整键槽，更换大尺寸的新键来解决问题。如果键槽磨损发生在轮毂部位而轴的键槽不需要修复时，可将键锉成台阶形式。

对于动连接的花键轴磨损后，可采用表面镀铬或堆焊，然后再按加工到规定尺寸的方法进行修复。堆焊时要缓慢冷却，以防花键轴变形。

三、销连接的装配

用销钉将机件连接在一起的方法称为销连接，销连接在机械中除了起连接作用外，还可以起定位和保险作用。由于销的结构简单、连接可靠、定位准确、装拆简单，因而在机械中应用广泛，如图2—27所示。

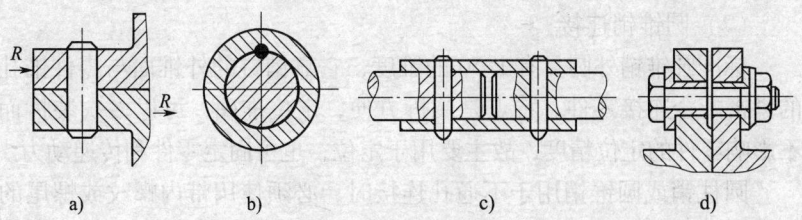

图 2—27 销连接应用
a) 定位作用 b)、c) 连接作用 d) 保险作用

用于定位的销的材料大多采用 35 钢或 45 钢制作。也有用铸铁材料制作的销,这类销多用于传动力矩不大且结构上无安全机构的场合,当传递力矩超过规定的值,铸铁材料制作的销折断起到安全保护作用。

1. 销连接种类

销的种类很多,如图 2—28 所示。根据结构形状,销连接最常见的有圆柱销连接、圆锥销连接和开口销连接等连接形式。

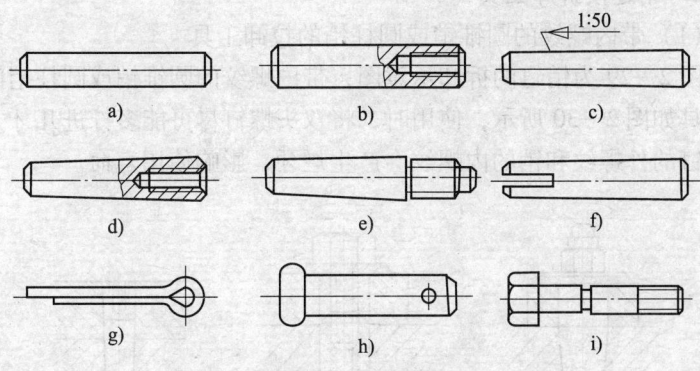

图 2—28 销的种类
a) 圆柱销 b) 内螺纹圆柱销 c) 圆锥销 d) 内螺纹圆锥销
e) 螺尾圆锥销 f) 开尾圆锥销 g) 开口销 h) 销轴 i) 安全销

(1) 圆柱销连接

这种连接的销钉外圆呈圆柱形,依靠配合的过盈量固定在销孔中。它可以用来固定零件、传递动力或作为定位元件。圆柱销不宜多次装拆,一经拆卸,圆柱销的过盈量就会丧失。因此,拆卸后的圆柱销装配时必须更换。圆柱销连接所要求的表面粗糙度值较低,一般在 $Ra0.4 \sim 1.6 \, \mu m$ 之间,以保证配合精度。

（2）圆锥销连接

标准圆锥销外圆具有1:50的锥度，它靠销钉的外锥面与零件锥孔的紧密配合连接零件。特点是装拆方便，定位准确，可以多次装拆而不影响零件的定位精度，故主要用于定位，也可固定零件和传递动力。

圆柱销或圆锥销用于不通孔连接时，必须使用带内螺纹或螺尾的销子，以便拆卸时能用工具将销钉拆出。

（3）开口销连接

用于锁定其他紧固件。

（4）销轴连接

利用开口销锁定后不易脱落，装拆方便。

（5）安全销连接

结构简单，形式多样，用于传动装置（如联轴器等）上的过载保护。

2. 销连接拆卸工具

（1）带内螺纹的圆锥销或圆柱销的拉卸工具

图2—29为销钉的拆卸示意图，带内螺纹的圆锥销或圆柱销的拉卸工具如图2—30所示，使用时，将双头螺钉尽可能多拧进几牙，否则螺钉的外螺纹和销的内螺纹会产生烂牙，影响使用寿命。

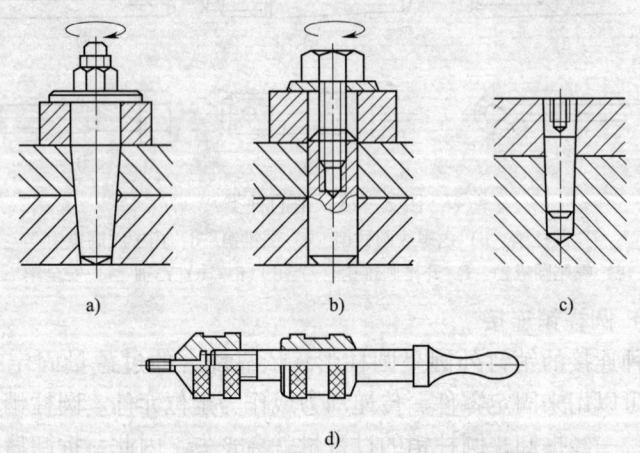

图2—29 销连接的拆卸

a）螺尾圆锥销拆卸　b）内螺纹圆柱销拆卸　c）内螺纹圆锥销拆卸　d）拔销器

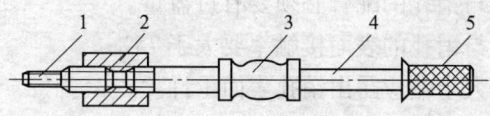

图2—30 拉卸工具

1—双头螺钉 2—固定套 3—作用力圈 4—杆 5—受力圈

（2）用冲头冲出销子

如图2—31所示，拆卸锥销时，应将样冲对准销直径较小的一端，用锤子敲击冲头，冲出锥销。

3. 销连接的装配

（1）圆柱销连接的装配

1）圆柱销连接装配要求

①必须保证被连接零件相互的位置度。

②必须保证圆柱销在销孔中有0.01mm左右的过盈量。

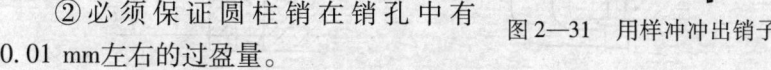

图2—31 用样冲冲出销子

③必须保证圆柱销外圆与销孔的接触精度。

2）圆柱销连接装配要点

①读装配图，了解装配要求，检查销钉与销孔是否有合适的过盈量。

②为保证连接质量，应将连接件两孔一起钻铰。

③装配时，销钉上应涂机油润滑。

④装入时，应用软金属垫在销钉端面上，然后用锤子将销钉打入孔中。也可用压入法装入，如图2—32所示。

⑤装不通孔销钉时，应在销钉外圆用油石磨出通气通道，否则，由于空气排不出来，使得销钉打不进去。

⑥装配时，不要用锤子猛力敲击销钉的端部，以免销钉端部胀大，增加装配的难度。

（2）圆锥销连接的装配

1）圆锥销连接装配要求

①圆锥销与销孔的配合必须要有过盈量。
②圆锥销与销孔的表面接触率要大于75%。
③圆锥销大小端应露出销孔表面少许。

2）圆锥销连接装配要点

①将两连接孔一起钻铰。铰孔时，加注适合的切削液。
②用锉刀修去圆锥销表面毛刺。
③边铰孔，边用相配的圆锥销测试孔径和检查孔的深度。用手将圆锥销推入销孔中试装，以销能自由插入销长的80%为宜，如图2—33所示。

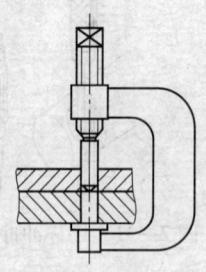 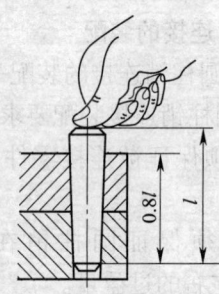

图2—32　用C形夹头压入圆柱销　　图2—33　用手检查孔的深度

④用煤油将销孔和圆锥销清洗干净，擦净，在圆锥销表面涂L–AN32全损耗系统用油。用手将圆锥销推入销孔中，再用铜棒敲击圆锥销端面，直至其压实，产生过盈量。

⑤销锤入后，销子的大头一般以露出工件表面（倒角部分伸出在所连接的零件平面外）或使之一样平为宜。

⑥不通锥孔内应装带有螺纹孔的圆锥销，以免取出困难。

⑦采用锤击法实现圆锥销过盈时，不要将销头打变形，用力要适当，或垫以铜棒。

四、轴承和轴组的装配

用于确定旋转轴与其他零件相对运动位置，起支撑或导向作用的零部件称为轴承。轴承的种类很多，按摩擦性质不同轴承分为滑动轴承（见图 2—34）和滚动轴承（见图 2—35）；按受力方向不同分为径向轴承（承受径向力）、推力轴承（承受轴向力）、向心推力轴承（同时承受径向力和轴向力）等。

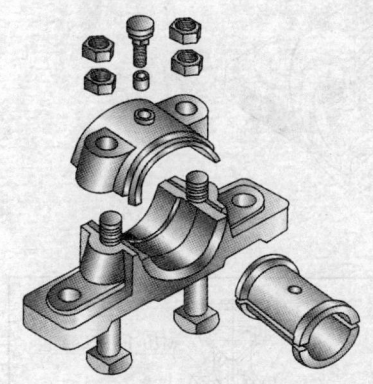

图 2—34 滑动轴承

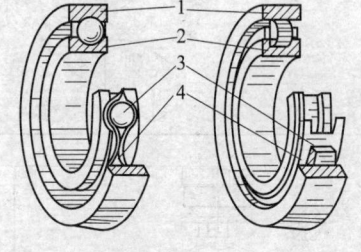

图 2—35 滚动轴承
1—外圈 2—内圈 3—滚动体 4—保持架

1. 滑动轴承的装配

（1）滑动轴承特点和结构形式

1）滑动轴承的特点。滑动轴承具有承载能力大、工作平稳可靠、振动小、润滑油膜具有吸振能力、无噪声，并能承受较大的冲击负荷等优点，但滑动轴承摩擦力大、易发热，甚至发生抱轴现象，维护及修理较复杂，因此多用于精密、高速、重载的机械传动场合。

2）滑动轴承的结构形式

①整体式滑动轴承。如图 2—36 所示为整体式滑动轴承，安装时，将青铜套（轴衬）压入轴承座工作部分内，并用紧定螺钉固定。该轴承结构简单，制造容易，但磨损后无法调整轴与轴承之间的间隙，所以通常用于低速、轻载、间歇工作的机械上。

②剖分式滑动轴承。如图 2—37 所示为剖分式滑动轴承，这种轴承便于装拆，磨损后的间隙也可通过减少垫片来进行调整。剖分式滑动轴承在结构上虽然比整体式滑动轴承复杂，但因其优点而较整体式滑动轴承使用范围广。

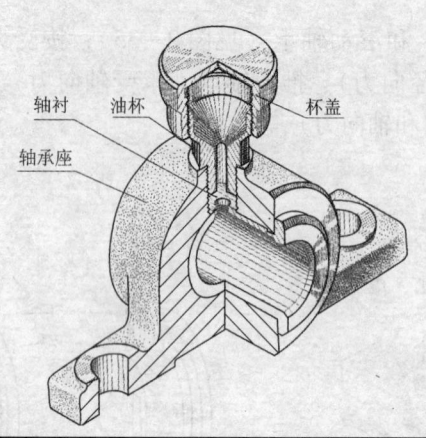

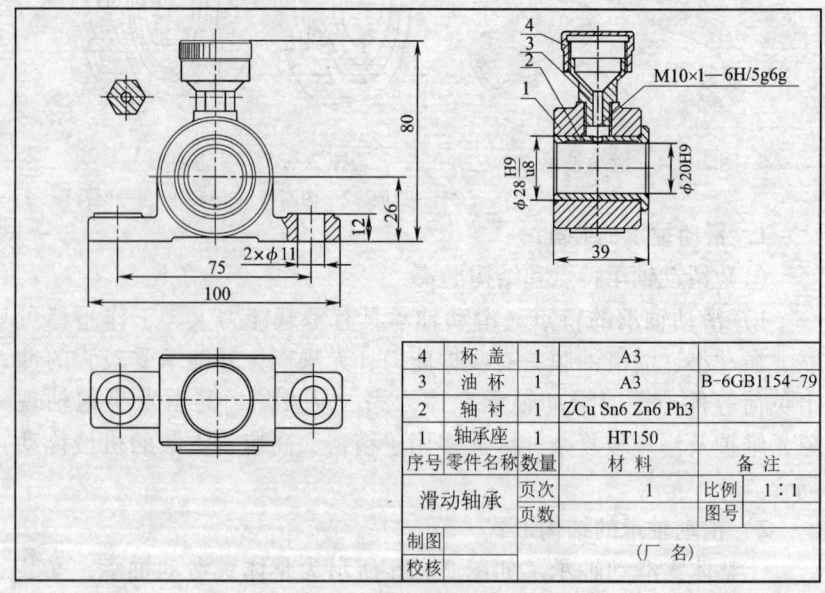

图 2—36 整体式滑动轴承

③内柱外锥式滑动轴承。如图 2—38 所示为内柱外锥式滑动轴承，这种轴承外径不需要修刮（外径由机械加工保证）直接将轴承压入轴承座内（与轴承座有微量的过盈量）。在外圆锥面上对称分布有轴向槽，其中一条槽切穿，并在切穿处嵌入弹性垫片，使轴承内径大小可以调整。内柱外锥式滑动轴承主要用于机床主轴轴承。

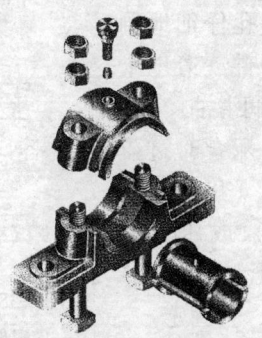

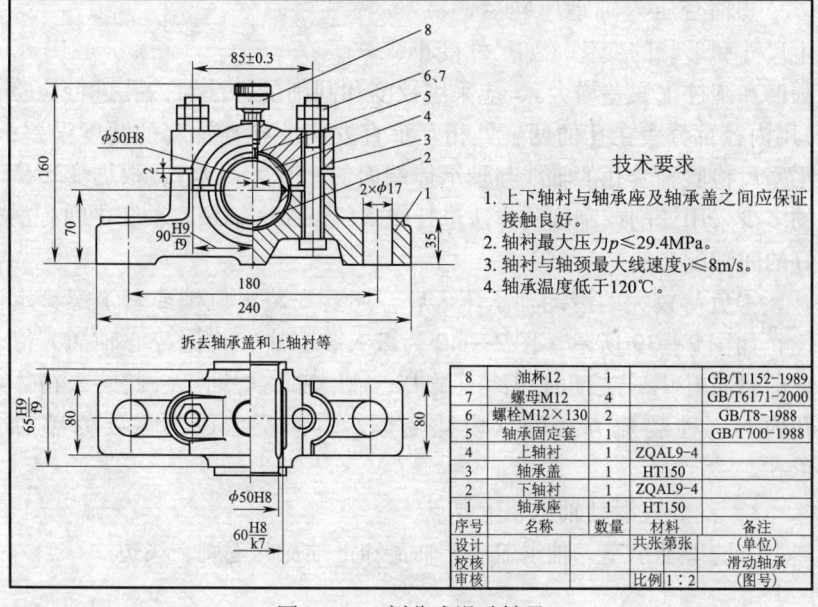

图2—37 剖分式滑动轴承

（2）滑动轴承装配的技术要求

1）轴与轴承配合表面的接触精度应达到规定标准。

2）配合间隙符合要求，保证轴颈与轴承良好接触，使轴颈在轴承中的旋转平稳可靠。在工作条件下不致发热而烧坏轴承。

3）润滑油通道的位置要正确、畅通，保证能充分润滑。

（3）滑动轴承装配要点

1）整体式滑动轴承装配要点

①将轴套和轴承座孔仔细地倒棱和去毛刺，清洗配合件。清理干净后，在轴承座孔内涂润滑油。

②根据轴套尺寸和配合时过盈量的大小，采取敲入法（尺寸不大或过盈量较小的轴承）或压入法（尺寸较大或过盈量较大的轴承）将轴套装入轴承座孔内，并固定。

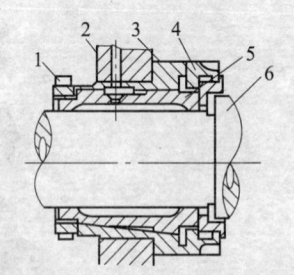

图2—38 内柱外锥式滑动轴承
1—后螺母 2—箱体 3—轴承外套
4—前螺母 5—轴承 6—主轴

③轴套压入轴承座孔后，易发生尺寸和形状的变化（如尺寸变小、圆度和圆柱度误差增大），应采用铰削和刮削的方法对内孔进行检验（用内径百分表在孔的两三处相互垂直方向上检查轴套的圆度误差；用塞尺检验轴套孔的轴线与轴承体端面的垂直度误差），根据变形量的多少采用铰削或刮削的方法进行修整，以保证轴颈和轴套之间有良好的间隙配合。

④负荷较大的滑动轴承压入后，还要安装定位销或紧定螺钉定位，如图2—39所示。图2—40为敲入装配法，将同径心轴插入待装的轴承孔内，装配时用锤子敲击心轴端部，与轴承一起装入箱体孔内。这种装配方法轴承内孔变形小，甚至可以不需要修整轴承孔。

2）剖分式滑动轴承装配要点

①清理轴承座、轴承盖、上轴瓦和下轴瓦的毛刺、飞边。

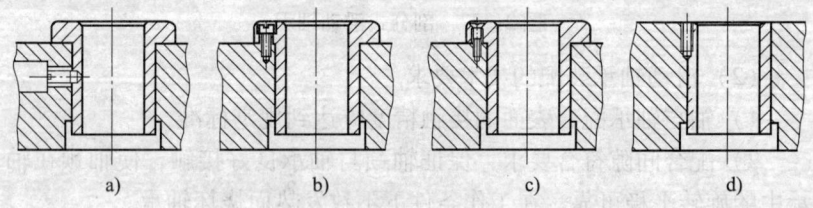

图2—39 轴承的定位方式
a) 用圆柱端紧定螺钉定位 b) 用圆柱头紧定螺钉定位
c) 用沉头螺钉定位 d) 用骑缝螺钉定位

②装配时,要求轴瓦背部与轴承座孔接触紧密。对于厚壁轴瓦可用涂色法检查轴瓦外径与轴承座孔的配合情况,如不贴合或贴合面积较少的,应锉削或刮研至着色均匀。对于薄壁轴瓦则不能进行修刮,需进行选配。

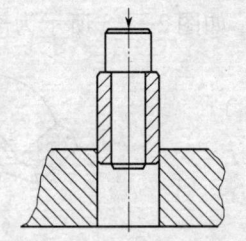

图2—40 敲入法装配轴承

③压入轴瓦后,应检查轴瓦剖分面的高低,轴瓦剖分面应比轴承体的剖分面略高出 0.05~0.1 mm,以便达到配合的紧密性。

④压入轴瓦时,应在对合面上垫木板轻轻锤入,如图2—41所示。

⑤配刮轴瓦。轴瓦的配刮需分粗刮、精刮两步进行。粗刮时,可准备一根比真轴轴径小 0.03~0.05 mm 的工艺轴进行研点,装上真轴研点后进行精刮。精刮时,在每次装好轴承盖后稍稍扳紧螺母,用木槌在轴承盖的顶部均匀地敲击几下,目的是使轴承盖更好地定位,然后紧固所有螺母,拧紧力矩大小应一致。精刮后,轴在轴瓦中应能轻轻地转动且无明显间隙,接触点符合要求后即可将轴瓦拆下。

⑥装配前,对刮好的轴瓦应进行仔细地清洗后再重新装入轴承座、盖内。

⑦垫好调整垫片,轴瓦内壁涂润滑油后细心装入配合件,按规定拧紧力矩均匀地拧紧锁紧螺母。

⑧轴承座孔中的轴瓦无论在圆周方向或轴向方向都不允许有位移,故常用定位销或轴瓦上的凸台来定位,如图2—42所示。

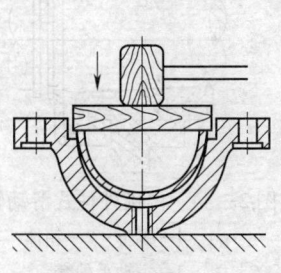 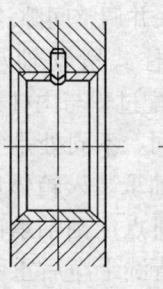 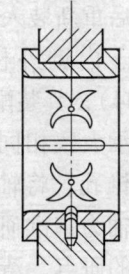

图2—41 轴瓦的装配　　　图2—42 轴瓦的定位

如图 2—43 所示为剖分式滑动轴承装配顺序。

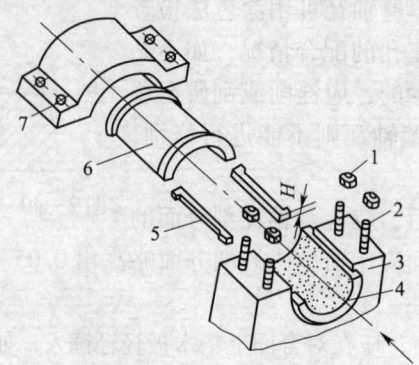

图 2—43　剖分式滑动轴承装配顺序
1—螺母　2—螺钉　3—轴承座　4—下轴瓦
5—垫片　6—上轴瓦　7—轴承盖

3）内柱外锥式滑动轴承装配要点

①将装配件清洗干净后，把轴承外套压入箱体的孔内。

②用专用心轴研点，修刮轴承外套的内锥孔，并保证前后轴承的同轴度要求。

③以轴承外套的内锥孔为基准，研点配刮轴承外锥面。

④将轴承装入轴承外套锥孔内，两端分别拧入螺母，并调整轴承的轴向位置。

⑤以主轴为基准配刮轴承的内孔，刮研至要求后卸下轴和轴承，将其清洗干净后重新装入并调整间隙。

对于内锥外柱式滑动轴承（见图 2—44），其装配过程与内柱外锥式滑动轴承大致相同。不同处是它只需研刮内锥孔，将轴承装入箱体后，直接以主轴为基准研点配刮轴承内锥孔至要求的研点，清洗干净后重新装入并调整。

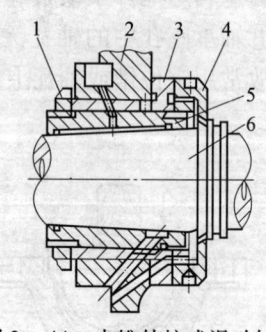

图 2—44　内锥外柱式滑动轴承
1、4—螺母　2—箱体
3—主轴承外套
5—主轴承　6—主轴

2. 滚动轴承的装配

（1）滚动轴承特点和标记

1）滚动轴承的特点。工作时，滚动体在内外圈的滚道上产生滚动摩擦的轴承称为滚动轴承。滚动轴承通常由内圈、外圈、滚动体和保持架四部分组成，如图2—35所示。内圈和轴颈为基孔制配合，外圈和轴承座孔为基轴制配合。工作时，滚动体（见图2—45）在内、外圈的滚道上滚动，形成滚动摩擦。

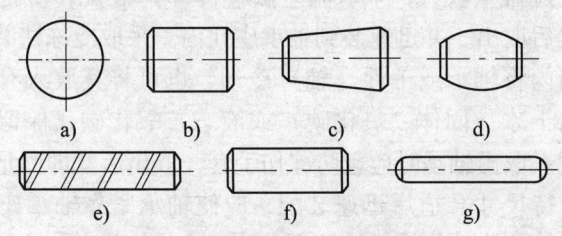

图2—45　滚动轴承的滚动体形状
a）球　b）短圆柱滚子　c）圆锥滚子　d）球面滚子
e）螺旋滚子　f）长圆柱滚子　g）滚针

滚动轴承具有摩擦力小、工作效率高、轴向尺寸小、结构紧凑、装拆方便和维护容易等优点，所以在机械制造中应用极为广泛。

2）滚动轴承的标记。滚动轴承的标记由三部分组成：轴承名称+轴承代号+标准编号。例如：滚动轴承6204GB/276—1994，"6"为类型代号，表示深沟球轴承；"2"为尺寸系列代号；"04"为该滚动轴承公称内径（04×5＝20 mm）。轴承代号中的类型代号和尺寸系列代号等的含义可根据标准编号查手册。

（2）滚动轴承装配的技术要求

滚动轴承装配后要保证轴承与轴颈和轴承座孔的正确配合，其径向和轴向间隙应符合要求，旋转要灵活，工作温度、温升值和噪声应符合要求。

（3）滚动轴承装配要点

1）装配前应详细检查轴承内孔、轴、外环与外壳孔的配合实际尺寸，符合要求后才能进行装配。

2）用汽油或煤油清洗轴承和与轴承相配合的零件。

3）根据轴承的类型与配合性质，采用不同的方法进行装配。

①当轴承内圈与轴紧配，而外圈与壳体配合较松时，可先将轴承装在轴上，然后把轴承与轴一起装入壳体内。

②当轴承外圈与壳体紧配，而内圈与轴配合较松时，可将轴承先压入（见图2—46）壳体中（压入时需采用专用套筒）。如果轴承外圈与壳体孔过盈量较大，采取温差法（冷却）装配，可把轴承放入液氮中，然后取出，并迅速装到轴承座孔内。采取冷冻法装拆时，可在工业冰箱内将轴承或工件（轴）冷却，也可将其放入有盖的密封箱内，导入干冰（固体二氧化碳）或液态二氧化碳，保留一段时间后取出装配。取出轴承时应戴防冻伤手套，取出后立即测量轴承外径的缩小量，待尺寸合适后迅速装配，应使轴承紧靠轴承座孔壁或轴肩。也可用二氧化碳气体对轴承或工件猛吹，使其迅速冷却后再装配或拆卸。

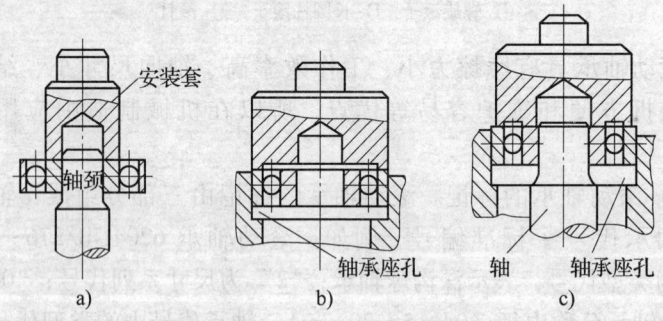

图2—46 压入法示意图
a）先压装内圈　b）先压装外圈　c）内、外圈同时压装

③当轴承内圈与轴、外圈与壳体孔都是紧配合时，把轴承同时压入轴上和壳体中。

④对于角接触轴承，因其外圈可分离，可以分别把内圈装入轴上，外圈装在壳体中，然后再调整游隙。

4）轴承内圈与轴相配过盈量较大时，除用压力机压入外，还可采取温差法（加热）装配，将轴承内圈如图 2—47 所示在油中加热至 80~100℃（不能接触底部，并要防止过热），然后与轴装配。过盈量较小可用锤子打入。用锤子打的时候，应注意使周边受力均匀。敲打用的圆棒通常用圆钢棒，不能用铜棒等软金属，因为容易使软金属屑落入轴承内。敲打

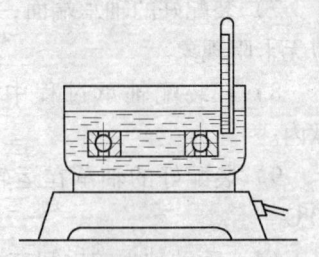

图 2—47　轴承在油池中加热

时不可用锤子直接敲击轴承，应在四周对称地交替轻敲，用力要均匀，避免因用力过大或集中于一点而使轴承倾斜。

5）如图 2—48 所示敲击法中，锤子锤击圆钢棒作用力在轴承单一方向，锤击时会因单一方向力使轴承倾斜前进，这种方法不仅影响轴承安装质量和效率，同时由于单一方向作用力使轴承内圈在轴颈上产生压痕装配后内圈产生不规则变形，或使轴承未能安装到位。而压入法装配轴承时没有冲击力，压入力均匀分布在轴承圈端面上，装配质量比敲击法好。温差法装配的轴承定位精确、质量高，尤其对精密、高精度轴承的装配，是唯一行之有效的装配方法。

6）装配好的轴承有打印号的端面一般朝外，以便更换时检查号码。

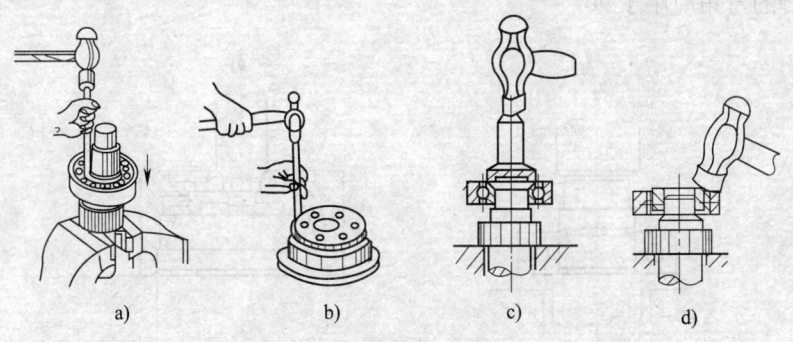

图 2—48　敲击法示意图

a)、b)、c) 用锤子和圆钢棒逐步将轴承敲入　d) 错误

> 钳工

7）装配好的轴承端面，应与轴肩或孔的支撑面贴紧，用手转动应无卡阻现象。

8）在装配轴承过程中，应严格保持清洁，防止杂物进入轴承内。

9）装配好的轴承在运转过程中应无噪声，工作温度不应超过50℃。

(4) 滚动轴承的拆卸方法

检修工作中经常会遇到拆卸滚动轴承的情况，以下为常用滚动轴承的拆卸方法。

1）敲击法。如图2—49所示，此法简易可行，但容易损伤轴承。当轴承位于轴的末端时，用小于轴承内径的铜棒或其他软金属材料抵住轴端，轴承下部加垫块，用锤子轻轻敲击，即可拆下滚动轴承，如图2—49a所示。图2—49b所示结构上有防尘盖，可直接将轴承敲出。采用敲击法时，垫块放置位置要适当，敲击着力点要正确。

2）拉出法。如图2—50所示，采用专门拉具，拆卸时只要旋转手柄，轴承就会慢慢拉出来。拆卸轴承内圈时，拉具两脚的弯角应向内，卡于轴承内圈的端面上。采用拉出法时应将拉具的拉钩钩住轴承内圈，而不应钩在外圈上，以免轴承松旷或损坏；使用拉具时，要使丝杠对准轴承心轴中心孔，不得歪斜；要注意防止拉钩滑脱；拉具两脚的弯角应小于90°。

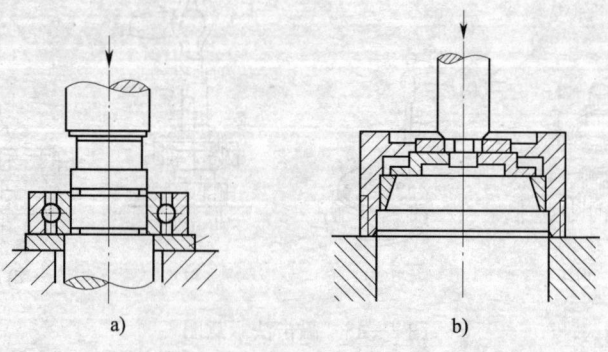

图2—49　用敲击法拆卸轴承

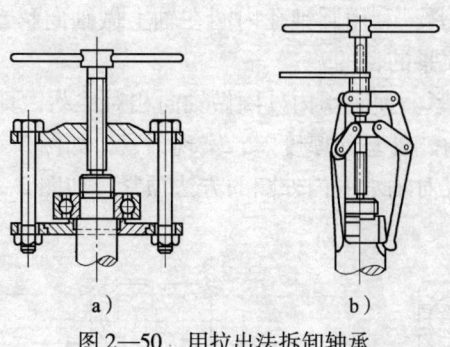

图 2—50 用拉出法拆卸轴承
a) 双杆拉出器　b) 三杆拉出器

3) 推压法。用压力机推压轴承，工作平稳可靠，不损坏机器和轴承。压力机有手动、机动和液压驱动三种推压方法。采用推压法时，压力机的着力点应在轴的中心上，不得压偏。

4) 热拆法。用于拆卸紧配合的轴承，拆卸时先将100℃左右的热机油浇注在轴承的圈上，待轴承圈受热膨胀后，即可用拉具将轴承拉出。

热拆前，应先将拉具安装在待拆卸的轴承上，并施加一定的压力。在对轴承加热前，应用石棉绳或薄铁板将轴包扎好，防止轴受热膨胀，否则，拆卸将变得很困难。浇油时要将油平稳地浇在轴承的圈上或滚动体上，并在下方放置油盆，收集流下的热油。

从轴承箱孔内拆卸轴承时，只能加热箱壳孔，不要直接加热轴承。

操作者应穿戴好有关的防护用品，要注意安全，避免烫伤。

(5) 滚动轴承的预紧和预紧方法

在安装滚动轴承时预先给予一定的载荷，以消除轴承的原始游隙（游隙是指将滚动轴承的一内圈或外圈固定，另一套圈沿径向或轴向的最大活动量；原始游隙是指轴承在未安装时自由状态下的游隙）和使内外圈滚道之间产生弹性变形，这种方法称为预紧。预紧的目的是为了提高轴的旋转精度和使用寿命，减少机器工作时轴的振动。

实现滚动轴承预紧的方法有径向预紧和轴向预紧两种。

1）径向预紧。利用圆锥孔内圈在轴上做轴向移动时，使轴承内圈胀大来达到预紧的目的。

2）轴向预紧。使轴承内外圈做轴向相对移动，具体方法如下：

①用轴承内、外垫圈厚度差，实现预紧，如图2—51所示。

②用磨窄成对轴承的内外圈的方法预紧，如图2—52所示。

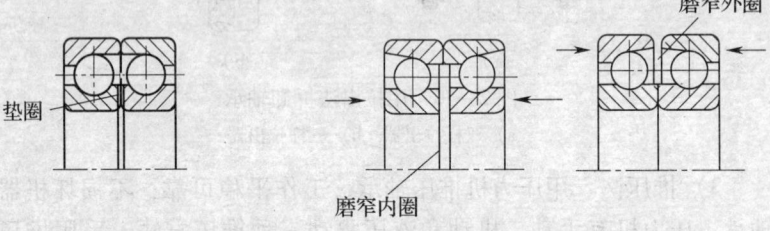

图2—51 用衬垫预紧　　　图2—52 磨窄轴承内外圈预紧

③用弹簧预紧的方法，如图2—53所示。

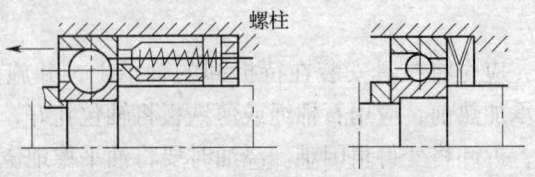

图2—53 用弹簧预紧

（6）滚动轴承的润滑

为了减少摩擦，减轻磨损，使滚动轴承维持长期良好的工作环境，对滚动轴承必须要进行润滑。润滑同时还具有防锈、散热、吸收振动和减少噪声等作用。

滚动轴承常用的润滑剂有润滑油、润滑脂和固体润滑剂三种。其中，润滑油用于高速轴承润滑，常见有油浴润滑（用于≤500 r/min的低速或中速轴承）、滴油润滑（用于>1 000 r/min的较高速轴承）、循环润滑、油雾润滑（用于>10 000 r/min的高速或重载轴承）；润滑脂因为具有不易渗漏、不需要经常添加，且密封装置简单、能防潮、维护保养比较方便等优点，常用于转速和温度不很高的轴承润滑，在填充润滑脂时要适量，填充量过多因轴承在运转时散热条件差，引起温升过高，润滑脂变稀会引起润滑脂泄漏，不能保证轴承长期安全运转；当一般润滑油和润滑脂不能满足使用要求时，可采用固体润滑剂。

(7) 滚动轴承的密封

滚动轴承密封装置的作用是防止润滑油流失和灰尘、杂物、水分等侵入。滚动轴承的密封装置分为接触式和非接触式两种。

1) 接触式密封装置

①毡圈密封。如图2—54所示，这种密封装置结构简单，但因摩擦和磨损较大，不适用于高速工作环境。毡圈密封通常用于工作环境比较清洁的场合下密封润滑脂。密封处的圆周速度不应超过5 m/s（若转轴表面光滑且经过抛光处理，其与转轴接触处的线速度可以达到7～8 m/s），工作温度不得超

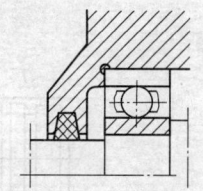

图2—54 毡圈密封

过90℃。如果毡圈与其他的密封圈联合使用，还可以用于轴承的润滑油密封，并可以达到较好的密封效果。

②皮碗式密封圈。如图2—55所示，这种密封圈用耐油橡胶制成，借本身的弹性并且用弹簧使之压紧在轴上，可以密封润滑脂或润滑油。密封处的圆周速度不应超过7 m/s，工作温度为40～100℃。安装皮碗时应注意密封唇的方向，用于防止漏油时，密封唇应向着轴承；用于防止外界污物进入时，密封唇应背着轴承；也可以同时用两只皮碗式密封圈以提高密封效果。图2—55中，在压力变化较大，转动速度较高的场合，应使用支撑环2，以固定密封圈。支撑环上需开几个小孔e，以使压力同时作用在内、外唇边使唇边张开。压力更高时应加保护圈1。

2) 非接触式密封装置

①间隙式密封。如图2—56所示，这种密封靠轴与轴承盖的孔之间充满润滑脂的微小间隙（0.1～0.3 mm）实现密封。在轴承盖的孔中开槽后，密封效果更好。这种密封装置常用于环境比较清洁和不很潮湿的场合。

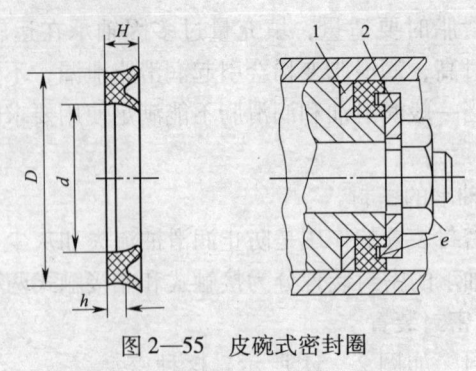

图2—55 皮碗式密封圈
1—保护圈 2—支撑环

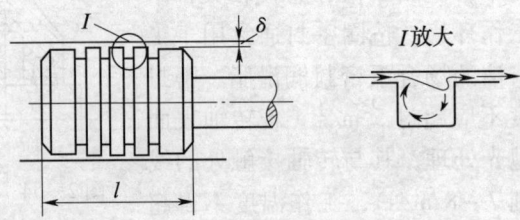

图2—56 间隙式密封

②曲路密闭（迷宫式）密封。如图2—57所示，这种密封由转动件与固定件曲折的窄缝形成，窄缝中的径向间隙为0.2～0.5 mm，轴向间隙为1～2.5 mm，并注满润滑脂，工作时轴的圆周速度越高，其密封效果越好。这种密封分为径向曲路密封和轴向曲路密封。

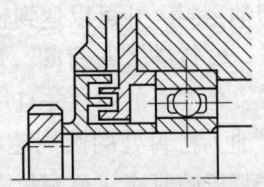

图2—57 曲路密闭（迷宫式）密封

3. 轴组装配

轴是部件或机器中的重要零件，所有带内孔的传动零件（如带轮、齿轮等）都要装到轴上才能工作。轴、轴上零件以及轴两端轴承支座的组合称之为轴组。

轴组装配就是将装配好的轴组组件正确安装到部件或机器中，并能满足安装技术要求的操作。装配所要完成的工作内容有：将轴组装入到箱体（或机架）中、固定轴承、调整游隙、预紧轴承、密封轴承以及轴承润滑等。

其中，轴承固定方式有两端单向固定法和一端双向固定法两种形式。

(1) 两端单向固定法

如图2—58所示，在轴承两端的支点上，用轴承盖单向固定，从而限制两个方向的轴向移动。为避免轴因受热伸长而将轴卡死，在右端轴承外圈与端盖间应留有0.5~1 mm的间隙，以便游动。

(2) 一端双向固定法

如图2—59所示，将右端轴承双向固定，左端轴承可随轴做轴向移动。轴承以这种固定方式工作时不会产生轴向窜动，轴受热时又能自由地向一端伸长，轴不会被卡死。

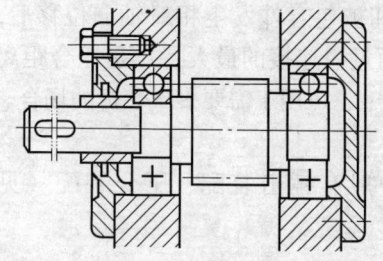
图2—58 两端单向固定法

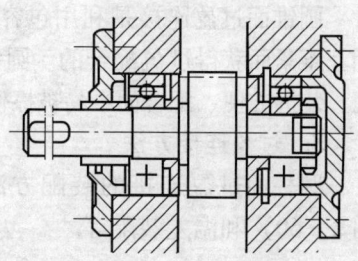
图2—59 一端双向固定法

五、过盈零件装配

1. 过盈连接特点

包容件（孔）和被包容件（轴）利用过盈量来达到紧固连接的目的称之为过盈连接。过盈连接具有结构简单、对中性好、承载能力强、能承受变载和冲击力等优点。由于过盈配合没有键槽，因而避免了对机件强度的削弱。但过盈连接对配合面加工精度要求较高，加工麻烦，装配时也不方便，通常需要采用加热、降温或使用专用设备工具等方式方法完成其装配工作。

2. 过盈连接分类

过盈连接按配合表面形式通常分为圆柱面过盈连接和圆锥面过盈连接两种形式。

(1) 圆柱面过盈连接

圆柱面过盈连接的过盈量取决于所需承受的转矩，如果过盈量太大，会增加装配难度，过盈量太小则不能满足工作需要。所以，装配后最小的实际过盈量要能保证两个零件相互间的准确位置和一定的紧密度，装配后最大的实际过盈量要能保证不会使零件遭到损伤，甚至破裂。

为了便于安装，确保装配容易对中和避免拉毛，包容件的孔端和被包容件的进入端都要适当倒角（一般倒角取 5°~10°，轴的进入端倒角宽度通常取 0.5~3 mm，孔端的倒角宽度通常取 1~3.5 mm）。

圆柱面过盈连接拆卸后，就会失去过盈。

（2）圆锥面过盈连接

圆锥面过盈连接是利用包容件和被包容件发生相对轴向位移后，相互压紧而获得过盈配合的。圆锥面过盈连接的最大特点是压合距离短、装拆方便、配合面不易被擦伤拉毛，可用于需要多次装拆的场合。

3. 过盈连接方法

圆柱面过盈连接的装配方法一般有锤击装配、压合装配（见图 2—60）和温差装配等。

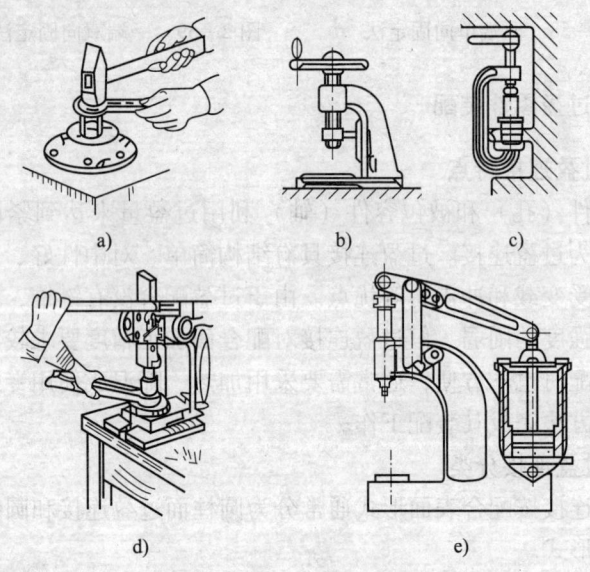

图 2—60 压合装配

a) 手锤加垫块 b) 螺旋压力机 c) C 形夹头 d) 齿条压力机 e) 气动杠杆压力机

圆锥面过盈连接的装配方法一般有螺纹拉紧、液压胀内孔和加热包容件使内孔胀大等。

4. 过盈连接装配要点

（1）包容件和被包容件的表面粗糙度要符合要求。

（2）包容件和被包容件的表面要求非常清洁。

（3）加热或冷却的配合件在装配前要擦拭干净。

（4）装配时配合表面必须用油润滑，以免装配时擦伤表面。

（5）装压过程要保持连续，速度一般为 2~4 mm/s，不宜过快。

（6）压入时，特别是开始压入阶段，轴必须要保持与孔的中心线一致，不允许有倾斜现象。

（7）细长的薄壁件（如管件）要特别注意检查其过盈量和形状误差，装配时尽量采用垂直压入，以防变形的存在和发生。

5. 过盈连接的损坏形式和修复方法

过盈连接最主要的损坏形式就是过盈量丧失。修复的实质就是以包容件（孔）为基准，改变修复后被包容件（轴）的尺寸，使包容件和被包容件重新产生工作所需要的过盈量。

修复被包容件（轴）的尺寸的方法常见有喷涂、刷镀和补焊等。如果被包容件（轴）加工简单、制造容易，可考虑直接更换的方法重新实现过盈配合。

经过修复后的包容件（孔）和被包容件（轴）的配合表面必须要重新加工以确保具有合格的尺寸精度、表面粗糙度、同轴度等技术要求，以达到过盈配合的连接。

六、旋转体的平衡

1. 旋转体的平衡概念

轴类、盘盖类零件在做旋转运动时，由于本身材质疏密度不一致，或是本身形状不对称，或是加工、装配产生的误差等原因，造成零件的重心和旋转中心发生偏移，使得旋转零件在转动中产生不平衡的离心力。这个离心力往往会使机器在工作时产生振动和噪声，增加轴承的额外载荷，形成威胁到安全生产的隐患，降低机器的寿命和精度。

旋转体因为偏重产生离心力的计算公式如下：

$$F = \frac{W}{g} \times e \times \left(\frac{\pi n}{30}\right)^2$$

式中 F——离心力，N；

W——旋转体的偏重，N；

g——重力加速度，$g = 9.8$ m/s^2；

e——质量偏心距，m；

n——转速，r/min。

从公式中不难看出，离心力随转速的平方而变化，当转速增加时，离心力将迅速增加。因此，对旋转精度要求较高的零部件，如带轮、齿轮、飞轮、曲轴、叶轮、电动机转子、砂轮等都要进行平衡试验。这里所说的平衡的实质就是对旋转的零部件做消除不平衡的工作。

2. 不平衡种类

不平衡主要有静不平衡和动不平衡两种。

（1）静不平衡

静不平衡是指旋转体在径向位置有偏重现象，如图2—61a所示。工作时，旋转体的主惯性轴线与旋转轴线不重合，使得旋转体的重心不在旋转轴线上，从而产生不平衡离心力，使机器发生振动。存在静不平衡的零件，只有当它的偏重在沿铅垂线下方时才能静止不动。

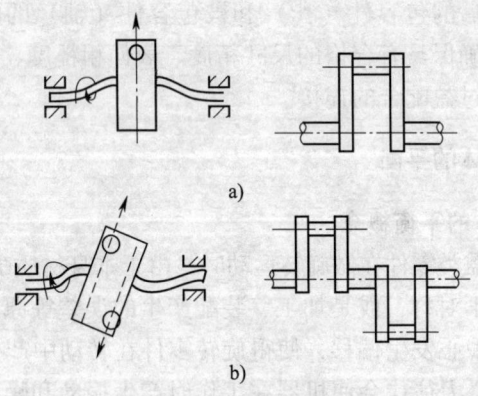

图2—61 不平衡种类

a）静不平衡 b）动不平衡

(2) 动不平衡

动不平衡是指旋转体在径向位置有偏重（或相互抵消），而在轴向位置上两个偏重相隔一定距离，如图2—61b所示。工作时，旋转体的主惯性轴线与旋转轴线相交，且交点位于旋转体的重心上。此时的旋转体虽然处于静平衡状态，但一旦旋转工作，将产生一不平衡力矩，由于这个不平衡力矩的作用使得轴产生弯曲，造成机器振动。

3. 静平衡及静平衡试验

(1) 静平衡概念

调整产品或零部件的结构，使其达到静态平衡的过程称为静平衡。静平衡的关键就是利用平衡架，通过实验找出偏重点，通过在偏重位置上去除材料，或在反方向配重，消除零件在径向位置上的偏重。

(2) 静平衡试验

常用的静平衡试验有装平衡杆进行静平衡、装平衡块进行静平衡。

1）装平衡杆进行静平衡。如图2—62所示，将试件转轴放在水平的静平衡装置上（见图2—62a），使试件缓慢转动，待静止后在其正下方做一标志"S"。重复若干次，若"S"处始终位于最下方，就说明该旋转体有偏重。如在图2—62b装上平衡杆并移动平衡杆 P_1，使试件在任意方向上都不滚动（平衡）为止。量取中心到平衡杆的距离 l_1。在试件偏重一边量取 $l_2 = l_1$，找到对应点，并做好标记 P_2。取下平衡杆，在试件偏重一边的 P_2 点上去除（一般采用钻削）等于平衡杆重量的金属，或在平衡杆处 P_1 加上等于平衡杆重量的金属就可消除静不平衡。

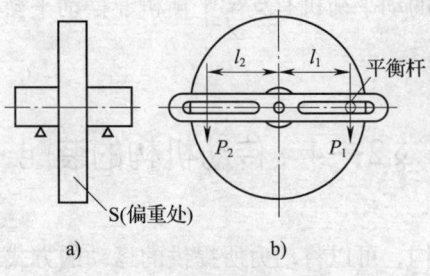

图2—62 静平衡试验

2) 装平衡块进行静平衡。如图 2—63 所示，将旋转体经过静平衡试验，确定偏重位置并做上标记"S"（见图 2—63a）。在偏重的相对位置上紧固第一块平衡块 G（这个平衡块以后不能再移动）（见图 2—63b），与 G 相对应，紧固另外两个平衡块 K（见图 2—63c）。然后，再将旋转体放在静平衡架上进行试验，如果仍不平衡，则根据偏重方向，移动两块平衡块 K，直至旋转体能在任何位置上停止。

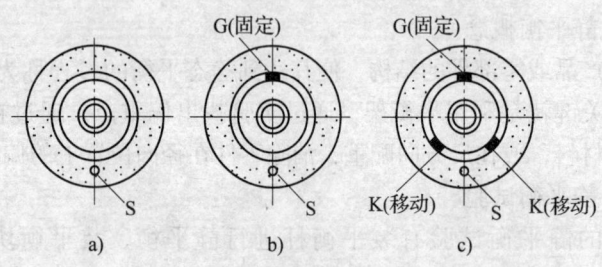

图 2—63　装平衡块进行静平衡

4. 动平衡及动平衡试验

对旋转的零部件，在动平衡试验机上进行试验和调整，使其达到动态平衡的过程称为动平衡。

动平衡试验应在动平衡机上进行，将被平衡的旋转件按其工作状态安装在动平衡机的轴承中，由动平衡机驱动旋转件转动，转动时旋转件上不平衡量所产生的离心力就会引起动平衡机轴承的振动，通过仪表测量轴承振动值，便可确定增减平衡量的大小和位置。经过反复转动、测量和增减平衡量的质量后，就可使旋转件逐步获得动平衡。用于动平衡试验的动平衡机有支架平衡机、摆动平衡机、电子动平衡机、动平衡仪等。

§2—4　传动机构的装配

机械传动机构，可以将动力所提供的运动的方式、方向或速度加以改变，被人们有目的地加以利用。

一、带传动机构装配

1. 带传动概念

如图 2—64 所示,带传动是利用传动带作为挠性件,并通过带与带轮间的摩擦力来传递运动和动力。由于带传动具有工作平稳、噪声小、结构简单、制造容易、过载时能自动打滑起到安全保险作用、并能适应两轴中心距较远的传动,因而带传动应用很广。带传动存在的不足之处是不能保证恒定的传动比、对传动轴压力较大、传动效率低、带的寿命短。

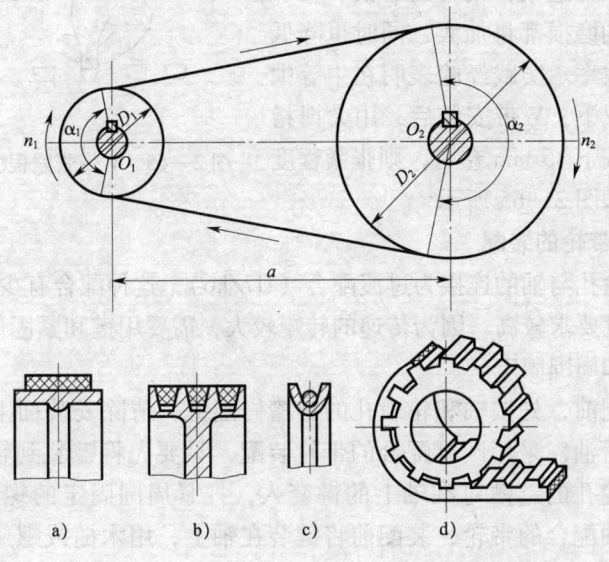

图 2—64　带传动
a) 平带　b) V 带　c) 圆带　d) 同步齿形带

带有多种型号,按带的截面形状可分为 V 带、平带、圆带和同步齿形带等,目前应用最广泛的是 V 带传动。

2. 带传动机构的技术要求

(1) 带轮装入轴上后不能有歪斜和跳动,带轮的径向跳动量和端面跳动量的公差值为 0.2~0.4 mm。

(2) 两轮的中间平面应重合，其倾斜角和轴向偏移量不能超过规定要求，其中，倾斜角一般不超过 1°。

(3) 带轮的工作表面粗糙度应控制在 $Ra3.2 \sim 6.3~\mu m$。工作表面粗糙度值过小，带传动时容易发生打滑现象；工作表面粗糙度值过大，带传动时会因摩擦过热而加剧带的磨损。

(4) 带在带轮上的包角不能太小。V 带的包角 α 不能小于 120°，否则带传动时容易打滑使传动能力降低。

(5) 带的张紧力度要适当，且调整要方便。张紧力过小，带在传动时容易打滑，不能传递一定的功率；张紧力过大，则带的磨损、轴和轴承间的磨损都将加大，同时也降低了传动效率。实践经验表明在中等中心距情况下，V 带安装后，用大拇指能将带按下 15 mm 左右，则张紧程度合适，如图 2—65 所示。

图 2—65　V 带张紧程度检查

3. 带轮的装配

带轮孔与轴的连接为过渡配合（H7/k6），这种配合有少量过盈，对同轴度要求较高。因为传递的转矩较大，需要用键和紧固件进行轴向固定和周围固定。

装配前，先按轴和轮毂孔的键槽修配键，清除安装面上污物并涂上润滑油。采用圆锥配合的带轮装配，只要先将键装到轴上，然后将带轮孔的键槽对准轴上的键套入，拧紧周围固定的螺钉即可；对于直轴配合的带轮，装配前将键装在轴上，用木槌或螺旋压力机等工具，将带轮轻轻打入或压入（由于带轮通常用铸铁制成，因而使用木槌安装时应避免锤击轮缘，锤击点尽量靠近轴心处）。空转带轮，先将轴套或滚动轴承压在轮毂孔中，然后再装到轴上。

带轮装到轴上后，要用划线盘或百分表检查带轮的径向圆跳动量和端面圆跳动量是否在规定值范围内，如图 2—66 所示。如跳动量超差，产生的原因可能有轴弯曲、带轮安装歪斜、键修配不正确造成偏心、带轮本身不合格。

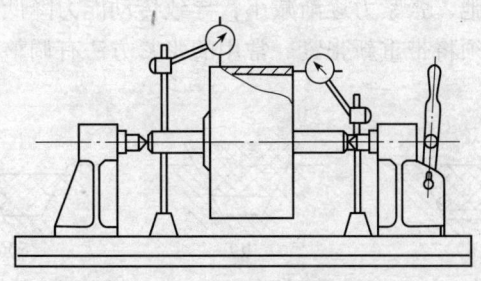

图 2—66　带轮跳动量的检测

带轮装配时还要保证两带轮相互位置正确,以防止由于两带轮倾斜或错位引起带轮张紧不均匀而造成带的过快磨损。如图 2—67 所示,中心距不大时可采用直尺进行测量(见图 2—67a),对于中心距较大时可采取拉线法检查(见图 2—67b)。

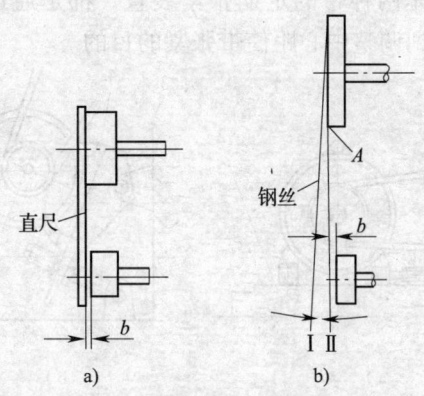

图 2—67　带轮相互位置正确性的检测

4. 传动带的安装

先将传动带套在小带轮槽中,再转动大带轮,用旋具将传动带拨入大带轮槽里。安装好以后,要检查带的位置是否正确。例如:V 带在槽里的正确位置应如图 2—68 所示。传动带在工作时不宜在阳光下暴晒,不宜接触矿物质、酸、碱等。

5. 张紧力大小的调整

带传动中,由于长期受到拉力作用,会产生永久变形而伸长,带由张紧变为松弛,张紧力逐渐减小,导致传动能力降低,甚至无法传动,因此,必须将带重新张紧。常用的张紧方法有调整中心距和使用张紧轮。

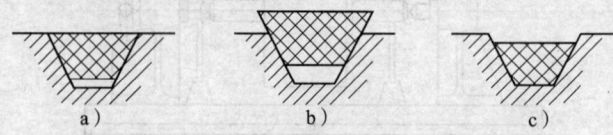

图 2—68　V带在轮槽中的位置
a) 正常工作位置　b) 新安装顶面可略高出　c) 错误

（1）调整中心距

常用的调整中心距的张紧装置有带的定期张紧装置和带的自动张紧装置。

如图 2—69 是两种带的定期张紧装置,都是通过旋转调整螺钉或调节螺母来达到调整中心距使带张紧的目的。

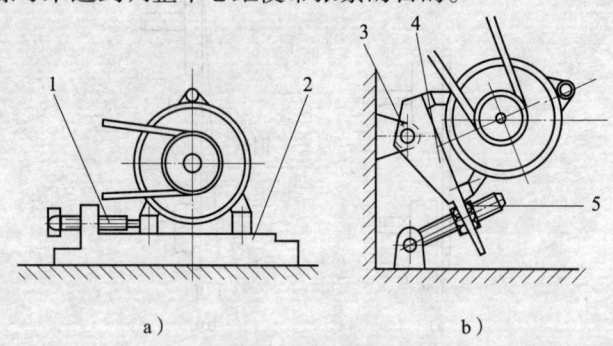

图 2—69　带的定期张紧装置
a) 水平传动　b) 垂直传动
1—调整螺钉　2—滑槽　3—固定轴　4—托架　5—调节螺母

如图 2—70 所示为带的自动张紧装置,它是利用机件自重自动保持张紧力,从而达到调整中心距使带张紧的要求。

（2）使用张紧轮

张紧轮是为改变带轮的包角或控制带的张紧力而压在带上的随动轮。当两带轮中心距不能调整时,可使用张紧轮张紧装置。

图 2—71 所示为平带传动时采用的张紧轮装置,它是利用平衡重

锤使张紧轮张紧平带的。平带传动时，张紧轮应安放在平带松边的外侧，并要靠近小带轮处，这样可以增大小带轮上的包角，提高平带传动的传动能力。

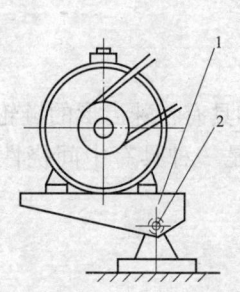
图 2—70　带的自动张紧装置
1—摆架　2—固定轴

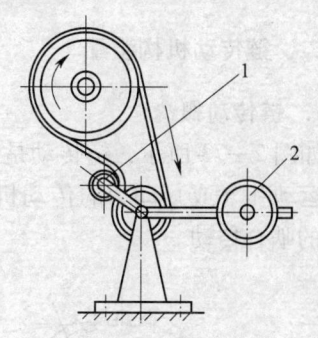
图 2—71　平带传动的张紧轮装置
1—张紧轮　2—平衡重锤

图 2—72 所示为 V 带传动时采用的张紧轮装置。V 带传动中使用的张紧轮应安放在 V 带松边内侧。张紧轮放在外侧，带在传动时会受到双向弯曲而影响使用寿命；放在带的内侧时，传动带只受单方向的弯曲，但会引起小带轮包角的减小，影响带的传动能力，因此，应使张

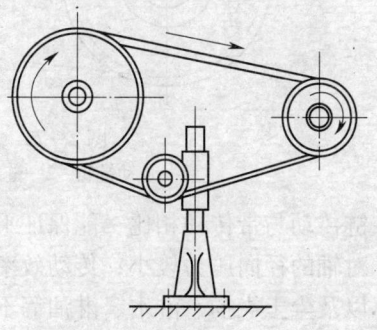
图 2—72　V 带传动的张紧轮装置

紧轮尽量靠近大带轮处，这样可使小带轮的包角不致减小太多。

6. 带传动常见损坏形式和修复

带传动常见的损坏形式有轴颈弯曲、带轮孔与轴配合松动、带轮槽磨损、带拉长或断裂、带轮崩裂等。

对于轴颈弯曲，可根据弯曲程度采用矫直或更换的方法；对于带轮孔与轴配合松动，检查轴与孔之间的磨损情况，磨损不严重，可修整孔和键槽，轴颈可采用镀铬法增大直径，磨损严重，可将轮孔镗大后压入衬套，并用骑缝螺钉固定；对于带轮槽磨损，可适当车深轮

槽，再修整外缘；对于带拉长属于正常范围内的，可通过调整中心距来改善，超过正常拉伸量的，则必须更换传动带，更换时要成组一起更换；对于带轮崩裂，则必须更换带轮。

二、链传动机构装配

1. 链传动概念

如图2—73所示，链传动是由链条和具有特殊齿形的链轮组成的传递运动和（或）动力的传动机构，它是一种具有中间挠性件（链条）的啮合传动。

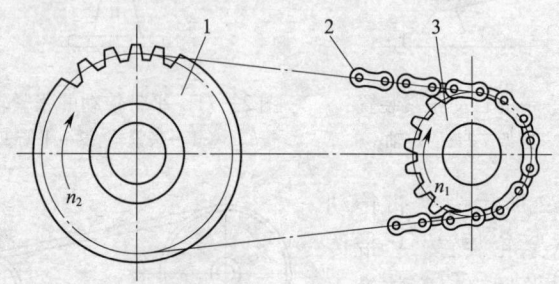

图2—73 链传动
1—从动链轮 2—链条 3—主动链轮

链传动与带传动相比，能保证平均传动比，结构紧凑，传递功率大，对轴的径向压力较小，传动效率高，能在低速、重载和高温条件下，以及尘土飞扬、淋水、淋油等不良环境中工作，能用一根链条同时带动几根彼此平行的轴转动。不足之处是链传动时的振动、冲击和噪声较大，链节磨损后链条容易拉长，会引起脱链等现象。

链传动通常用于两轴平行、中心距较远、传递功率较大且平均传动比要求准确、不宜采用带传动或齿轮传动的场合。

2. 链传动种类

链传动类型很多，按用途分，链传动分为传动链、输送链和曳引链3类。

其中，传动链应用范围最广泛，主要用在一般机械中传递运动和动力，也可用于输送等场合；输送链用于输送工件、物品和材料，可直接用于各种机械上，也可以组成链式输送机作为一个单元出现；曳引链也称曳引起重链,主要用于传递力,起牵引、悬挂物品作用,兼做缓慢运动。

常用的传动链有套筒滚子链和齿形链两种。

（1）套筒滚子链

如图2—74所示,套筒滚子链由内链板、外链板、销轴、套筒和滚子组成。销轴与外链板、套筒与内链板分别采用过盈配合连接组成外链节、内链节,销轴与套筒间采用间隙配合构成外、内链节的铰链副（转动副）,当链条屈伸时,内、外链节之间就能相对转动。滚子装在套筒上,可以自由转动,当链条与链轮啮合时,滚子与链轮轮齿相对滚动,两者间主要是滚动摩擦,从而减少了链条和链轮轮齿的磨损。

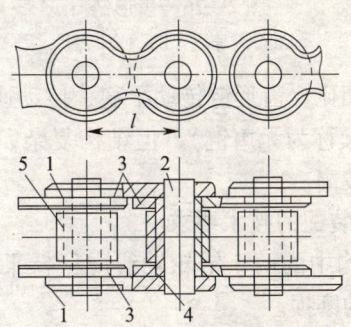

图2—74　套筒滚子链
1—外链板　2—销轴　3—内链板　4—套筒　5—滚子

当需要承受较多载荷、传递较大功率时,可采用多排链（见图2—75, p_t 为排距）。多排链相当于几个普通的单排链彼此之间用长销轴连接而成。其承载能力与排数成正比,但排数越多,越难使各排受力均匀,因此,排数不宜过多,常用的有双排链和三排链。

（2）齿形链

齿形链由齿形链板、导板、套筒和销轴等组成,根据导向形式不同分为内导式和外导式两种,如图2—76所示。

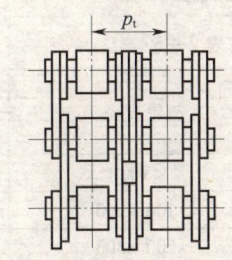

图2—75　多排（双排）链

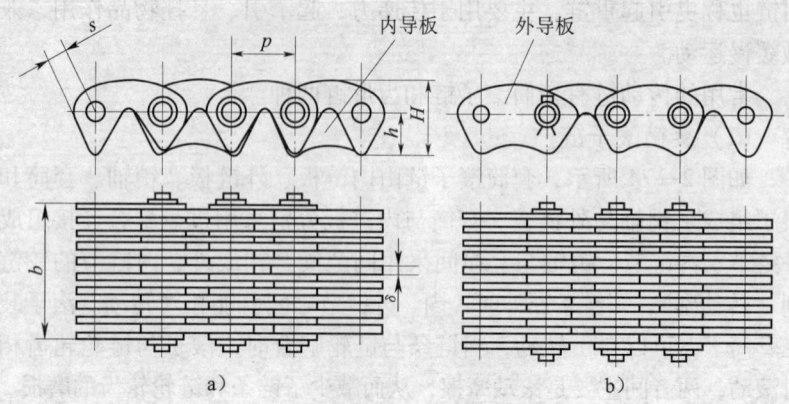

图2—76 齿形链
a) 内导式 b) 外导式

与套筒滚子链相比,齿形链传动平稳、传动速度高,承受冲击的性能好,噪声小(又称为无声链),但结构复杂,装拆较难,质量较大,易磨损,成本较高。

3. 链传动机构装配的技术要求

(1) 链传动机构中的两个链轮轴线应保持平行,否则会引起脱链和加剧链和链轮的磨损。

(2) 两链轮的轴向偏移量和轴向间隙不能太大,否则同样会引起链的加剧磨损。轴向偏移量以两链轮中心距 < 500 mm,轴向偏移 < 1 mm;两链轮中心距在 > 500 mm,轴向偏移 < 2 mm 的范围内。

(3) 链轮装配后的径向跳动和端面跳动应符合规定的要求,具体数值见表2—5。

表 2—5　　　　　链轮允许跳动量　　　　　(mm)

链轮直径	套筒滚子链的链轮跳动量	
	径向跳动量 δ	端面跳动量 a
<100	0.25	0.3
>100~200	0.5	0.5
>200~300	0.75	0.8
>300~400	1.0	1.0
>400	1.2	1.5

(4)链条装配的松紧程度要适宜。链条装配过紧会增加传动载荷和加剧磨损,链条过松在传动中会出现弹跳或脱落。链的下垂度 f 值(见图 2—77)应适当,一般情况下,下垂度为两轮中心距 (l) 的 20%。

4. 链传动机构的装配

(1)链轮的装配

图 2—77 链的下垂度

链轮的装配与带轮装配方法相同。如图 2—78 所示,链轮固定在轴上的方法有:用键连接后用定位螺钉固定,并用螺母锁紧(见图 2—78a);也可用锥销来固定(见图 2—78b)。

链轮安装后要进行径向跳动和端面跳动的跳动量检查,链轮在轴上固定之后,跳动量必须符合表 2—5 所列数值的要求。

链轮跳动量可用划线盘和百分表进行检查,如图 2—79 所示,图中 δ 为径向跳动量,a 为轴向跳动量。

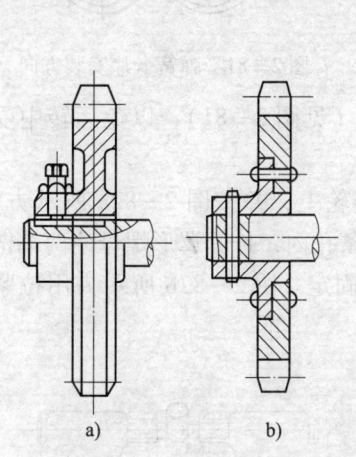

图 2—78 链轮安装

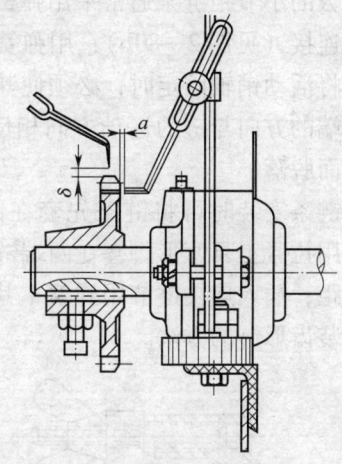

图 2—79 链轮安装后进行跳动量检查

(2)链条的装配

链条装配时可按中心距尺寸将链条的长度进行增减,需要增加或减少链的节数只要将销轴打出重新连接所需要的链节。当节数为偶数时，可接上一个链节。当节数为奇数时，若不能按一个链节安装时，可采用过渡链节（即半链节），如图2—80c所示，过渡链节适用于调节范围较小的场合。

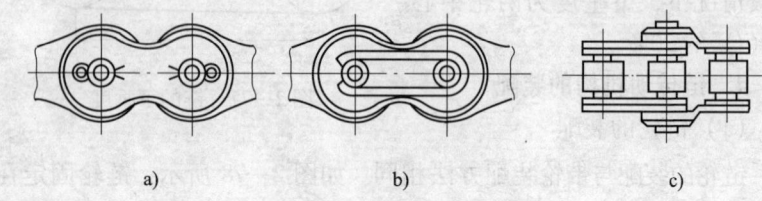

图2—80 链条接头形式
a) 开口销 b) 弹簧卡片 c) 过渡链节

链节的固定有多种方法，链节数为偶数的大节距链条通常采用开口销连接（见图2—80a）；链节数为偶数的小节距链条通常采用弹簧卡片连接（见图2—80b），用弹簧卡片将活动销轴固定时，必须使其

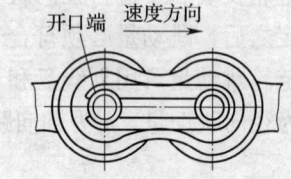

图2—81 弹簧卡片安装方向

开口端的方向与链的运动方向相反（见图2—81），以免运转中受到碰撞而脱落。

链条安装时可将链条先套在链轮上，并按图2—82a所示方法，将专用拉紧工具弯形脚套在两端链条孔内，拧紧翼形螺母使两端链接近节距，插入连接链节用弹簧卡片固定。图2—82b所示为用拉紧工具安装齿形链的方法。

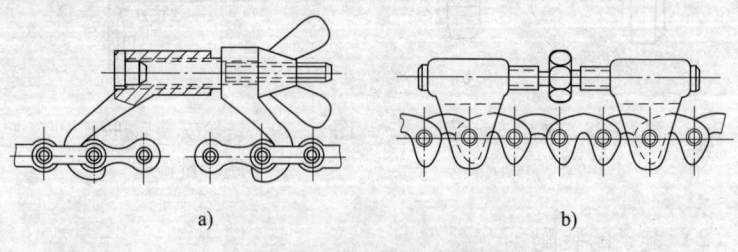

图2—82 拉紧链条的工具

三、螺旋传动机构装配

1. 螺旋传动机构概念

螺旋传动是利用螺旋副来传递运动和（或）动力的一种机械运动，可以方便地把主动件的回转运动转变成从动件的直线运动。

与其他将回转运动转变为直线运动的传动装置相比，螺旋传动机构具有结构简单、工作连续、平稳、承载能力大、传动精度高等优点，因此广泛应用于各种机械和仪器中。它的缺点是摩擦损失大，传动效率较低，但随着滚动螺旋传动的应用，已使螺旋传动摩擦大、易磨损和效率低的缺点得到很大程度上的改善。另外，由于丝杠为细长轴，靠端面支撑，所以有刚度低的缺点。

常用的螺旋传动有普通螺旋传动、差动螺旋传动和滚珠螺旋传动。

2. 螺旋传动的应用形式

（1）螺母固定不动，螺杆回转并做直线运动，通常用于台虎钳（见图2—83）、螺旋压力机、千分尺等。

（2）螺杆固定不动，螺母回转并做直线运动，通常用于螺旋千斤顶、（见图2—84）插齿机刀架传动等。

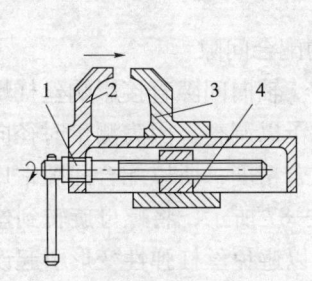
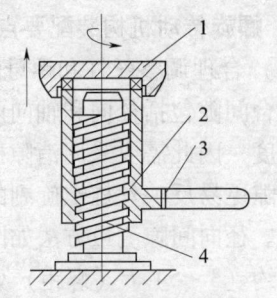

图2—83　台虎钳
1—螺杆　2—活动钳口
3—固定钳口　4—螺母

图2—84　螺旋千斤顶
1—托盘　2—螺母
3—手柄　4—螺杆

（3）螺杆回转，螺母做直线运动，通常用于机床工作台移动机构等，如图2—85所示。

（4）螺母回转，螺杆做直线运动，通常用于应力试验机的观察镜螺旋调整装置等，如图2—86所示。

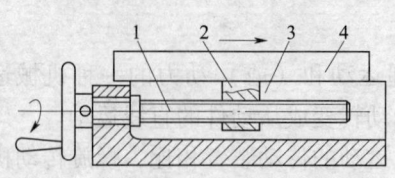 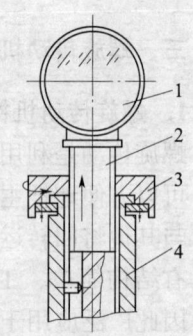

图 2—85　机床工作台移动机构　　　图 2—86　观察镜螺旋调整装置
　　1—螺杆　2—螺母　　　　　　　　　1—观察镜　2—螺杆
　　3—机架　4—工作台　　　　　　　　3—螺母　4—机架

3. 螺旋传动机构装配的技术要求

（1）丝杠螺母副应有较高的配合精度和准确的配合间隙。

（2）丝杠与螺母轴线的同轴度及丝杠轴线与基准面的平行度应符合要求。

（3）装配后，丝杠的径向圆跳动和轴向窜动应符合要求。

（4）丝杠与螺母相对转动应灵活。

4. 螺旋传动机构装配要点

（1）合理调整丝杠和螺母间的配合间隙

配合间隙包括径向和轴向两种。轴向间隙直接影响丝杠螺旋副的传动精度，因此需要采用消隙机构予以调整。因为测量时径向间隙比轴向间隙更易反映丝杠螺旋副的配合精度，所以配合间隙常用径向间隙表示。径向间隙测量方法如图 2—87 所示，将螺母旋转到丝杠一端的距离约（3~5）P（螺距）处，以避免丝杠弹性变形引起误差，再用稍大于螺母重量的作用力，将螺母压下及抬起，通过百分表上的读数即可测出径向间隙的大小。

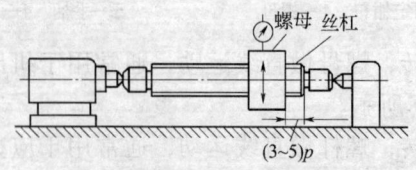

图 2—87　径向间隙的测量

常见的消除间隙方法有以下几种:

1) 单螺母传动机构消除间隙(以轴向间隙为主)方法有靠弹簧拉力、靠油缸压力、靠重锤重量等来消除间隙,如图2—88所示。

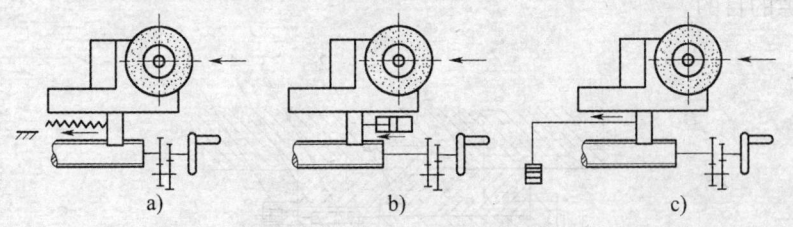

图2—88 单螺母消除间隙方法
a) 靠弹簧拉力 b) 靠油缸压力 c) 靠重锤重量

2) 双螺母传动机构消除间隙的常用方法有楔块式调整消除间隙、用弹簧消除间隙、调整副螺母消除间隙、修理垫片厚度消除间隙等。

①楔块式调整消除间隙的方法如图2—89所示,先松开螺钉2,然后旋紧螺钉4;这时楔块3向上移动,推动螺母1移动,直到消除间隙为止;最后再拧紧螺钉2,将螺母1固定。

②用弹簧消除间隙的方法如图2—90所示,转动调节螺母4,通过垫圈3压缩弹簧2,使螺母5轴向移动,从而消除轴向间隙。

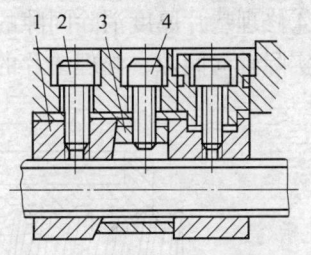

图2—89 楔块式调整消除间隙机构
1—螺母 2、4—螺钉 3—楔块

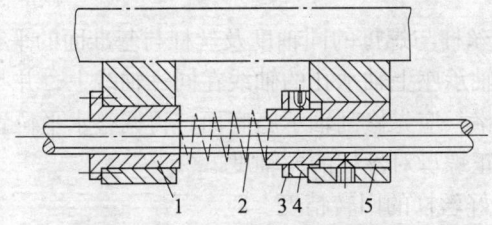

图2—90 用弹簧消除间隙机构
1—固定螺母 2—弹簧 3—垫圈 4—调节螺母 5—螺母

③调整副螺母消除间隙的方法如图2—91所示,主体螺母1与螺母体2用螺钉固定,副螺母4与螺母体2之间有键3,使副螺母4不能转动。调整时,旋转螺母5,使副螺母4做轴向移动而达到消除间隙的目的。

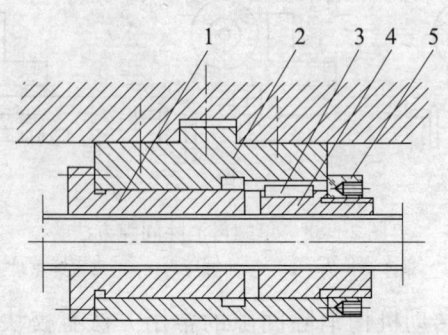

图2—91 调整副螺母消除间隙机构
1—主体螺母 2—螺母体 3—键 4—副螺母 5—螺母

④修理垫片厚度消除间隙的方法如图2—92所示,根据丝杠螺母副的实际轴向间隙,修理垫片的厚度来消除轴向间隙。

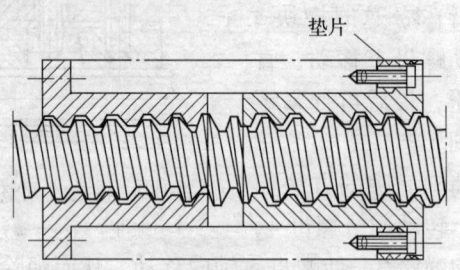

图2—92 修理垫片厚度消除间隙的方法

(2)找正丝杠与螺母的同轴度及丝杠与基准面的平行度

先找正两轴承座上轴承孔的轴线在同一轴线上,并与导轨基准面平行。若不合格,应先修刮轴承座底面,再调整水平位置,使其达到要求。最后找正螺母对丝杠的同轴度。

(3)调整好丝杠的回转精度

主要是检验丝杠的径向圆跳动和轴向窜动,若径向圆跳动超差,应矫直丝杠;若轴向窜动超差,应调整相应机构予以保证。

四、齿轮传动机构装配

1. 齿轮传动概念

齿轮传动是机械传动中使用最多的传动方式,它是依靠齿间的啮合来传递运动和动力的,如图 2—93 ~ 图 2—95 所示。齿轮传动除传递回转运动外,也可以用来把回转运动转变为直线往复运动(如齿轮齿条运动)。

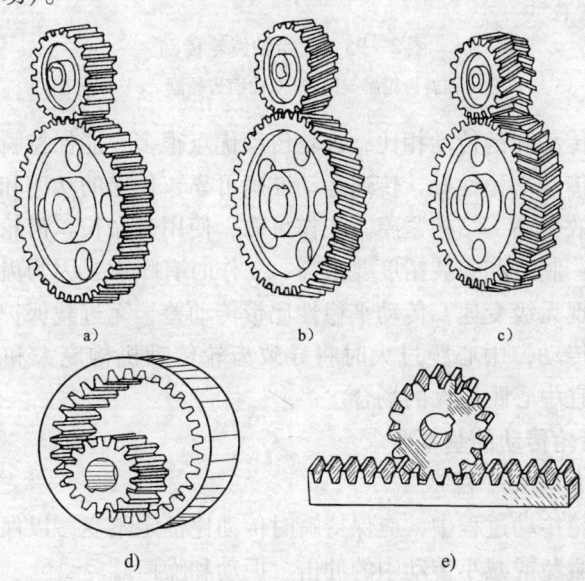

图 2—93 平行轴齿轮传动

a)直齿轮副 b)平行轴斜齿轮副 c)人字齿轮副 d)内啮合直齿轮副 e)齿轮齿条副

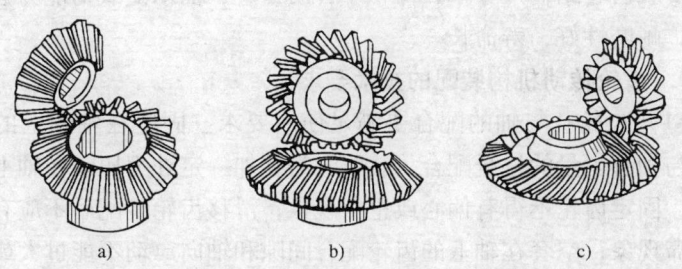

图 2—94 相交轴齿轮传动

a)直齿锥齿轮副 b)斜齿锥齿轮副 c)曲线齿锥齿轮副

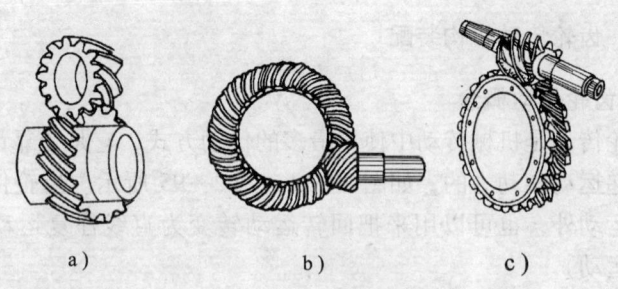

图 2—95　交错轴齿轮传动

a）交错轴斜齿轮副　b）准双曲面齿轮副　c）蜗杆副

与带传动和链传动相比，齿轮传动优点很多：能保持瞬时传动比的恒定，传动平稳性好，传递运动准确可靠，传递的功率和速度范围大，传动效率高，结构紧凑，工作可靠，使用寿命长。齿轮传动存在的不足有：制造和安装精度要求高，工作时有噪声，因为齿数为整数故不能实现无级变速，传动平稳性比带传动差，无过载保护，不能进行大距离传动，中心距过大时将导致齿轮传动机构庞大和笨重，因此，不适宜中心距较大的场合。

2. 齿轮传动的基本要求

（1）传动要平稳

在齿轮传动过程中，应保持瞬时传动比恒定不变，以保持传动的平稳性，避免或减小传动中的冲击、振动和噪声。

（2）承载能力要大

要求齿轮结构尺寸小，体积小，质量轻，而承受载荷能力强，强度高，耐磨性好，寿命长。

3. 齿轮传动机构装配的技术要求

（1）齿轮孔与轴的配合要满足使用要求。固定在轴颈上的齿轮通常与轴有少量的过盈配合，装配时需要加一定外力压装在轴上。装配后，固定齿轮不得有偏心或歪斜现象；滑移齿轮装配后不应有咬住和阻滞现象；空套在轴上的齿轮配合间隙和轴向窜动不能过大或有晃动现象。

（2）保证齿轮有准确的安装中心距和适当的齿轮间隙。齿轮间隙是指齿轮副非工作表面法线方向距离。侧隙过小，齿轮转动不灵活，热胀时易出现卡齿现象，从而加剧齿面磨损；侧隙过大，换向空行程大，易产生冲击和振动。

（3）保证齿轮装配后有足够的接触面积、正确的接触部位。

（4）齿轮副啮合轴向位置应符合技术要求，两齿轮啮合轴向位置错位不得大于规定值。

（5）对转速高、直径尺寸大的齿轮，装配前应进行平衡检查，以免工作时产生过大振动。高速转动的齿轮，在轴上装配后应做平衡试验。

4. 齿轮传动机构装配前准备工作

（1）仔细清理和清洗零部件上的铁锈、型砂、油漆、防锈油、灰尘、切屑、研磨剂等。

（2）修整零件上的毛刺、锐角、因碰撞产生的印痕。

（3）对零件上某些位置进行必要的补充加工，如定位销孔的配钻和铰孔，连接螺纹孔的配钻和攻螺纹，某些部位的刮削和研磨等。

（4）检查轴、轴承、齿轮等相关零部件以及外购件、标准件的精度。

（5）测量齿轮内孔与轴的配合是否适当。

（6）检查键与键槽的配合是否符合要求。

5. 圆柱齿轮传动机构的装配

（1）齿轮与轴的装配

齿轮在轴上的结合方式如图 2—96 所示。

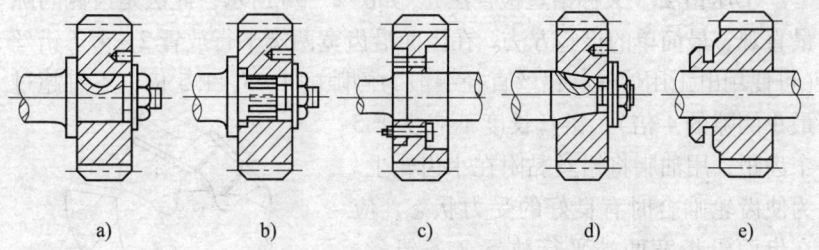

图 2—96　齿轮在轴上的结合方式
a）半圆键连接　b）花键连接
c）轴肩螺栓连接　d）圆锥连接　e）与花键滑动连接

(2) 齿轮装配后装配质量检查

齿轮装配后装配质量可通过齿轮的啮合接触斑点及齿轮的啮合侧隙正确与否来检查。

1) 圆柱齿轮啮合的质量检查。齿轮正常接触斑点应在全齿宽及轮齿分度圆处，通过涂色检查接触斑点的分布情况能判断产生误差的原因。一般情况下，在齿轮的高度上接触斑点应不小于30%～50%，在轮齿的宽度上应不少于40%～70%，具体随齿轮的精度而定。

如图2—97所示，如果接触斑点偏上，表明中心距偏大；接触斑点偏下，表明中心距偏小；接触斑点在一侧，表示中心距歪斜；出现以上情况必须进行调整。调整修正接触面积时，可采用齿轮相互研磨的方法。如果是齿轮轴孔中心距不对或歪斜，应进行修正。

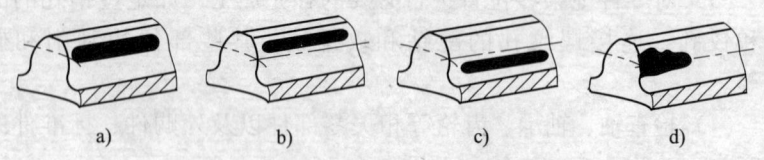

图2—97 圆柱齿轮的接触斑点
a) 正确 b) 中心距太大 c) 中心距太小 d) 中心线歪斜

2) 齿侧隙检查。齿轮传动除了要有良好的接触精度外，还需要有合适的齿侧隙，齿侧隙是保证齿轮正常工作的重要条件之一。

直齿圆柱齿轮装配后齿侧隙检查方法有压铅法和校表法两种。

①压铅法（又称铅丝检查法）。如图2—98所示，此法是齿侧间隙最直观、最简单的检验方法。在齿面沿齿宽两端平行放置2～4条铅丝（可使用电工用熔丝，铅丝直径一般为侧隙的1.25～1.5倍，不宜超过最小侧隙的4倍），铅丝长度不应少于5个齿距，用油脂将铅丝黏附在小齿轮上。为使齿轮啮合时有良好的受力状态，应在齿面沿齿宽两端平行放置2条铅丝。转动齿轮测量铅丝被压扁后最薄处的尺寸，该测量值即为齿侧隙的实际值。

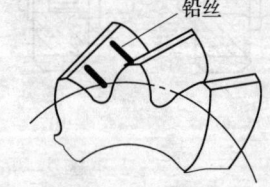

图2—98 压铅法检查齿侧隙

②校表法（又称百分表检查法）。如图 2—99 所示，测量时，将百分表测头直接抵在一个齿轮的齿面上，在另一齿轮固定。将百分表测头与齿轮的齿面接触，盘动被测齿轮从一侧啮合齿面到另一侧啮合齿面，百分表上的读数差值即为侧隙。

（3）齿轮装配后的径向圆跳动和端面圆跳动检查

对于精度要求高的齿轮传动机构，装配后要进行径向圆跳动和端面圆跳动检查。

1）齿轮径向圆跳动量的检查（见图 2—100）

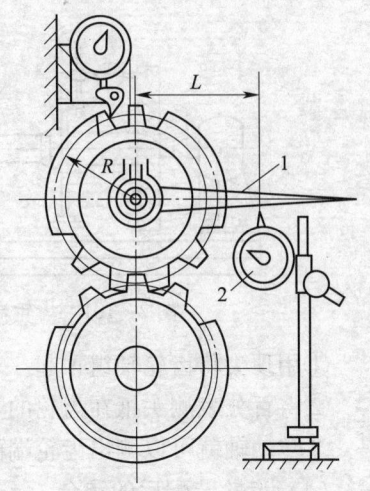

图 2—99　用百分表检查齿侧隙
1—夹紧杆　2—百分表

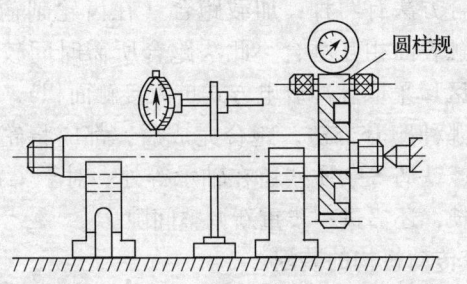

图 2—100　齿轮径向圆跳动误差的检测

①先将等高 V 形块放置在检验平台上，将齿轮轴组安放在 V 形块上。

②把圆柱规（精密圆柱棒）放在齿轮的轮齿间，并将百分表的测头抵在圆柱规上测得一个读数。

③再将齿轮转动，每隔 3~4 个齿重复进行一次测量，所测得的百分表最大与最小读数之差就是齿轮的径向圆跳动量。

2）齿轮端面圆跳动量的检查（见图 2—101）

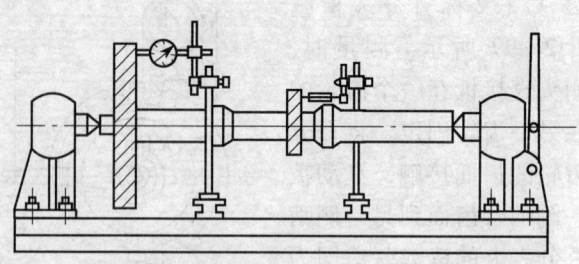

图 2—101　齿轮端面圆跳动误差的检测

① 用顶尖将齿轮轴组顶起。
② 将百分表测头抵在齿轮的端面上。
③ 转动轴就可以测出齿轮端面圆跳动误差。

（4）齿轮装配后的跑合

齿轮装配后，通过必要的跑合可以消除加工和热处理后产生的变形，能进一步提高齿轮的接触精度和减小噪声。对于高速、重载齿轮传动机构跑合更为重要。

常用的跑合方法有两种：加载跑合（在齿轮副输出轴上加一力矩，使齿轮接触表面相互磨合，此法跑合所需时间较长）和电火花跑合（在接触区域采取脉冲放电方式扩大接触面积）。

无论采用哪种跑合方法，跑合完成后，都应将箱体进行彻底清洗，以防磨料、铁屑等杂质残留在轴承等处。对于个别齿轮转动副，若跑合时间过长，还需进一步重新调整间隙。

6. 锥齿轮传动机构的装配

分度曲面为圆锥面的齿轮称为锥齿轮，按齿形形状来分，锥齿轮有直齿锥齿轮、斜齿锥齿轮、曲线齿锥齿轮等。锥齿轮用于相交轴齿轮传动和交错轴齿轮传动。这里介绍的是直齿锥齿轮的装配要点。

直齿锥齿轮的装配和前面介绍的圆柱齿轮装配基本相似，安装的时候，不同之处是：

（1）应保证两个节锥的顶点重合在一起，安装孔的交角一定要达到图样设计要求。

（2）装配时要适当调整轴向位置，小齿轮轴向定位以与大齿轮的"安装距离"（小齿轮基准面至大齿轮轴的距离）为调整依据，以保证得到正确的齿侧隙,如图2—102所示。调整时,将百分表测头置于大齿轮齿面上,固定小齿轮,盘动大齿轮并调整大齿轮轴的轴向位置,使百分表上的读数差为要求的齿侧隙值。

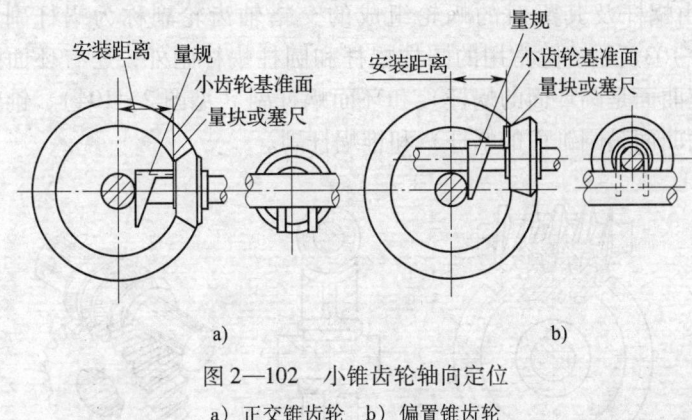

图2—102 小锥齿轮轴向定位
a) 正交锥齿轮 b) 偏置锥齿轮

(3) 锥齿轮传动的啮合情况检查,与圆柱齿轮相似也是采用涂色检查。直齿锥齿轮接触斑点位置,应在齿宽的中部稍偏向小端。目的是防止齿轮重载时,接触斑点移向大端,使大端应力集中,造成齿轮过早磨损。

7. 齿轮传动机构常见损坏形式和修复

齿轮传动机构工作一定时间后会出现磨损、润滑不良或过载使磨损加剧,齿面出现点蚀、胶合和塑性变形,齿侧间隙增大,噪声增加,传动精度降低,严重时甚至发生轮齿折断。

(1) 当齿轮轮齿磨损严重甚至出现断齿的时候,必须更换新齿轮。

(2) 因为小齿轮比大齿轮磨损严重,所以应注意检查小齿轮磨损情况,发现磨损严重时,应及时更换小齿轮,以免加速大齿轮的磨损。

(3) 大模数、低转速齿轮的个别轮齿断裂时,可用镶齿法修复。

(4) 大型齿轮轮齿磨损严重时,可采用更换轮缘法修复,具有较好的经济性。

(5) 圆锥齿轮因轮齿磨损或调整垫圈磨损而造成侧隙增大时,应进行调整。调整时,将相互啮合的两个圆锥齿轮沿轴向移近,使侧隙减小,再选配调整垫圈厚度来固定两个齿轮的位置。

五、蜗杆传动机构装配

1. 蜗杆传动概念

由蜗杆及其配对的蜗轮组成的交错轴齿轮副称为蜗杆副,如图2—103所示。除常用的圆柱蜗杆和圆柱蜗杆副外,还有环面蜗杆(分度曲面是圆环面的蜗杆)和环面蜗杆副(见图2—104)、锥蜗杆(分度曲面是圆锥面的蜗杆)和锥蜗杆副。

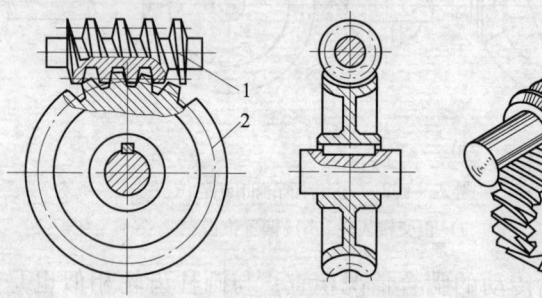

图2—103 蜗杆传动
1—蜗杆 2—蜗轮

蜗杆传动是利用蜗杆副传递运动和(或)动力的一种机械传动,蜗杆传动是由交错轴斜齿轮传动演变而成的。蜗杆与蜗轮的轴线在空间互相垂直交错成90°,即轴交角$\Sigma = 90°$。通常情况下,蜗杆是主动件,蜗轮是从动件。

蜗杆传动类似于螺旋传动。按蜗杆轮齿的螺旋方向不同,蜗杆有左、右旋之分(常用的是右旋蜗杆),蜗杆螺旋线

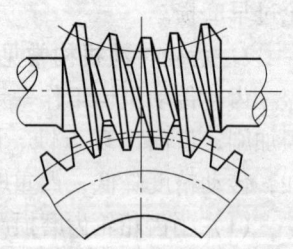

图2—104 环面蜗杆副

符合螺旋左右手定则。蜗杆传动中蜗轮回转方向的判定如图2—105所示。

蜗杆传动具有传动比大、传动平稳、噪声小、容易实现自锁、承载能力大等优点,但也存在传动效率低、工作时发热量大的不足。

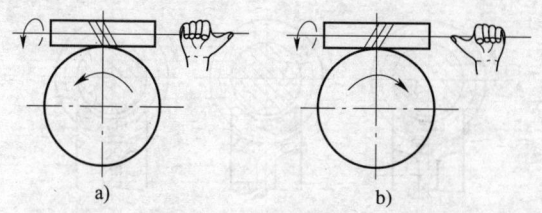

图2—105 蜗杆传动中蜗轮回转方向的判定
a)右旋蜗杆传动 b)左旋蜗杆传动

2. 蜗杆传动装配的技术要求

(1)保证蜗杆轴心线与蜗轮轴心线相互垂直。
(2)蜗杆轴心线应在蜗轮轮齿对称平面内。
(3)确保正确的啮合中心距。
(4)要有适当的啮合侧隙和正确的啮合接触面。

3. 蜗杆副装配要点

(1)将蜗轮齿圈压装在蜗轮轮毂上,用螺钉紧固。
(2)再将装配好的蜗轮装在轴上,安装方法及检验方法与圆柱齿轮相同。
(3)把蜗杆装入箱体。
(4)把蜗轮轴装入箱体。
(5)通过改变垫圈厚度或其他方式调整蜗轮的轴向位置,使蜗杆轴线位于蜗轮轮齿的对称中心平面内。
(6)蜗杆、蜗轮减速箱装配通常需要进行试装调整,确定蜗轮与蜗杆有正确的位置才能装配。

4. 蜗杆传动机构啮合质量的检验

(1)蜗轮的轴向位置及接触斑点的检验

一般采用涂色法,将红丹粉涂在蜗杆的螺旋面上,并转动蜗杆,通过观察接触斑点的位置和大小来判断装配存在的问题(见图2—106),正确的位置其接触斑点应在蜗轮齿侧面中部稍偏于蜗杆旋出方向一点。如果接触错误,则应通过配磨蜗轮垫圈的厚度来调整其轴向位置。接触斑点的长度,轻载时为齿宽的25%~50%,满载时为齿宽的90%左右。

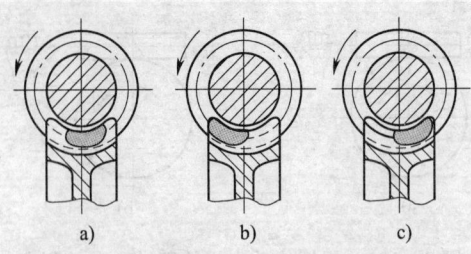

图 2—106 用涂色法检验蜗轮齿面接触斑点
a) 正确 b) 蜗轮偏右 c) 蜗轮偏左

(2) 齿侧间隙的检验

由于蜗杆传动的结构特点,齿侧间隙用压熔丝或塞尺的方法测量是很困难的,所以,通常采用百分表测量齿侧间隙(见图 2—107)。如图 2—107a 所示,在蜗杆轴上固定一带量角器的刻度盘,百分表测头抵在蜗轮齿面上,用手转动蜗杆,在百分表指针不动的条件下,用刻度盘相对固定指针的最大转角判断侧隙大小;如用百分表直接与蜗轮齿面接触有困难时,可在蜗轮轴上装一测量杆,如图 2—107b 所示。

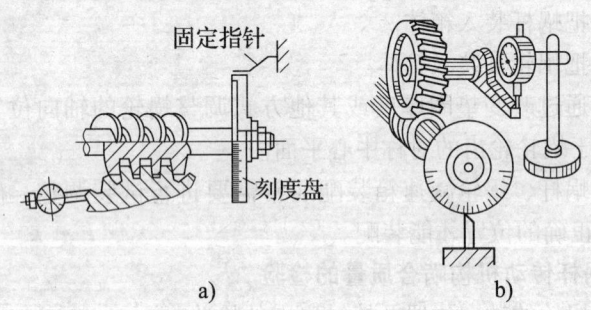

图 2—107 蜗杆传动机构侧隙的检验
a) 直接测量法 b) 用测量杆测量法

对于精度要求不高的蜗杆传动机构,可用手转动蜗杆,根据空行程量,凭经验判断侧隙的大小。

装配好的蜗杆机构,还要检查其转动的灵活与否,即在保证啮合质量的条件下又要使其转动灵活。要求装配好的蜗轮在任何位置上,用手旋转蜗杆所需的转矩均应相同,不能发生被"咬住"的现象。

六、联轴器和离合器的装配

1. 联轴器和离合器的概念

(1) 联轴器的概念

联轴器是用来连接两根轴或轴和回转件,以传递转矩和运动的装置。在机器运转过程中,两轴或轴和回转件不能分开,只有在机器停止转动后用拆卸的方法才能将它们分开。有的联轴器还可以用做安全装置,保护被连接的机械零件不因过载而损坏。常见联轴器的形式,如图2—108所示。

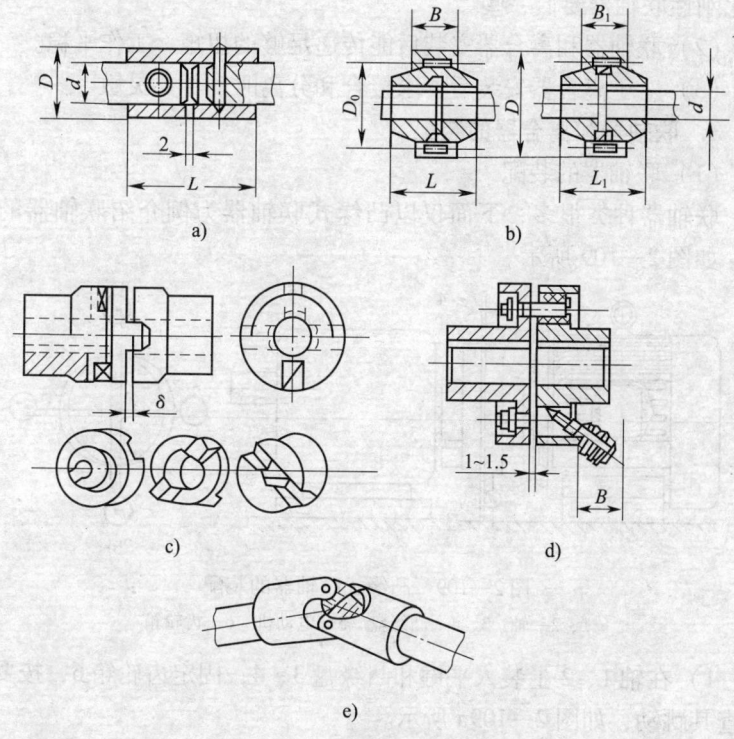

图2—108 常见联轴器形式

a) 锥销套筒式 b) 凸缘式 c) 十字滑块式 d) 弹性圆柱销式 e) 万向联轴器

机械式联轴器分刚性联轴器、挠性联轴器和安全联轴器三大类。

（2）离合器的概念

离合器是主、从动部分在同轴线上传递动力或运动时，具有接合或分离功能的装置。与联轴器的作用一样，离合器可以用来连接两轴，但不同的是离合器可根据工作需要，在机器运转过程中随时将两轴接合或分离。

在机械机构直接作用下具有离合功能的离合器称为机械离合器，机械离合器有嵌合式和摩擦式两种类型。

2. 联轴器和离合器安装技术要求

（1）对于联轴器和离合器安装主要就是保证两轴的同轴度，对于挠性联轴器，由于具有一定的挠性作用和吸振能力，所以同轴度要求比刚性联轴器要低一些。

（2）联轴器和离合器安装后能传递足够的扭矩，工作平稳。

（3）对于离合器安装后要求接合和分离时动作要灵敏。

3. 联轴器和离合器的装配

（1）联轴器的装配

联轴器种类很多，下面仅以凸缘式联轴器为例介绍联轴器的装配，如图2—109所示。

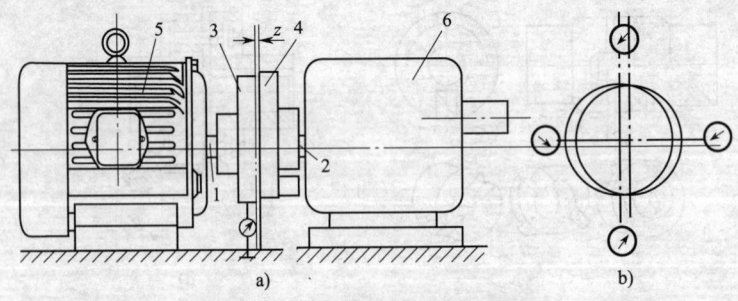

图2—109　凸缘式联轴器的装配

1、2—轴　3、4—凸缘盘　5—电动机　6—齿轮箱

1）在轴1、2上装入平键和凸缘盘3、4，固定齿轮箱6，按要求检查其跳动，如图2—109a所示。

2）将百分表固定在凸缘盘4上，并使百分表的测头顶在凸缘盘3的外圆上，找正凸缘盘3和4的同轴度，如图2—109b所示。

3) 移动电动机5,使凸缘盘3的凸台少许插入凸缘盘4的凹孔内。

4) 转动轴2,测量两个凸缘盘3、4端面间的间隙z,如果间隙均匀,则移动电动机5使两凸缘盘3、4端面靠紧,把电动机5固定后,最后用螺栓紧固两凸缘盘3、4。

(2) 离合器的装配

常用的离合器类型主要有牙嵌式离合器和圆锥形摩擦式离合器(见图2—110)。

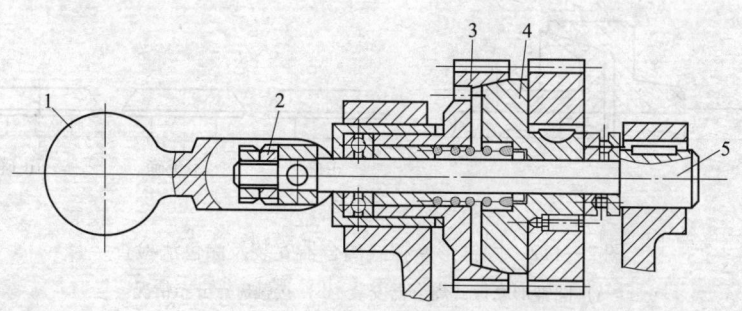

图2—110 圆锥形摩擦式离合器
1—手柄 2—螺母 3、4—锥面 5—可调节轴

1) 牙嵌式离合器的装配。如图2—111所示,先装配固定键5和滑键2,并把滑键用沉头螺钉固定在轴1上的键槽内;配装离合器3,应能轻快地沿轴1移动;将离合器4装在轴6上;将导向环7安装在离合器3内;将轴1装入导向环7内,完成牙嵌式离合器的装配。

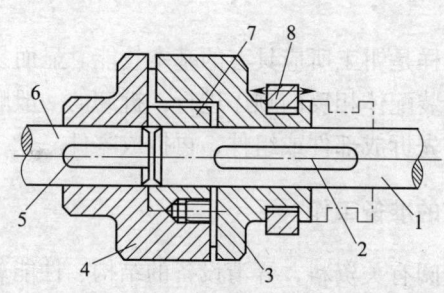

图2—111 牙嵌式离合器的装配
1、6—轴 2—滑键 3、4—离合器 5—固定键 7—导向环 8—拨叉

2) 圆锥形摩擦式离合器的装配。圆锥形摩擦式离合器安装如图2—112a所示,首先用涂色法检查锥体的接触情况,接触斑点应该均匀地分布在整个圆锥表面上,如果接触斑点靠近锥底或靠近锥顶(见图2—112b)都表示锥体角度不正确,此时必须用研磨、刮削或磨削的方法来修磨。装配后,开合装置必须调整到使两锥面能产生足够摩擦力的位置,当转动手柄到离合器"分开"位置时,两锥面必须能利索地分离。

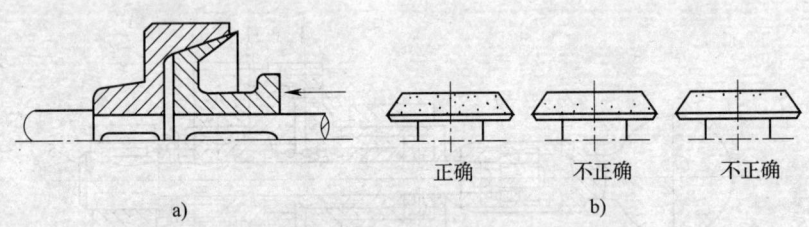

图 2—112 圆锥形摩擦式离合器安装及涂色法检查
a) 圆锥形摩擦式离合器安装 b) 接触斑点分布情况

§2—5 拆卸要求和拆卸方法

机器经过一段时间的运转工作后,某些零件会产生磨损和变形,影响机器的使用性能,出现故障。这时就需要对机器进行检查和修理,必然要对机器进行拆卸和安装。而拆卸后的安装,则是装配工作的重演。

正确拆卸同样是钳工所应具有的基本技能。显而易见,拆卸装配体应按照与安装装配体相反的顺序进行,拆卸的一般顺序是:先外后内,先上后下,先拆成部件或组件,再拆成零件。

一、拆卸前的准备工作

拆卸前需查阅有关资料,弄清设备的结构、性能、特点、装配关系,了解和分析零部件间的工作性能及相互作用、位置、退出方向和操作方法。对于有故障需要检修的设备,要查明设备的故障原因以决定拆卸部位，避免不必要的拆卸，确保能不拆的尽量不拆，该拆的必须要拆。

拆卸前，还要根据设备特点和拆卸方法准备好相关的拆卸工具。图2—113为钳工常用的专用拆卸工具，拆卸时应尽量使用专用工具，以防损伤零件。

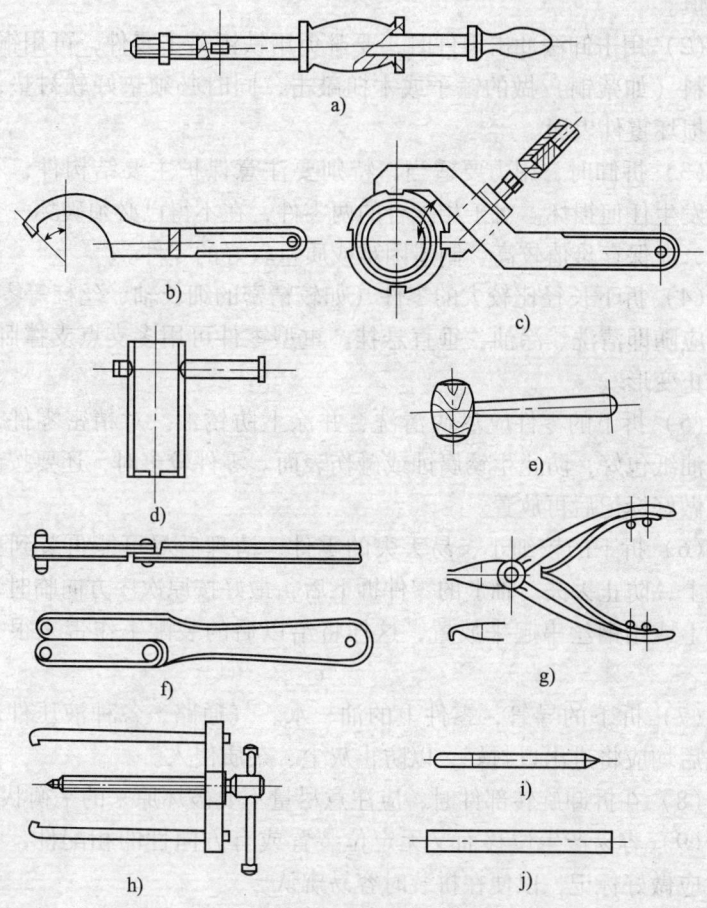

图2—113 常用专用拆卸工具

a）拔销器 b）单头钩形扳手 c）可调式钩形扳手 d）管子圆螺母扳手 e）木槌
f）双叉销扳手 g）弹性卡簧钳 h）顶拔器 i）销子冲头 j）铜棒

二、拆卸注意事项

作为钳工，在具体拆卸过程中要注意以下问题：

（1）对不易拆卸或拆卸后可能会降低连接质量和损坏一部分零件的连接，应尽量避免拆卸。拆卸精密、稀有、大型或关键部件要特别谨慎。

（2）用击卸法冲击零件时，要避免用铁锤敲击零件，可用铜棒、软材料（如紫铜）做的锤子或木槌敲击，同时必须垫好软衬垫，以防止损坏零件表面。

（3）拆卸时，用力要适当，特别要注意保护主要结构件，不能使其发生任何损坏。对于相配合的两零件，在不得已必须破坏一个零件时，应保存价值较高、制造困难或质量较好的零件。

（4）拆下长径比较大的零件（如较精密的细长轴、丝杠等零件）后，应随即清洗、涂油、垂直悬挂。重型零件可用多支点支撑卧放，以防止变形。

（5）拆下的零件应尽快清洗、并涂上防锈油。对精密零件，还需用油纸包好，防止生锈腐蚀或碰伤表面。零件较多时，还要按部件分类做好标记后再放置。

（6）拆下的较细小、易丢失的零件，清理后尽可能再装到主要零件上，防止丢失。轴上的零件拆下后，最好按原次序方向临时装回到轴上或用钢丝串起来放置，这样将给以后的装配工作带来很大的方便。

（7）拆下的导管，零件上的油、水、气通路，各种液压件，在清洗后均应将进出口封好，以防止灰尘、杂质侵入。

（8）在拆卸旋转部件时，应注意尽量不要破坏原来的平衡状态。

（9）容易产生位移而又无定位装置或有方向性的相配件，在拆卸时应做好标记，以便在拼装时容易辨认。

（10）对于选配的零件、成套加工或其他不可互换的零部件，拆卸前应按原来的部位或顺序做好记号。

（11）拆卸螺纹时，要注意辨清螺纹的旋向，防止不必要的损坏。

（12）拆卸时安全第一，例如拆卸前必须要对设备断电。

三、拆卸方法

实践中，常见的拆卸方法有击卸法、拉卸法、温差拆卸法等。

1. 击卸法

击卸法的原理就是通过外力或自重的锤击、撞击来拆卸零部件。这种方法适用范围广，操作方便，不需要特殊的工具和设备。

（1）用手锤击卸

如图 2—114 所示，使用手锤敲击装配在一起的零部件之一，使其被拆卸。采用这种方法要注意以下几点：

1）手锤的重量选择要合适，要根据拆卸件尺寸及重量、配合牢固程度选择手锤。击卸时要注意用力的轻重。

2）一般使用铜锤、胶木棒、木板等保护受击的轴端、套端和轮辐。必须对受击部位采取保护措施，防止造成损伤。对精密重要的部件拆卸时，还必须制作专用工具加以保护。

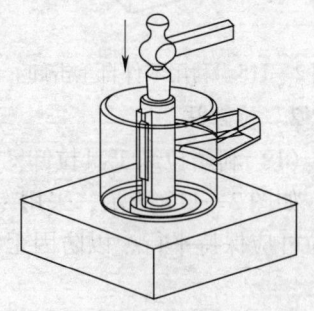

图 2—114　用手锤击卸

3）选择合适的锤击点，以防止零件变形或破坏。要先对被击件试击，以辨别其退出方向、牢固程度和锈蚀程度。如对于带有轮辐的带轮、齿轮、链轮，应敲击轮与轴配合的端面，避免锤击外缘，锤击点要均匀分布。

4）拆卸严重锈蚀的连接件，应加煤油浸润锈蚀部位。当略有松动时，再拆卸。

5）击卸时要注意安全。

（2）利用零件自重击卸

如图 2—115 所示，通过利用零件自重，靠台沿冲击装配体中的其中一个零部件，达到拆卸目的。这种方法操作简单，拆卸迅速，不易损坏部件。

利用零件自重击卸时，一是要注意保护受力面，以防止零件变形，如采取加保护垫的方式；二是冲击时要注意安全防护。

(3) 利用吊棒冲击击卸

如图 2—116 所示，此法操作简便、省力，击卸时需要吊车或其他悬挂装置的配合。冲击时注意安全和保护好受力面。

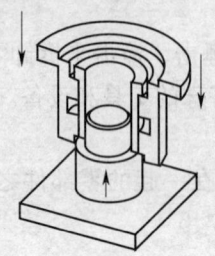

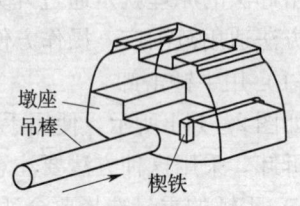

图 2—115　利用零件自重击卸　　　图 2—116　利用吊棒冲击击卸

2. 拉卸法

(1) 利用拉卸工具拉卸

如图 2—117 所示，采用专用的拉卸工具完成拆卸工作。拆卸时，两拉杆应保持平行，以防因歪斜而损伤零件。

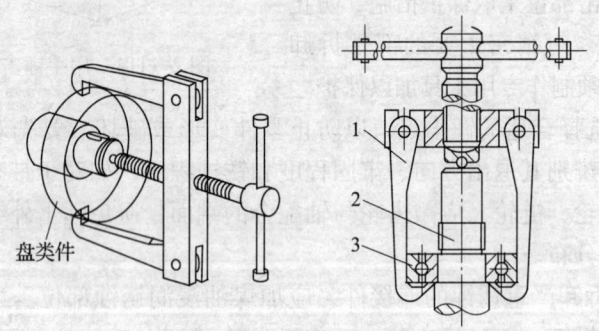

图 2—117　利用拉卸工具拉卸
1—拔出器　2—轴　3—轴承

(2) 利用拔销器拉卸销或轴

如图 2—118 所示，利用拔销器拉卸销或轴。采用此法前要仔细检查轴上定位紧固件是否完全拆开，拉卸时要先试拉，以判断轴的退出方向。使用拔销器拆卸时要防止轴上的弹性垫圈、卡环等再次卡住零件。

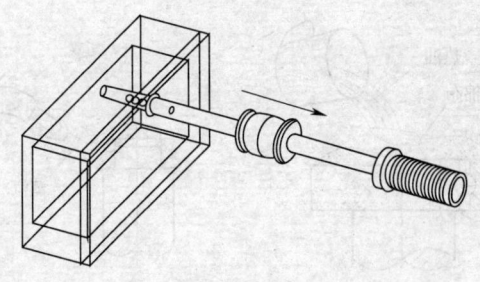

图 2—118　利用拔销器拉卸销或轴

利用拉卸工具拉卸及利用拔销器拉卸销或轴都是属于用静力或较小冲击力拆卸的方法，所以相对安全，不易损坏零件。这两种方法适用于拆卸精度较高或无法敲击、过盈量较小的静配合件。

（3）压卸法

如图 2—119 所示，此法是利用压机提供的机械压力来拆卸被连接件。这个方法属于静力拆卸法。适用于形状简单或小型的过盈配合件的拆卸，常使用的工具有螺旋 C 形夹头、油压机、螺旋压力机、千斤顶、弓形夹头等。

采取压卸法拆卸时，要注意控制压机的行程和压力大小，并注意安全。

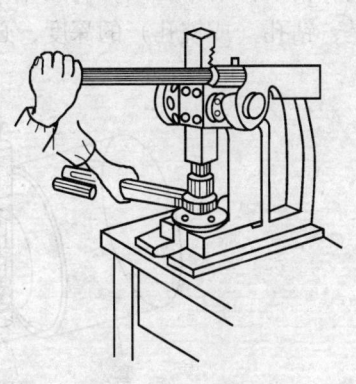

图 2—119　压卸法

3. 温差拆卸法

热胀法如图 2—120 所示，利用热胀原理使薄壁件迅速膨胀，以达到容易拆卸的目的，此法适用于内孔大于壁厚尺寸，如轴承内圈的拆卸。使用热胀法时不能使用喷灯或焊嘴加热，加热温度不能超过 80～90℃，并应及时拆卸。

与此原理相同，做法相反的冷缩法是用于冷缩机构内廓的零件，使其受冷面内缩而变得易拆。通常使用的干冰可使局部冷却到 -70℃ 左右，使用时一定要注意安全。

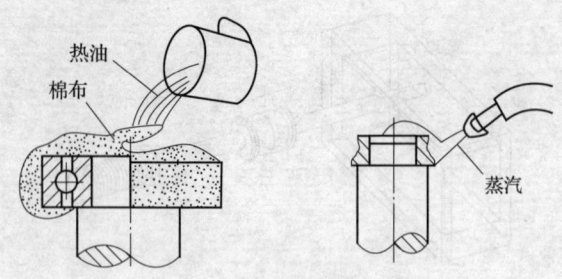

图2—120 温差拆卸法（热胀法）

4．其他拆卸法

（1）孔内断轴的压卸

如图2—121所示，在机件紧靠断轴内端上钻出不通孔，用C形夹和销子将钢球压入，利用钢球的挤压力将断轴顶出。需要注意的是，钻孔（或铣孔）的深度，必须大于或等于断轴直径。

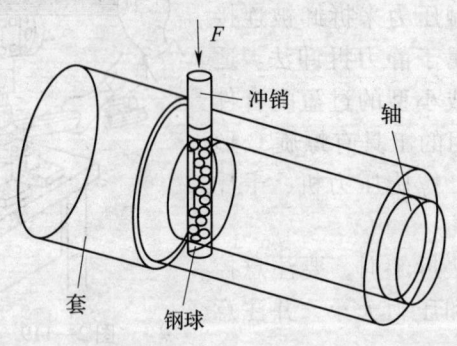

图2—121 孔内断轴的压卸

（2）破坏性拆卸法

当必须拆卸焊接、铆接、密封连接、过盈连接等固定连接件或轴与套相互咬死时，不得已采取如图2—122所示的破坏方法进行拆卸。

如图2—123所示的方法是零件变形严重、损坏或锈蚀时采用的保存主件、破坏副件的拆卸方法。一般采用车、锯、錾、钻、气割等方法来达到拆卸目的。

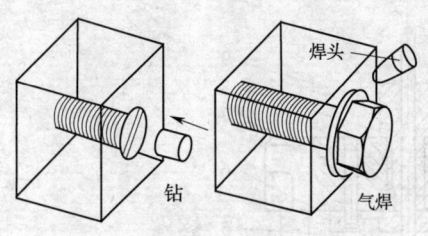 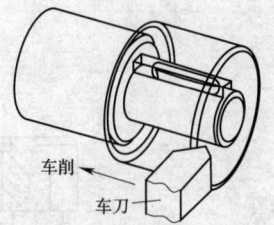

图 2—122　破坏性拆卸法（1）　　图 2—123　破坏性拆卸法（2）

这种破坏性拆卸方法尽量不要使用，必要时根据拆卸件的具体情况来决定取舍。

四、模具拆装实例

模具在修理时需要将损坏或磨损的零件拆卸下来。拆卸前应先分析模具装配图，了解模具各零件的装配关系，准备拆卸工具，然后开始拆卸。拆卸下来的零件应按次序放好。把损坏的零件换掉，清洗后按装配要求进行装配，最后进行试模和验收。

1. 冲孔模的拆卸

如图 2—124 所示为冲孔模的装配图，主要用来在制件上冲出四个小孔。它的结构比较简单，在上模座上用螺钉和销钉通过凸模固定板固定冲头。为便于工件卸料，装有打料杆和卸料板，在下模座上用螺钉和销钉固定凹模。上下模之间装有用于导向的导柱和导套。

在进行拆卸时，要准备内六角扳手、销子冲头等工具。拆卸顺序如下：

（1）把上下模分开。

（2）用销子冲头分别把上下模中的定位销敲出，放好。

（3）用内六角扳手拧出螺钉。

（4）从凸模固定板上用铜棒敲出冲头。

（5）在上模座上压出导套，在下模座上压出导柱，拆下的零件按次序放好。

按照上述步骤完成拆卸工作。然后是进行装配工作。

2. 冲孔模的装配

（1）冲孔模装配技术要求

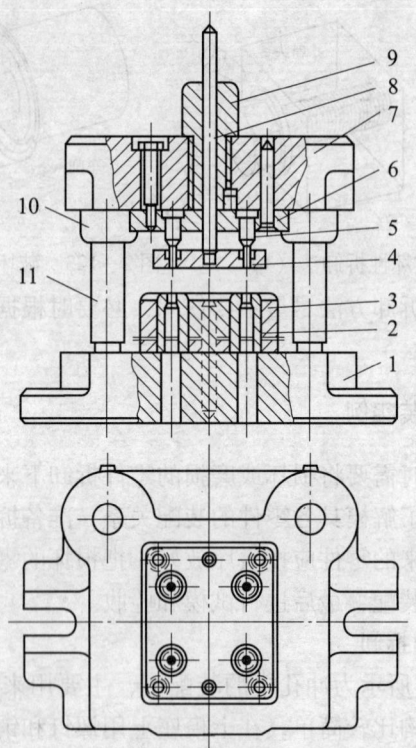

图2—124 冲孔模的装配图
1—下模座 2—凹模 3—凹模固定板 4—卸料板 5—冲头 6—凸模固定板
7—上模座 8—打料杆 9—模柄 10导套 11—导柱

1）装配好的冲孔模，其闭合高度及各种零件的相对位置应符合图样要求。

2）凸模与凹模的间隙应均匀。

3）导柱与导套导向良好。

4）模柄应与上模座上平面垂直。

5）装配完毕应进行试冲，冲出的制件应符合制件图样要求。

（2）冲孔模装配过程

1）看懂图2—124所示装配图，分析模具的结构、零件的连接方式和配合性质，确定装配基准和装配方法。

2）清洗模具零件，检查零件质量。

3）凸模与凸模固定板的配合一般为过盈配合。用压入法进行装配，如图2—125a所示。压入时应防止歪斜，因此压入速度不宜太快。凸模压入固定板后，应以固定板的下平面为基准，将上平面与凸模尾部一起磨平。然后以上平面为基准，磨平凸模，如图2—125b所示。

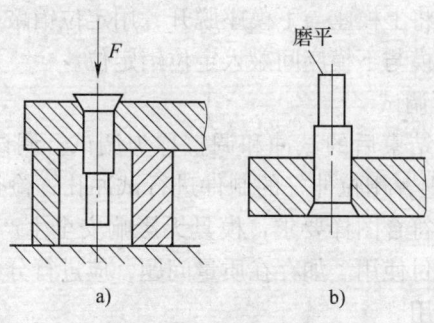

图2—125　凸模与固定板的装配
a）凸模压入固定板　b）磨平

4）模架的装配。上下模座孔口倒角（倒压入导柱、导套的一面），擦净导柱、导套孔，并上一层机油，用铜棒将导柱敲入下模座，每敲一次转动45°，并随时检查导柱对下模座平面的垂直度。一直敲到导柱下端面距下模座底面为1~2mm为止，如图2—126所示。再将上模座放在平板上，用铜棒将导套敲入上模座。将导柱、导套上油后，将上模座的导套与下模座的导柱套合，用手上下移动时应平稳地滑动，无紧涩现象。检查模架上、下安装面的平行度。检查时应使上模座沿导柱上、下滑动至同位置停止后，依次测量，应符合要求。

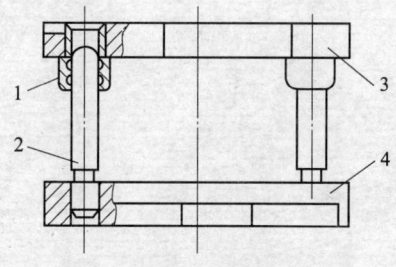

图2—126　模架的装配
1—导套　2—导柱　3—上模座　4—下模座

5）卸料板、凸模与上模座的安装。用螺钉把凸模固定板与上模座连接，把卸料板、打料杆一起装配好。

6）凹模与下模座的装配，用螺钉把凹模固定在下模座上。

7）将上模座与下模座的导套导柱套合，注意凸模与凹模的配合。在凹模内放与间隙相等厚度的薄铜片，让凸模慢慢进入凹模，拧紧上模座螺钉。将上模座与下模座脱开，用定位销敲入凸模固定板与上模座定位，凹模与下模座间敲入定位销定位。

（3）冲孔模调试

冲孔模装配结束后的试冲和调整称为调试。调试将模具安装在 25×10^3 N 冲床上，用拉伸好的制件进行试冲孔，检查冲出制件的质量。如冲出制件符合图样要求，模具无影响安全生产和操作等问题，试冲合格，可交付使用。如存在质量问题，应进行分析和解决，待合格后才能交付使用。

第三章

钳工实训案例

§3—1 划线实训案例

一、阀体的划线

1. 根据图 3—1 所示图样，分析工件形体结构、加工要求以及与划线有关的尺寸关系，明确划线内容和要求。

2. 清理工件，去除铸件上的浇冒口、表面粘砂等。

3. 工件涂色，并在毛坯孔中装上中心塞块。

4. 第一位置划线，如图 3—2a 所示，以 A 面为工件的安放基准，用三只千斤顶支撑置于平台上。取 $2 \times R11$ 毛坯对称中心及 C 面、B 面的对称平面作找正基准，并以厚度尺寸 14 mm 的非加工面作参考，使前者与平台平面垂直，后者与平台平面平行，当两者误差较大时，应将误差按外观要求做适当分配。尺寸基准线取 $\phi32$ mm 孔的中心线 $I—I$，试划相距尺寸为 70 mm 的底面线及中心距尺寸为 35 mm 的 $\phi22$ mm 的中心线，以确定是否有足够的加工余量，否则应做适当借料，然后划出 $I—I$ 平面线、底平面线（基准平面）以及 $\phi22$ mm 孔中心线。

5. 第二位置划线，如图 3—2b 所示，按图示位置放置阀体毛坯，找正基准取 $I—I$ 线及 C 面、B 面的对称平面，并以 $2 \times R9$ 毛坯对称中心线做参考，使其与平台平面垂直，当有误差时，应做适当分配。尺寸基准取毛坯对称中心平面 $II—II$，并首先划出，再以 $58/2 = 29$ mm、$60/2 = 30$ mm 的尺寸划出 $2 \times M8$ 螺纹孔及 $2 \times \phi11$ mm 孔中心线。

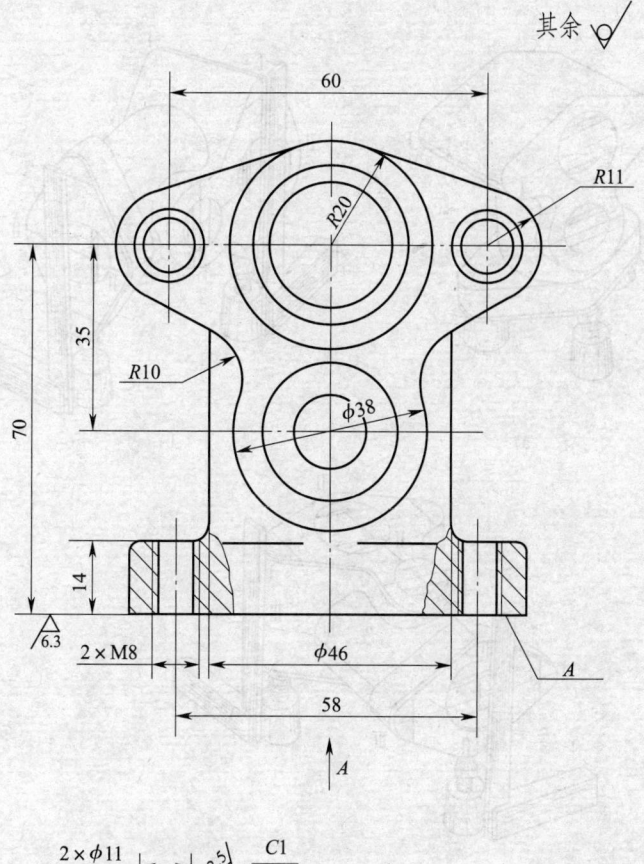

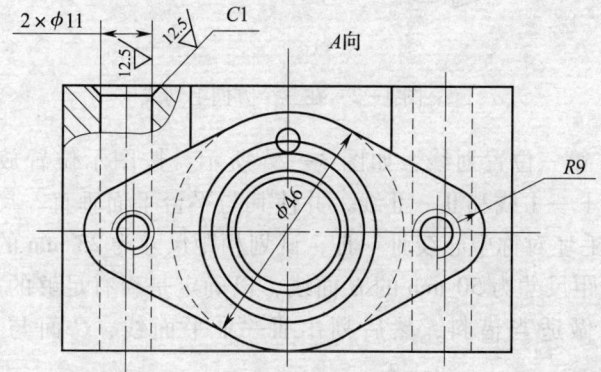

图3—1 阀体

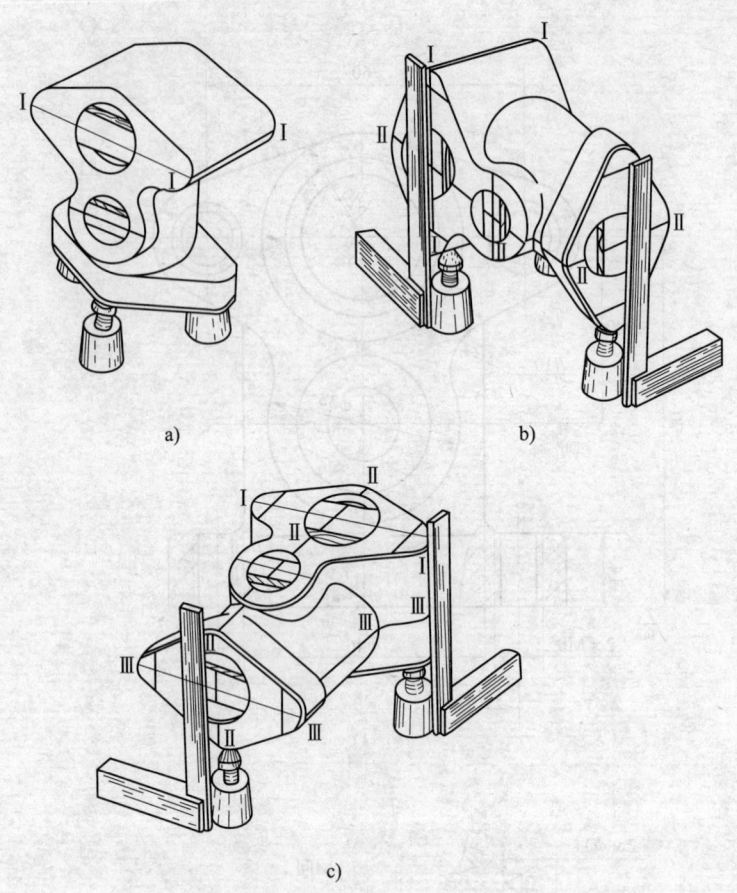

图 3—2　在三个方向上划线

6. 第三位置划线，如图 3—2c 所示，按图示位置放置。找正基准取Ⅰ—Ⅰ线和Ⅱ—Ⅱ线，并使其与平台平面垂直。尺寸基准取 $2 \times R9$ 毛坯对称中心线Ⅲ—Ⅲ，试划相距尺寸为 23 mm 的 C 面线及与 C 相距 50 mm 的 B 面线，以确定是否有足够的加工余量，否则应做适当借料，然后划出Ⅲ—Ⅲ平面线、C 面与 B 面的平面线。

7. 复查校核，划出各孔弧线后再打上检查样冲点。

二、泥浆泵的划线

1. 划线要求

划底平面的加工线、宽度 1 652 mm 轴承孔两端面的加工线、3×φ368 mm 的镗孔线、1 532.5 mm 的止口线及机盖贴合面加工线等。

2. 零件简析

泥浆泵机座如图 3—3 所示。泥浆泵机座外形尺寸 3 876 mm × 1 652 mm,重约 7 t,由 20 钢板焊接而成,有焊接变形的可能。

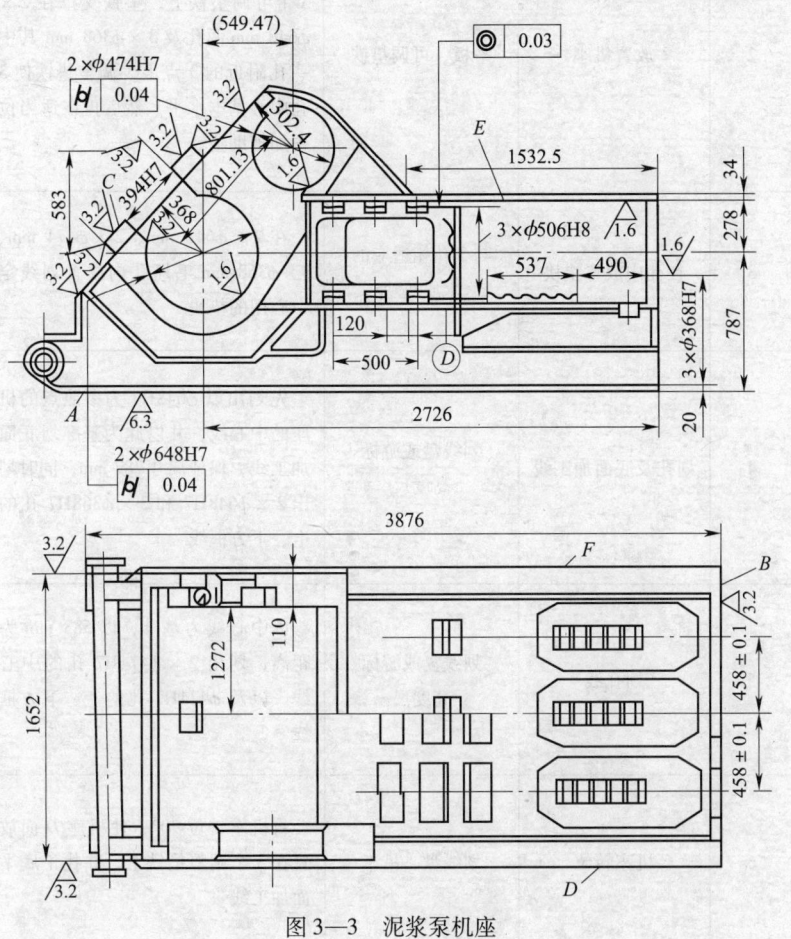

图 3—3 泥浆泵机座

3. 划线工艺卡（见表3—1）

表3—1　　　　　　　　泥浆泵划线工艺卡

工序号	工序内容	工艺装备（工、刀、量、夹具）	操作方法
1	拼接平板	平板、可调垫铁	根据现有平板进行拼接并校正
2	放置机座	平板、可调垫铁	将机座A面放置在拼接平板上的3个可调垫铁上，垫铁支撑在2×φ648 mm两孔及3×φ368 mm其中一孔附近的3点上，调整垫铁使3孔中心基本水平，然后再在适当位置加辅助垫铁
3	在孔内放置垫块	与3孔相适应的木质垫块	在2×φ648 mm、2×φ474 mm、3×φ368 mm毛坯孔内放置划线定中心用的垫块
4	划孔及底面加工线	划线盘或游标高度尺	先划出以φ648H7为参照点的机座的中心线，并以此为基准划底面加工线，保证尺寸787 mm，同时划出2×φ648H7和3×φ368H7孔的上、下方框线
5	划孔线	划线盘或游标高度尺	以中心线为基准，以583 mm为距离，划出2×φ474H7孔的中心线，以及φ474H7孔的上、下方框线
6	机座转位	划线盘、吊车	将机座转位90°，使机座D面放置在3个调整垫铁上，并找正底平面加工线

续表

工序号	工序内容	工艺装备（工、刀、量、夹具）	操作方法
7	划中心线	划线盘或游标高度尺	根据（110 + 1 272）mm 尺寸并照顾到 ϕ368H7 中心线，合理分配余量划机座的中心线
8	划轴承孔端面加工线及尺寸（458 ± 0.1）mm 线	划线盘或游标高度尺	以中心线为基准，划尺寸 1 652 mm 两轴承孔端面加工线，同时划出尺寸（458 ± 0.1）mm 和 3 × ϕ368H7 的镗孔方框线
9	吊转机座位置	吊车、角尺、调整垫铁	将机座转位 90°吊起，使 B 面安放在平板 3 个调整垫铁上，并找正垂直。加放辅助垫铁，使机座安全竖放，并加安全支架
10	划 B 面加工线、划孔 ϕ648H7 和 ϕ474H7 孔中心线和孔线	划线盘或游标高度尺	根据尺寸 1 532.5 mm 划出 B 面加工线，并以此线为基准，以 2 726 mm 为距离划 ϕ648H7 孔的中心线，并以（2 726 - 549.47）mm 为距离，划 ϕ474H7 孔的中心线
11	划 302.4 mm 和 368 mm 尺寸加工线，以及 394H7 加工线	划线盘或游标高度尺、吊车、调整垫铁、千斤顶等	将机座吊起转位，使 C 面放在调整垫铁上，并用千斤顶、调整垫铁等支撑住机座，找正 ϕ648H7 和 ϕ474H7 孔的中心线，划出 302.4 mm、368 mm、394H7 mm 尺寸加工线
12	复查校核	相关量具	检查各划线尺寸有无漏划或错划，打上检查样冲点

§3—2 钳工制作实训案例

一、加工如图3—4所示的圆柱六角体

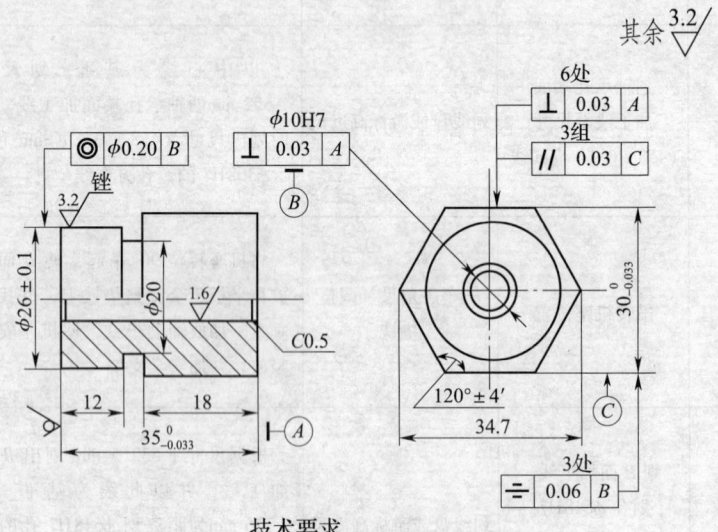

技术要求
1. 六角体边长最大与最小尺寸之差≤0.15mm。
2. 加工尺寸 $\phi26\pm0.10$ mm时,不得锉伤六角形左端。

图3—4 圆柱六角体

1. 清理毛坯毛刺、油污,检查毛坯形位精度、表面粗糙度及其他缺陷。

2. 划线

（1）将如图3—5所示毛坯 $\phi40$ 圆柱体放在置于划线平板上的V形架V形槽中。

（2）用游标高度尺测量 $\phi40$ 圆柱上母线至平板面的尺寸,再用该尺寸减去 $\phi40$ 的半径20 mm,即确定该工件放在V形架的中心高度尺寸。

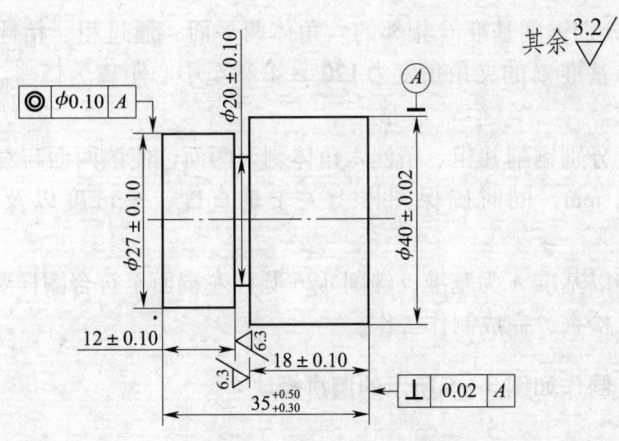

图 3—5 圆柱六角体毛坯

(3) 将游标高度尺定为工件的中心高度尺寸,在工件上划出第一条中心线(在 $\phi40$ 和 $\phi27$ 两端面上均划出来),再将毛坯旋转 90°,划出第二条中心线,确定中心位置,用样冲在两端面所划中心线位置处打样冲眼。

(4) 用划规在 $\phi27$ 端面上划出 $\phi27$ 圆弧;在 $\phi40$ 端面上划出 $\phi34.7$ 的圆弧并 6 等分后,用钢直尺、划针依次连接成六边形。

3. 用平口钳夹持 $\phi27$ 圆柱体,使得 $\phi40$ 左端面与平口钳钳口贴紧,然后用 $\phi9.8$ 钻头钻孔,钻孔后对孔口;两端用 $\phi12$ 钻头进行倒角(宽度 0.5 mm,角度 45°)。

4. 对所钻孔,用手铰刀铰制 $\phi10H7$ 孔。

5. 以基准 B,采用锉削圆弧的方法顺着圆弧方向锉削加工 $\phi27$ 圆柱尺寸至图样所要求的 $\phi26 \pm 0.1$。

6. 为保证 $\phi10H7$ 孔的位置度,在测量外径时应检查外径至 $\phi10H7$ 孔的位置是否一致,锉削时应检查 $\phi26$ 圆柱上母线与 $\phi26$ 圆柱端面的垂直度,从而确保图样中 $\phi0.2$ 的同轴度要求。

7. 相对基准 C 锯削六角体的一面,粗、精锉至所划线条。精锉时应以 $\phi10H7$ 孔中心线为基准,保证该面至中心距离为 $15_{-0.02}^{\ 0}$ mm。

8. 锯削六角体第一面的相对面,经过粗、精锉该面,保证尺寸 $30_{-0.033}^{\ 0}$ mm,保证图样上关于该处垂直度和平行度的要求。

> 钳工

9. 分别锯削基准 C 相邻的六角体两平面，通过粗、精锉，保证两平面与基准 C 的夹角角度为 $120°±4'$ 和至中心距离为 $15_{-0.02}^{0}$ mm 的图样要求。

10. 分别锯削并粗、精锉六角体剩余两面，使该两面与对面尺寸为 $30_{-0.033}^{0}$ mm，同时确保图样上关于垂直度、平行度以及夹角的要求。

11. 以基准 A 为基准，锉削 $\phi26$ 圆柱左端面至符合图样要求。

12. 检查，完成制作工作。

二、制作如图 3—6 所示的镶拼模块

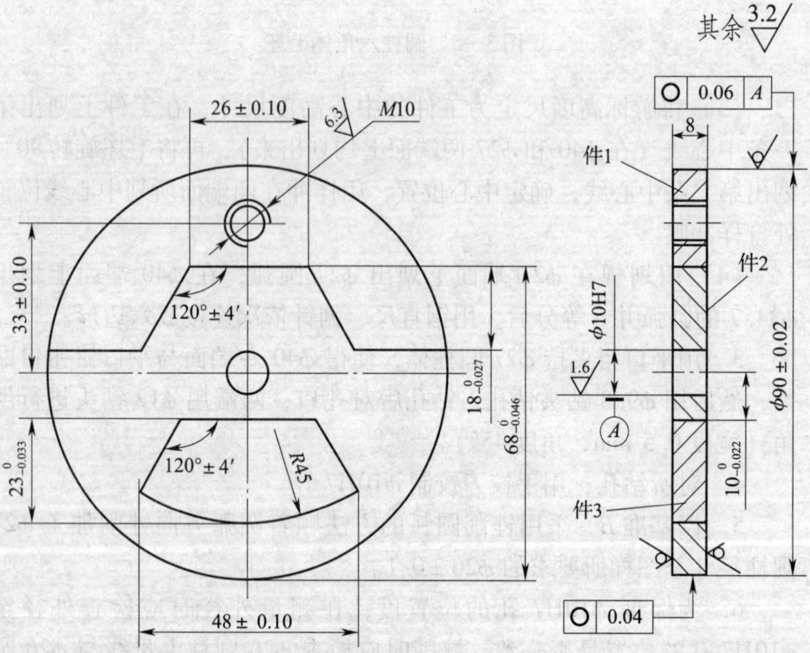

技术要求

1. 件2与件1的配合面以件2为基准，件1配做，配合互换间隙≤0.05mm。
2. 件2中孔(23mm×48mm)按件3配做，配合互换间隙≤0.05mm。
3. 件3中的曲面为不加工面。

图 3—6 镶拼模块

1. 清理毛坯毛刺、油污，检查毛坯形位精度、表面粗糙度及其他缺陷。

2. 确定图 3—7 所示毛坯加工基准为毛坯的一个端面和 ϕ90 中心线。

3. 利用游标高度尺、V 形架等划线工具，根据图样尺寸完成件 2 的钻孔线划线：中心线、孔的圆周线或 23 mm × 48 mm 方框线。

4. 划件 2 的外形尺寸线：划 68 mm、18 mm、26 mm、$26 + 2 \times (18 \times 0.577) = 46.77$ mm 尺寸线，并用钢直尺完成斜线划线。

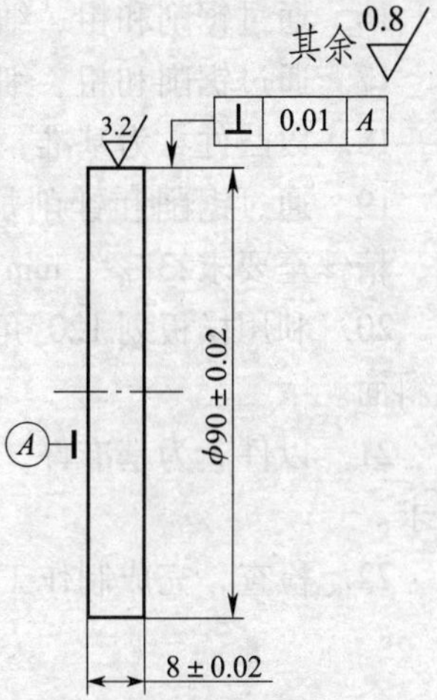

5. 划件 2 的 23 mm × 48 mm 孔加工线：划 10 mm、23 mm、48 mm、R45 mm 尺寸线，用样板划 $120° \pm 4'$ 斜线。

6. 钻 ϕ9.8 孔，并沿 23 mm × 48 mm 边框线钻 ϕ4 的排料孔。

7. 通过锯削和粗、精锉加工尺寸为 $68_{-0.046}^{0}$ mm 的平面，要注意兼顾至 ϕ10H7 孔的尺寸（23 ± 0.05）mm。

8. 加工两斜面和两平面，通过锯削和锉削确保尺寸要求：$120° \pm 4'$、（26 ± 0.10）mm、对称度不大于 0.02 mm（通过测量两斜面至 ϕ90 mm 圆柱表面的尺寸差来控制）。

9. 通过粗、细锉加工尺寸为 $18_{-0.027}^{0}$ mm 的两平面。

10. 通过交替粗、精锉完成 23 mm × 48 mm 孔的四面。

11. 去除件 2 各部分毛刺。

12. 在另一毛坯上划件 1 外形尺寸：40 mm、18 mm、26 mm、$26 + 2 \times (18 \times 0.577) = 46.77$ mm，用钢直尺完成斜线划线。

13. 划件 1 螺纹孔中心线、孔的圆周线或方框线。

14. 划件 3 的外形尺寸线：23 mm、48 mm、R45 mm，用钢直尺划 $120° \pm 4'$ 斜线。

15. 钻 $5 \times \phi$4 排料孔；钻 M10 螺纹孔底孔 ϕ8.6，攻 M10 螺纹孔。

图 3—7 镶拼模块毛坯

16. 通过锯削和粗、细、精锉加工件1的槽顶平面。

17. 通过锯削和粗、细锉加工件1的两斜面。

18. 以凸件2为基准,锉配凹件1的两斜面及底面至配合要求。

19. 通过锯削和锉削加工件3尺寸为23 mm的平面,经过粗、细、精锉至要求$23^{+0.023}_{0}$ mm。

20. 利用样板划120°角斜线,通过锯削和粗、细、精锉加工件3两斜面。

21. 以件3为基准件,锉配件2上的23 mm×48 mm的孔至配合要求。

22. 检查,完成制作工作。

§3—3 装配实训案例

一、装配调整如图3—8所示的X62W型万能铣床主轴

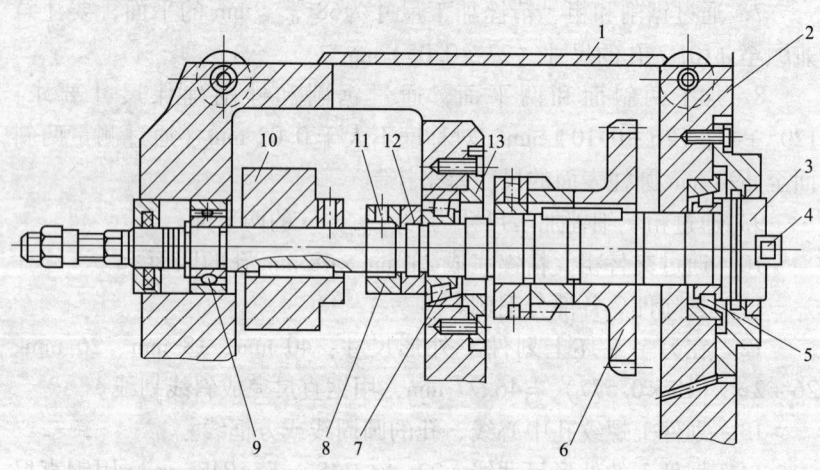

图3—8 X62W型万能铣床主轴
1—盖板 2—床身 3—主轴 4—端面键 5—前支撑轴承 6—齿轮 7—中间支撑轴承 8—螺母 9—后支撑轴承 10—飞轮 11—紧定螺钉 12—垫圈 13—法兰盘

装配调整过程简要步骤如下：

1. 读装配图，全面了解 X62W 型万能铣床主轴组成和各零部件功用。
2. 根据 X62W 型万能铣床主轴特点准备拆装及调整工具。
3. 编制 X62W 型万能铣床主轴装配工艺规程。
4. 拆卸分解 X62W 型万能铣床主轴。
5. 清洗拆卸后的零部件。
6. 检验主轴的 3 个支撑轴承的精度，测量径向跳动的误差大小及误差方向，并做好标记。
7. 检验主轴的精度。
8. 检验其他零部件的精度。
9. 修理存在问题，并再次检验零部件精度，并做好误差大小及方向的标记。
10 按零部件精度的检验结果，用定向装配的方法装配主轴及轴承，以提高主轴的回转精度。
11. 按拆卸的相反顺序安装其他零部件。
12. 按技术要求逐项检验主轴轴线的径向跳动和轴向窜动，检验主轴锥孔中心线的径向跳动等，做好必要的调整。
13. 调整时，先将床身顶部的悬梁移开，拆下盖板 1，即可进行调整工作。再松开紧定螺钉 11，用专用钩头扳手钩紧螺母 8，然后利用端面键 4，顺时针旋转主轴 3，使中间支撑轴承 7 内圈向右移动，主轴轴肩使前支撑轴承 5 内圈向左移动，即可消除中间支撑轴承 7 和前支撑轴承 5 的间隙。调整时，螺母 8 的松紧程度应根据机床的工作要求来决定。
14. 当机床进行负荷不大的精加工时，轴承间隙应尽量小些，并保证在 1 500 r/min 的转速下运转 30 ~ 60 min、轴承温度不超过 60℃为宜。

二、C620 – 1 型普通车床的总装工艺

1. 床身的装配

将床身、床座、油盘用连接螺钉装成一体，在床座下面加好垫铁，用检验桥板、水平仪将床身导轨上面调好水平，如图 3—9 所示。

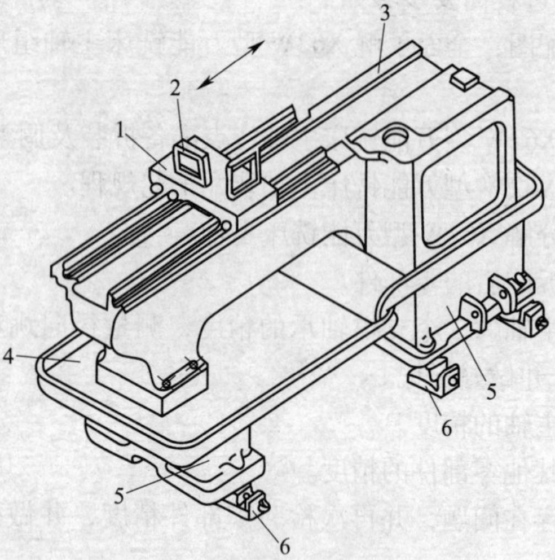

图3—9 床身的装配
1—检验桥板 2—水平仪 3—床身 4—油盘 5—床座 6—调整垫铁

2. 溜板与床身的装配

确定了溜板箱、走刀箱与托架的位置后,卸下溜板箱、走刀箱与托架进行部装。溜板并不卸除,而继续刮装刀架下滑板、刀架转盘、刀架上滑板和刀架,即横刀架与小刀架的刮装。刮合格后取下小刀架,完成溜板与床身的装配。

3. 精装溜板箱、走刀箱和托架

(1) 齿条安装在床身装配位置后,用螺钉紧固在溜板箱上,将溜板箱与溜板横刀架一对齿轮的啮合间隙调整到 0.05 mm。具体做法是:用一张报纸轧进两齿轮间,轧过后,纸片应是将断不断的状态。

(2) 用螺钉将走刀箱、托架紧固在装配位置。在丝杠连接轴及托架孔内分别装检验心轴,在溜板箱的开合螺母内也卡一检验心轴(见图3—10)。用检验桥板及百分表进行检测和调整。调整时以溜板箱为基准,调整走刀箱及托架,保证丝杠孔和光孔对导轨的平行度,沿上母线方向和侧母线方向均小于 0.10 mm。

检测合格后,应旋紧各件紧固螺钉,再次复测。

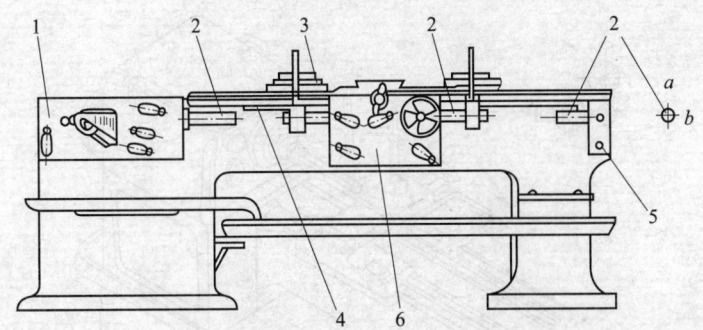

图3—10 溜板箱、走刀箱和托架的精装
1—走刀箱 2—检验心轴 3—检验桥板 4—齿条 5—托架 6—溜板箱

(3) 调整溜板箱小齿轮与齿条的啮合间隙,要求达到 0.08 mm。调整小齿轮在齿条全长上的啮合间隙基本一致后,再旋紧齿条紧固螺钉。

(4) 精铰各件的定位销孔,装上定位销。

4. 主轴箱与床身装配

(1) 主轴箱固定在装配位置后,先用水平仪复测床身的水平是否起了变化,若有变化,应进行微调。

(2) 测量主轴中心线与溜板移动方向的平行度(见图3—11)。在主轴孔内装莫氏5号检验心轴,溜板上安装百分表,移动溜板,测心轴的上母线和侧母线,平行度的要求是:上母线允差 0.03/300 mm;侧母线允差 0.015/300 mm。

当侧母线不合格时,可调整主轴箱侧面的调整螺钉;当上母线不合格时,应重新检查主轴箱的装配质量和床身与主轴箱的结合面,哪项不合格就修复哪项,直到合格为止。然后再重新装好,将螺钉紧固。

5. 装尾座

(1) 将尾座固定在床身上,顶尖套外伸 100 mm,检测与溜板移动方向的平行度,达到上母线允差 0.01/100 mm、侧母线允差 0.03/100 mm。

(2) 在主轴孔和尾座孔内各装入顶尖,顶上一个检验心轴(见图3—12),测量其等高度,允差 0.06 mm,但应保证顶尖中心稍高于主轴中心。不合格时,一般应刮修尾座底面。

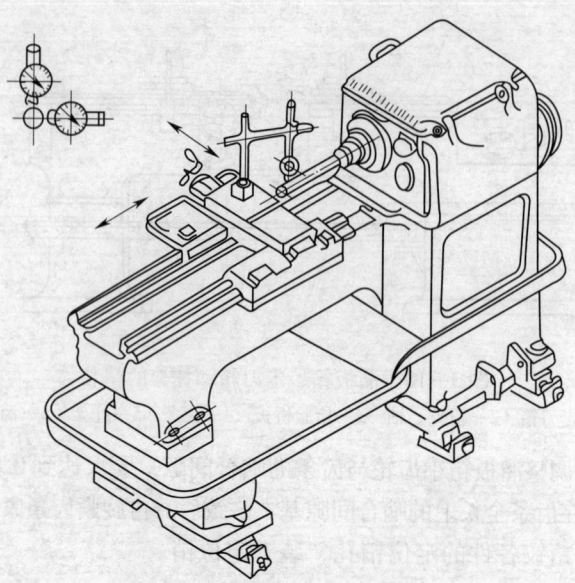

图 3—11　主轴箱的装配检测

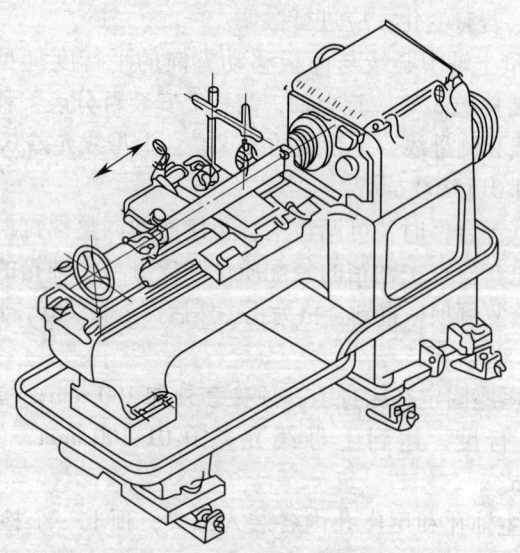

图 3—12　尾座装配检测

（3）检测溜板移动方向对顶尖套孔中心线的平行度，达到上母线允差 0.03/300 mm、侧母线允差也是 0.03/300 mm。可在顶尖孔内装莫氏 4 号检验棒，用装在溜板上的百分表进行测量（见图 3—13）。若不合格，在允许的情况下刮研尾座底面或对锥孔进行研磨修整。

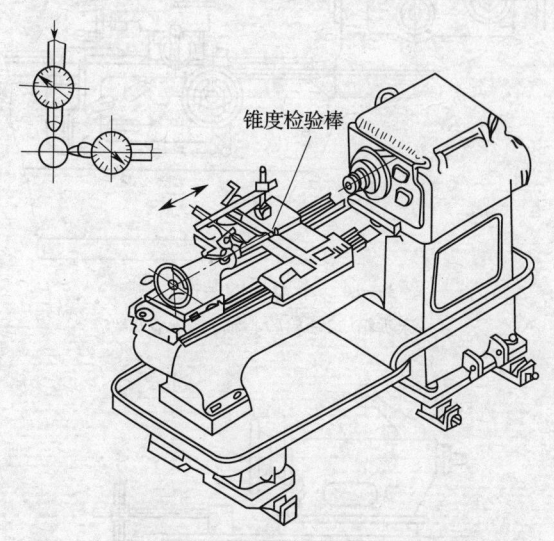

图 3—13　溜板移动方向与尾座锥孔平行度的检测

6. 小刀架的装配

将小刀架部件装配在刀架下滑座上，按图 3—14 所示，移动小刀架，测量它与主轴中心线的平行度。平行度允差是 0.03/100 mm，若超差时，可修复刀架转盘或刀架上滑座的上面。动手前应分析其超差原因，然后再决定修整哪个零部件。

7. "三杠"的装配

将光杠、丝杠和开关杠装到床身上，用检验桥板和百分表检查其全长对导轨的平行度，达到上母线允差和侧母线允差均小于 0.15 mm。同时开闭开合螺母，检查丝杠的跳动量。按图 3—15 所示，用钢球和平头百分表进行测量。闭合开合螺母，按反、正方向转动丝杠，分别测量其窜动量，使窜动量不超过 0.01 mm，并将反、正转的游隙控制在 0.04 mm 左右。

图 3—14　小刀架的装配检测
1—床头箱　2—检验心轴　3—小刀架

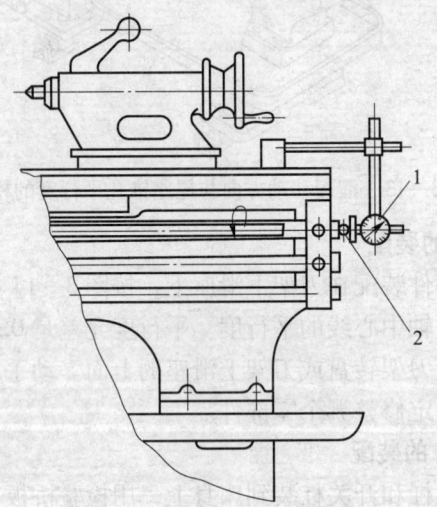

图 3—15　丝杠窜动量的测量
1—平头百分表　2—钢球

8. 其他零部件的装配

完成电动机、三角带、安全罩、电器、照明以及冷却系统等的安装。

试 题 库

理论知识试题

一、是非题

1. 通用量具和量仪可以测量一定范围内的任一量值。（   ）
2. 游标卡尺量爪的测量面和尺身等表面若有不平、毛刺、弯曲等情况，操作者应用砂布、锉刀等工具进行修复。（   ）
3. 用百分表测量工件时，测量杆的行程可以超出它的测量范围。（   ）
4. 当游标卡尺两量爪贴合时，尺身和游标的零线要对齐。（   ）
5. 游标卡尺主尺一格与副尺一格的差值即是该尺的最小读数值。（   ）
6. 游标卡尺尺身和游标上的刻线间距都是 1 mm。（   ）
7. 游标卡尺是一种常用量具，能测量各种不同精度要求的零件。（   ）
8. 0~25 mm 千分尺放置时两测量面之间须保持一定间隙。（   ）
9. 千分尺活动套管转一周，测微螺杆就移动 1 mm。（   ）
10. 塞尺也是一种界限量规。（   ）
11. 千分尺上的棘轮，其作用是限制测量力的大小。（   ）
12. 水平仪用来测量平面对水平或垂直位置的误差。（   ）
13. 台虎钳上夹持工作时，可套上长管子扳紧手柄，以增加夹

> 钳工

紧力。( )

14. 在台虎钳上强力作业时，应尽量使作用力朝向固定钳身。( )

15. 125 mm 台虎钳，表示钳口宽度为 125 mm。( )

16. 台虎钳安装在钳台上时，固定钳身的钳口应处于钳台的边缘之外。( )

17. 当毛坯件有误差时，都可通过划线的借料予以补救。( )

18. 平面划线只需选择一个划线基准，立体划线则要选择两个划线基准。( )

19. 划线平板平面是划线时的基准平面。( )

20. 划线前在工作划线部位应涂上较厚的涂料，才能使划线清晰。( )

21. 划线蓝油是由适量的龙胆紫、虫胶漆和酒精配制而成的。( )

22. 零件都必须经过划线后才能加工。( )

23. 划线应从基准开始。( )

24. 划线的借料就是将工件的加工余量进行调整和恰当分配。( )

25. 利用分度头划线，当手柄转数不是整数时，可利用分度差一起进行分度。( )

26. 划线时用来确定工件各部分尺寸、几何形状及相对位置的依据称为划线基准。( )

27. 划线平板是划线工作的基准面，划线时，可把需要划线的工件直接安放在划线平板上。( )

28. 借料的目的是为了保证工件各部分的加工表面有足够的加工余量。( )

29. 划线时，千斤顶主要用来支撑半成品工件或形状规则的工件。( )

30. 复杂零件的划线就是立体划线。( )

31. 利用方箱划线，工件在一次安装后，通过翻转方箱，可以划出三个方向的尺寸线。( )

32. 划线时，划出的线条除要求清晰均匀符合要求外，最重要的是保证尺寸准确。（　）

33. 用于检查工件加工后的各种误差或出现废品时作为分析原因的线，称为找正线。（　）

34. 当零件有两个以上的不加工表面时，应选择其中面积较小、较次要的或外观质量要求较低的表面作为找正基准。（　）

35. 划线时，一般应选择设计基准作为划线基准。（　）

36. 在需要精加工的已加工表面上划线时，用硫酸铜溶液作涂料。（　）

37. 采用样板划线的方法，适用于形状简单、精度要求高和加工面少的工件。（　）

38. 划线质量与平台的平整性有关。（　）

39. 箱体工件划线时，如以中心十字线作为基准找正线，只要在第一次划线正确后，以后每次划线都可以用它，不必重划。（　）

40. 为了减少箱体划线时的翻转次数，第一划线位置应选择待加工孔和面最多的一个位置。（　）

41. 划线时要注意找正内壁的道理是为了加工后能顺利装配。（　）

42. 划高度方向的所有线条，划线基准是水平线或水平中心线。（　）

43. 经过划线确定加工时的最后尺寸，在加工过程中，应通过加工来保证尺寸的准确度。（　）

44. 有些工件，为了减少工件的翻转次数，其垂直线可利用直角铁或90°角尺一次划出。（　）

45. 在制作板材制件时，往往先要按图样在板材上画成展开图，才能进行落料和弯形。（　）

46. 立体划线一般要在长、宽、高三个方向上进行。（　）

47. 立体划线时，工件的支持和安置方式不取决于工件的形状和大小。（　）

48. 我们常用的拉线与吊线法，可在第一划线位置上把各面的加工线都划好，完成整个工件的划线任务。（　）

49. 划线是零件加工过程中的一个重要工序,因此通常能根据划线直接确定零件加工后的尺寸。（ ）

50. 在进行锯削、锉削、刮削、研磨、钻孔、铰孔等操作前,都应划线。（ ）

51. 大型工件划线时,应选定划线面积较大的位置作为第一划线位置,这是因为在找正工件时,较大面比较小面准确度高。（ ）

52. 畸形工件划线时,当工件的重心位置落在支撑面的边缘部位时,必须相应加上辅助支撑。（ ）

53. 当第一划线位置确定后,若有两个安置基面可以选择时,应选择工件重心低的一面作为安置基面。（ ）

54. 箱体划线时,若箱体内壁不需加工,只要找正箱体外表面的部位即可划线,内壁可不用考虑。（ ）

55. 经过划线确定了的尺寸界限,在加工过程中,应通过加工来保证尺寸的准确性。（ ）

56. 锯条长度是以其两端安装孔的中心距来表示的。（ ）

57. 锯条反装后,由于楔角发生变化,而锯削不能正常进行。（ ）

58. 起锯时,起锯角越小越好。（ ）

59. 锯条粗细应根据工作材料性质及锯削面宽窄来选择。（ ）

60. 锯条有了锯路,使工作上锯缝宽度大于锯条背部厚度。（ ）

61. 固定式锯弓可安装几种不同长度规格的锯条。（ ）

62. 手锯回程中,也应施加压力,这样可以加快锯削速度。（ ）

63. 用手锯锯削时,其起锯角应小于15°角为宜,但不能太小。（ ）

64. 安装锯条不仅要注意齿尖方向,还要注意锯条的松紧程度。（ ）

65. 錾子切削部分只要制成楔形,就能进行錾削。（ ）

66. 錾子后角的大小,是由錾削时錾子被掌握的位置所决定的。（ ）

67. 錾子在砂轮上刃磨时，必须低于砂轮中心。（　）
68. 錾子切削部分热处理时，应尽量提高其硬度，以增加其耐磨性。（　）
69. 尖錾切削刃两端侧面略带倒锥。（　）
70. 錾子热处理就是指錾子的淬火。（　）
71. 当錾削距尽头 10 mm 左右，应调头錾去余下的部分。（　）
72. 錾削不能在圆弧面上加工油槽。（　）
73. 锉削过程中，两手对锉刀压力的大小应保持不变。（　）
74. 锉刀的硬度应在 62～67HRC。（　）
75. 顺向锉法可使锉削表面得到正直的锉痕，比较整齐美观。（　）
76. 主锉纹覆盖的锉纹是主锉纹。（　）
77. 单锉纹锉刀用以锉削软材料为宜。（　）
78. 同一锉刀上主锉纹斜角与辅锉纹斜角相等。（　）
79. 锉刀编号依次由类别代号、型式代号、规格和锉纹号组成。（　）
80. 锉刀可作为撬棍或手锤使用。（　）
81. 金属材料都能进行矫正和弯形。（　）
82. 在冷加工塑性变形过程中，产生的材料变硬现象称为冷硬现象。（　）
83. 弯形是对金属材料进行塑性变形。（　）
84. 薄板料中间凸起时，说明中间的纤维比四周短。（　）
85. 管子直径在 12 mm 以上可用冷弯法进行弯形。（　）
86. 管子直径大于 10 mm，弯形时应在管内灌满干沙。（　）
87. 矫正工作就是对材料的弹性变形进行矫正。（　）
88. 材料弯曲变形后，中性层长度不变，因此弯曲前可按中性层计算毛坯长度。（　）
89. 中间凸起的金属板料，矫正时应从材料中间向四周锤击，锤击点由密到稀、由重到轻。（　）
90. 一切材料都能进行矫正。（　）
91. 热弯管子时，在两塞头中间钻小孔的目的，是防止加热后气

体膨胀发生事故。（　）

92. 钻头主切削刃上的后角，外缘处最大越接近中心则越小。（　）
93. 钻孔时加切削液的主要目的是提高孔的表面质量。（　）
94. 钻孔属粗加工。（　）
95. 钻头的顶角（2φ），钻硬材料应比钻软材料选得大些。（　）
96. 钻头直径越小，螺旋角越大。（　）
97. 标准麻花钻的横刃斜角 $\psi = 50° \sim 55°$。（　）
98. Z525 钻床的最大钻孔直径为 50 mm。（　）
99. 钻床的一级保养，以操作者为主，维修人员配合。（　）
100. 当孔将要钻穿时，必须减小进给量。（　）
101. 切削用量是切削速度、进给量和背吃刀量的总称。（　）
102. 钻削速度是指每分钟钻头的转数。（　）
103. 钻心就是指钻头直径。（　）
104. 钻头前角大小与螺旋角有关（横刃处除外），螺旋角越大，前角越大。（　）
105. 刃磨钻头的砂轮，其硬度为中软级。（　）
106. 标准麻花钻的顶角为 110°。（　）
107. 标准麻花钻在钻头不同的半径处，其螺旋角的大小是不等的，从钻头外缘向中心逐渐增大。（　）
108. 用钻模钻孔的优点之一是工件装夹迅速方便，能减少辅助时间。（　）
109. 快速钻夹头在更换刀具时，仍要使主轴停止旋转。（　）
110. 直柄麻花钻比锥柄麻花钻传递的转矩大。（　）
111. 麻花钻头的柄部在钻孔时，是用来传递转矩和轴向力的。（　）
112. 钻孔时，由于加工材料和加工要求不一，所用切削液的种类和作用也不一样。（　）
113. 钻头套共有 5 个号的莫氏锥度，其号数是 0～4 号。（　）
114. 钻头直径大于 13 mm，柄部一般采用锥柄。（　）
115. 标准麻花钻的工作部分是两条主切削刃。（　）

116. 麻花钻主切削刃上各点的前角大小相等。（ ）
117. 在组合件上钻孔时，钻头容易向材料较硬的一边偏斜。（ ）
118. 扩孔不能作为孔的最终加工。（ ）
119. 用麻花钻扩孔可避免横刃切削的不良影响。（ ）
120. 由于扩孔钻的导向部分比麻花钻短，所以它的刚度和导向性比麻花钻差。（ ）
121. 一般扩孔时的切削速度约为钻孔的一半。（ ）
122. 修磨钻头横刃时，其长度磨得越短越好。（ ）
123. 在钻头后面开分屑槽，可改变钻头后角的大小。（ ）
124. 柱形锪钻外圆上的切削刃为主切削刃，起主要切削作用。（ ）
125. 柱形锪钻的螺旋角就是它的前角。（ ）
126. 柱形锪钻和锥形锪钻都可以用麻花钻改制。（ ）
127. 为了避免锪削表面出现多角形，应采用较大的前角和较高的转速。（ ）
128. 机铰结束后，应先停机再退刀。（ ）
129. 铰刀的齿距在圆周上都是不均匀分布的。（ ）
130. 螺旋形手铰刀适宜于铰削带有键槽的圆柱孔。（ ）
131. 1：30锥铰刀是用来铰削定位销孔的。（ ）
132. 铰孔时，铰削余量越小，铰后的表面越光洁。（ ）
133. 工具厂生产的铰刀，外径一般均留有研磨余量。（ ）
134. 整体式铰刀研具没有调整量，因此研磨精度较高。（ ）
135. 1：10锥度铰刀的锥度较大，一般无粗、精铰刀之分，只有一把铰刀。（ ）
136. 铰刀是铰孔的工具，按使用方法，可分为手用铰刀和机用铰刀两类。（ ）
137. 铰刀切削部分的材料是高碳钢或硬质合金。（ ）
138. 铰刀的结构形式有整体式、套式和调节式。（ ）
139. 机用铰刀的校准部分全部为圆柱形。（ ）
140. 手工铰孔时铰刀不能反转，即使退出也不能反转。（ ）
141. 使用硬质合金机用铰刀铰削时，会使孔产生严重的挤压变

形，孔径扩大。 （ ）
142．铰刀铰削钢料时，加工余量太大会造成孔径缩小。（ ）
143．铰刀校准部分有后角为零度的刃带，起挤压和导向作用。
（ ）
144．螺纹的基准线是螺旋线。 （ ）
145．多线螺纹的螺距就是螺纹的导程。 （ ）
146．螺纹精度由螺纹公差带和旋合长度组成。 （ ）
147．螺纹旋合长度分为短旋合长度和长旋合长度两种。（ ）
148．逆时针旋转时旋入的螺纹称为右螺纹。 （ ）
149．米制普通螺纹，牙型角为60°。 （ ）
150．M16×1 含义是细牙普通螺纹，大径16 mm，螺距1 mm。
（ ）
151．当螺栓断在孔内时，可用直径比螺纹小径小0.5~1 mm的钻头钻去螺栓，再用丝锥攻出内螺纹，取出断在孔内螺栓。（ ）
152．机攻螺纹时，丝锥的校准部分不能全部出头，否则退出时造成螺纹烂牙。 （ ）
153．圆板牙只在单面制成切削部分，故圆板牙只能单面使用。
（ ）
154．攻螺纹前的底孔直径必须大于螺纹标准中规定的螺纹小径。
（ ）
155．套螺纹时，圆杆顶端应倒角至15°~20°。 （ ）
156．圆板牙两端带有切削锥角的部分是切削部分。 （ ）
157．刮削韧性材料用的平面刮刀，楔角应大于90°。（ ）
158．刮削平板时，必须采用一个方向进行刮削，否则会造成刀迹紊乱，降低刮削表面质量。 （ ）
159．精刮刀和细刮刀的切削刃都呈圆弧形，但精刮刀的圆弧半径较大。 （ ）
160．精刮时，显示剂应调得干些，粗刮时应调得稀些。（ ）
161．刮削后的表面，不得有任何微浅的凹坑，以免影响工作的表面质量。 （ ）
162．刮削内曲面时，刮刀的切削运动是螺旋运动。 （ ）

163. 轴瓦刮好后，接触点的合理分布应该是中间部分研点比两端多。（　）

164. 细刮时应采用长刮法，而精刮时应采用点刮法进行刮削。（　）

165. 原始平板刮削时，采用对角研刮削的目的是消除平面的扭曲现象。（　）

166. 刮削前的余量是根据工作刮削面积大小而定，面积大应大些，反之则余量可小些。（　）

167. 原始平板采用正研的方法进行刮削，到最后只要任取两块合研都无凹凸现象，则原始平板的刮削已达到要求。（　）

168. 刮削加工能得到较小的表面粗糙度，主要是利用刮刀负前角的推挤和压光作用。（　）

169. 平面刮刀只能用来刮削平面，不可用于刮削外曲面。（　）

170. 挺刮刀主要用于精刮和刮花。（　）

171. 三角刮刀可用来刮削平面。（　）

172. 蛇头刮刀可用来刮削曲面。（　）

173. 精刮时落刀要轻，起刀要快，每个研点只能刮一刀，不能重复。（　）

174. 不论是粗刮、细刮还是精刮，对小工件合研研点时，应将工件固定，平板放在工件上移动合研。（　）

175. 刮研中小型工件的显点，标准平板固定不动，工件被刮面在平板上推研。（　）

176. 研具的材料应当比工件材料稍硬，否则其几何精度不易保持，而影响研磨精度。（　）

177. 研磨时，为减小工件表面粗糙度值，可加大研磨压力。（　）

178. 碳化物磨料的硬度高于刚玉类磨料。（　）

179. 直线研磨运动的轨迹不但能获得较高的几何精度，同时也能得到较小的表面粗糙度。（　）

180. 研磨为精加工，能得到精确的尺寸、精确的形位精度和极小的表面粗糙度。（　）

181. 研磨是主要靠化学作用除去零件表面层金属的一种加工方法。（　）

182. 研磨外圆柱时，研磨套往复运动轨迹要正确，形成网纹交叉线应为45°。（　）

183. 研磨液在研磨加工中起到调和磨料、冷却和润滑作用。（　）

184. 研磨余量大小应根据工件精度而定，与工件的尺寸大小无关。（　）

185. 铸铁耐磨性良好，硬度适中，研磨剂涂布均匀，因此，广泛用做研具材料。（　）

186. 用铜合金制成的研具，质软易被磨料嵌入，所以常用来精研。（　）

187. 金刚石磨料的切削性能比氧化物、碳化物磨料都低，实用效果较差。（　）

188. 氧化物磨料的切削能力最高，所以应用最广。（　）

189. 磨料的粒度号数大，磨料粗；号数小，磨料细。（　）

190. 磨料的粒度越粗，研磨精度越低。（　）

191. 研磨小平面工件，通常采用8字形或仿8字形运动轨迹。（　）

192. 研磨量规的测量面，应采用直线研磨运动轨迹。（　）

193. 固定式研磨棒上的螺旋槽，主要用来存放研磨剂。（　）

194. 精研平板时，为了能及时把多余的研磨剂刮去，平板表面常加工出长槽。（　）

195. 装配工作，包括装备前的准备、部装总装、调整、检验和试机。（　）

196. 完全互换法用在组成件数少、精度要求不高的装配中。（　）

197. 把零件和部件装配成最终产品的过程称为部装。（　）

198. 采用分组选配法装配时，只要增加分组数便可以提高装配精度。（　）

199. 修配装配法，对零件的加工精度要求较高。（　）

200. 尽管某些零部件质量不高，但如采用正确的装配工艺，也能装出性能良好的产品。（　）

201. 用修配法装配，能降低制造零件时的加工精度，使产品成本降低，故一般常用于公差要求较高的大批量生产中。（　）

202. 螺纹连接是一种可拆的固定连接。（　）

203. 螺纹连接根据外径或内径配合性质不同，可分为普通配合、过渡配合和间隙配合三种。（　）

204. 为了保证传递转矩，安装楔键时必须使键侧和键槽有少量过盈。（　）

205. 花键配合的定心方式，在一般情况下都采用外径定心。（　）

206. 平键连接是靠平键的上表面与轮壳槽底面接触传递转矩。（　）

207. 销连接在机械中起紧固或定位连接作用。（　）

208. 弹簧垫圈属于机械方法防松。（　）

209. 圆锥销以小端直径和长度表示其规格。（　）

210. 管道连接都是可拆卸的连接。（　）

211. 圆柱面过盈连接，一般应选择其最小过盈等于或稍大于连接所需的最大过盈。（　）

212. 过盈连接利用连接件产生弹性变形来达到紧固目的。（　）

213. 冷装法适用于过盈量较小的配合。（　）

214. V带传动中，动力的传递是依靠张紧在带轮上的带与带轮之间的摩擦力来传递的。（　）

215. V带装配时，为了增加摩擦力，必须使V带底面和两侧面都接触轮槽。（　）

216. 张紧力是保证传递功率的大小的，张紧力越大，传递的功率越大，传动效率越高。（　）

217. 链条的下垂度是反映链条装配后的松紧程度，所以要适当。（　）

218. 传动带在带轮上的包角可以小些，否则容易打滑。（　）

219. 分度机构中的齿轮传动装配技术要求主要是保证传递运动的准确性。（ ）

220. 齿轮与轴为锥面配合时，其装配后，轴端与齿轮端面应贴紧。（ ）

221. 齿轮传动机构装配后的跑合，是为了提高接触精度，减小噪声。（ ）

222. 齿轮传动可用来传递运动的转矩、改变转速的大小和方向，还可把转动变为移动。（ ）

223. 安装新传动带时，最初的张紧力应比正常的张紧力小些。（ ）

224. 装配套筒滚子链时，应尽量避免使用奇数链节。（ ）

225. 接触精度是齿轮的一项制造精度，所以和装配无关。（ ）

226. 蜗轮齿面上的正确接触斑点位置应在中部，稍偏蜗杆的旋出方向。（ ）

227. 蜗杆传动的效率较高，工作时发热小，不需要良好的润滑。（ ）

228. 传动带轮在轴上安装的正确性，是用带轮的径向圆跳动和端面圆跳动量来衡量的。（ ）

229. 齿轮传动中的运动精度是指齿轮在转动一周中的最大转角误差。（ ）

230. 齿轮传动的特点包括，能保证一定的瞬时传动比，传动准确可靠，并有过载保护作用。（ ）

231. 传动带传动主要特点是，能过载保护和能适应两轴中心距较大的传动。（ ）

232. 联轴器在工作时具有接合和分离的功能。（ ）

233. 离合器可以作为启动或过载时控制传递转矩的安全保护装置。（ ）

234. 轴承是用来支撑轴的部件，也可用来支撑轴上的回转零件。（ ）

235. 动压润滑轴承是利用外界的油压系统供给一定的压力润滑油，使轴颈与轴承处于完全液体摩擦状态。（ ）

236. 液体动压轴承的油膜形成和压力的大小与轴的转速无关。
（   ）
237. 静压润滑轴承，轴不转动，轴仍能悬浮在轴承中间。（   ）
238. 主要用于承受径向载荷的轴承，称为向心轴承。（   ）
239. 滑动轴承与滚动轴承相比，具有结构简单、噪声小和摩擦因数小、效率高等优点。（   ）
240. 滚动轴承按滚动体的种类，可分为球轴承和滚子轴承两大类。（   ）
241. 滚动轴承的配合制度：内径与轴为基轴制，外径与外壳孔为基孔制。（   ）
242. 滚动轴承的密封装置可分为毡圈式密封和皮碗式密封两大类。（   ）
243. 滚动轴承的配合游隙既小于原始游隙又小于工作游隙。
（   ）
244. 滚动轴承径向游隙的大小，通常作为轴承旋转精度高低的一项指标。（   ）
245. 把滚动轴承装在轴上时，压力应加在外圈的端面上。（   ）
246. 当轴承内圈与轴配合较紧，外圈与壳体配合较松时，可先将轴承装在轴上，然后把轴承与轴一起装入壳体中。（   ）
247. 推力轴承装配时，应将紧圈靠在与轴相对静止的端面上。
（   ）
248. 滚动轴承标有代号的端面应装在不可见的部位，以免磨损。
（   ）
249. 润滑剂具有润滑、冷却、防锈和密封等作用。（   ）
250. 相同精度的前后滚动轴承采用定向装配时，则主轴的径向跳动量最小。（   ）
251. 主轴轴颈本身的圆柱度误差，不会引起滚动轴承的变形而降低装配精度。（   ）
252. 为了保证轴及其上面的零部件能正常运转，要求轴本身具有足够的强度和刚度。（   ）
253. 轴的损坏形式主要是轴颈磨损和轴弯曲变形。（   ）

254. 装配和修理工作不包括最后对机器进行试车。　　（　）

255. 认真做好试车前的准备工作，可避免出现重大的故障或事故。　　（　）

256. 机器启动前，应将暂时不需要产生动作的机构置于"停止"位置。

257. 机器启动过程应有步骤地按次序进行，但对每一阶段暴露的问题可待全部试验结束后一起进行处理。　　（　）

258. 机器上独立性较强的部件或机构较多时，应尽量同时进行试验，以提高试车效率。　　（　）

259. 空运转试验也称为空负荷试验。　　（　）

260. 空运转试验，能使各摩擦表面在工作初始阶段得到正常的磨合。　　（　）

261. 对机器进行超出额定负荷范围的运转试验是不允许的。
　　　　　　　　　　　　　　　　　　　　　　　　　（　）

262. 及时地进行维修的目的，在于以最低的费用，保证机器设备具有充分的使用可靠性和人身安全。　　（　）

263. 偶发性故障由于不可预知，所以是无法避免的。　　（　）

264. 带有圆弧刃的标准群钻，在钻孔过程中，孔底切削出一道圆环肋与棱边能共同起稳定钻头方向的作用。　　（　）

265. 标准群钻圆弧刃上各点的前角比磨出圆弧刃之前减小，楔角增大，强度提高。　　（　）

266. 标准群钻在后面上磨有两边对称的分屑槽。　　（　）

267. 标准群钻上的分屑槽能使宽的切屑变窄，从而使排屑流畅。
　　　　　　　　　　　　　　　　　　　　　　　　　（　）

268. 钻黄铜的群钻减小外缘处的前角，是为了避免产生扎刀现象。　　（　）

269. 钻薄板的群钻是利用钻心尖定中心，两主切削刃的外刀尖切圆的原理，使薄板上钻出的孔达到圆整和光洁。　　（　）

270. 钻精孔的钻头，其刃倾角为零度。　　（　）

271. 钻精孔时应选用润滑性较好的切削液。因钻精孔时除了冷却外，更重要的是需要良好的润滑。　　（　）

272. 钻小孔时，由于钻头直径小，强度低，容易折断，故钻孔时的钻头转速要比钻一般的孔要低。（　）

273. 钻小孔时，因为转速很高，实际加工时间又短，钻头在空气中冷却得很快，所以可不用切削液。（　）

274. 孔的中心轴线与孔的端面不垂直的孔，必须采用钻斜孔的方法进行钻孔。（　）

275. 用深孔钻钻削深孔时，为了保持排屑畅通，可使注入的切削液具有一定的压力。（　）

276. 用接长钻钻孔时，可以一钻到底，同深孔钻一样不必中途退出排屑。（　）

277. 对长径比小的高速旋转件，只需要进行静平衡。（　）

278. 长径比很大的旋转体，只需进行静平衡，不必进行动平衡。（　）

279. 校验静、动平衡，要根据旋转件上不平衡量的方向和大小来决定。（　）

280. 静平衡既能平衡不平衡量产生的离心力，又能平衡其组成的力矩。（　）

281. 在调整平衡后的旋转体，不允许有剩余的不平衡量存在。（　）

282. 对于转速越高的旋转体，规定的平衡精度应越高，即偏心速度越大。（　）

283. 轴承套塑性越好，与轴颈的压力分布越均匀。（　）

284. 轴承的使用寿命长短，主要看轴承的跑合性好坏、减磨性好坏和耐磨性好坏。（　）

285. 在选用轴套材料时，碰到低速、轻载和无冲击载荷时，不能用灰铸铁。（　）

286. 含油轴承的材料是天然原料。（　）

287. 巴氏合金浇铸前先要在其基体上镀锡，其原因为使它与轴承合金黏合更牢固。（　）

288. 动压轴承具有油膜刚度好和主轴旋转精度高的特点。（　）

289. 油楔的承载能力，除与几何尺寸有关外，还与油的黏度、

轴的转速和间隙有关。（　）

290. 剖分式轴瓦一般都用与其相配的轴来研点。（　）

291. 前后两个滚动轴承的径向圆跳动量不等时，应使前轴承的径向圆跳动量比后轴承的小。（　）

292. 机床导轨是机床各运动部件做相对运动的导向面，是保证刀具和工件相对运动的关键。（　）

293. 机床导轨面经刮削后，只要检查其接触点数达到规定的要求即可。（　）

294. 机床导轨面的接触点越多越好，精密机床的接触点数在25点/25 mm×25 mm以上。（　）

295. 刮削一组导轨时，基准导轨必须进行精度检查，而与其相配的导轨只需进行接触点数的检查，不做单独的精度检查。（　）

296. 刮削V形—矩形组合导轨时，应先刮削平面导轨，因为测量较为方便。然后再以平面导轨为基准刮削V形的导轨。（　）

297. 燕尾形导轨的刮削，一般采取成对交替配刮的方法进行。（　）

298. 刮削机床导轨时，通常选用比较长的、限制自由比较多的、比较难刮的支撑导轨作为基准导轨。（　）

299. 楔形镶条的两个大平面都与导轨均匀接触，所以比平镶条接触刚度好，但加工稍有困难。（　）

300. 螺旋机构是用来将直线运动转变为旋转运动的机构。（　）

301. 为了提高丝杠螺母副的精度，常采用消隙机构来调整径向配合间隙。（　）

302. 单螺母消隙机构，是在螺母的中径方向上施加一径向力，使丝杠与螺母保持单面接触以消除径向间隙。（　）

303. 矩形导轨适用于载荷较大而导向性要求稍低的机床上。（　）

304. 圆柱形导轨由于制造方便，但由于磨损后难以补偿间隙，故应用较少。（　）

305. 可以单独进行装配的零件，称为装配单元。（　）

306. 最低级的分组件，是由若干个单独的零件组成。（　）

307. 由两个或两个以上零件结合成机器一部分的称为部件。
( )

308. 产品的装配顺序,基本上是由产品的结构和装配组织形式决定。
( )

309. 在装配过程中,每个零件都必须进行试装,通过试装时的修理、刮削、调整等工作,才能使产品达到规定的技术要求。( )

310. 在制定装配工艺规程时,每个装配单元通常可作为一道装配工序,任何一产品一般都能分成若干个装配单元。( )

311. 尺寸链中,当封闭环增大时,增环也随之增大。( )

312. 装配尺寸链每个独立尺寸的偏差都将影响装配精度。( )

313. 评定主轴旋转精度的主要指标,是主轴的径向跳动和轴向窜动。
( )

314. 为了消除铸铁导轨的内应力所造成的精度变化,需在加工前作退火处理。
( )

315. 确定主轴旋转轴心的是轴承的滚道表面。( )

316. 滚动轴承内圈滚道和其内孔偏心时,则主轴的几何轴线将产生径向圆跳动误差。
( )

317. 角接触轴承滚道的倾斜,能引起主轴的轴向窜动误差和径向圆跳动误差。
( )

318. 机床的装配精度是在动态下通过检验后得出的。( )

319. C6140A型卧式车床的溜板刀架纵、横向运动,可由光杠、丝杠传动而得。
( )

320. 只有当片式摩擦离合器向左或者向右压紧时,闸带制动器方能制动主轴的正转或反转运动。
( )

321. C6140A型卧式车床主轴的正反转,是直接改变电动机的旋转方向后得到的。
( )

322. 在C6140A型卧式车床上车削螺纹时,由于车床上有安全离合器,所以当溜板与主轴箱相撞时,不会损坏车床。( )

323. 开合螺母机构是用来接通丝杠传动的运动。( )

324. 选择三个支撑点的距离尽可能小些,以保证工件的重心位于三点构成的三角形三边部位。
( )

325．对于大型畸形工件的划线，划配合孔或配合面的加工线，既要保证加工余量均匀，又应考虑其他部位装配关系。（　）

326．群钻主切削刃分成几段的作用是利于分屑、断屑和排屑。（　）

327．机床主要零部件的相对位置和运动精度，都与导轨精度无关。（　）

328．评定主轴回转误差的主要指标，是主轴前端的径向圆跳动和轴向窜动。（　）

329．轴颈的圆度和圆柱度误差，将会使滚动轴承产生变形，但不破坏原来的精度。（　）

330．机床的热变形，是影响精密机床工作精度的主要因素。（　）

331．减小机床的机外振源而引起的振动，主要措施是使其靠近振动比较剧烈的机械设备。（　）

332．主轴箱是主轴的进给机构。（　）

333．刀架用于装夹车刀，并使车刀做纵向、横向或斜向运动。（　）

334．尾座主要用于后顶尖支撑较长工件，安装钻头、铰刀等进行孔加工。（　）

335．实现主体运动的传动链，是进给传动链。（　）

336．实现进给运动的传动链，是主传动链。（　）

337．主轴支撑轴承中的间隙，直接影响机床的加工精度。（　）

338．检验桥板是检验导轨面间接触精度的一种量具，与水平仪结合使用。（　）

339．导轨的接触精度，是以接触面积大小来评定的。（　）

340．床身导轨的精加工方法有刮研、刨削和磨削。（　）

341．安装溜板箱，是总装中的重要一环，是确定进给箱和丝杠后托架安装基准。（　）

342．把水平仪横向放在车床导轨上，是测量导轨直线度误差。（　）

343．测量床身导轨垂直平面内的直线度误差，一般用百分表

测量。（　）

344. 测量床身导轨水平平面内的直线度误差用水平仪测量。
（　）

345. 车床总装后的静态检查，是在空运转试验之后进行的。
（　）

346. 车床空运转试验，是在全负荷强度试验之后进行的。（　）

347. 对设备进行日常检查，目的是及时发现不正常现象，并加以排除。（　）

348. 对设备进行精度检查，就是对设备的各项性能进行检查和测定。（　）

349. 当零件磨损后降低了设备的使用性能时，就应该更换。
（　）

350. 对设备进行性能检查，就是对设备的加工精度进行检查和测定。（　）

351. 当零件磨损至不能完成预定的使用性能时，如离合器失去传递动力作用，那么就应当修理。（　）

352. 当零件磨损后降低了设备生产效率时，就应该更换。（　）

353. 锥齿轮传动中，因齿轮或调整垫块磨损而造成的侧隙增加，应当进行调整。（　）

354. 轴颈的圆柱度误差，较多的是出现锥度形状。（　）

355. 高速旋转的机械在启动试运转时，通常不能突然加速，但可在短时间内升速至额定工作转速。（　）

356. 当一个齿轮的最大齿距与另一个齿轮的最小齿距处于同一相位时，产生的传动误差为最小。（　）

357. 精密磨床主轴轴承工作面研磨时，尽可能竖研，研磨棒的旋转方向与主轴旋转方向相反。（　）

二、选择题

1. 游标卡尺按其读数值可分＿＿＿＿mm、0.02 mm 和 0.05 mm。
　　A. 0.01　　　　　　B. 0.1　　　　　　C. 0.2

2. 刻度值为 $\dfrac{0.02 \text{ mm}}{1\,000 \text{ mm}}$ 的水平仪，当气泡移动一格时，500 mm

长度内高度差为_____ mm。

    A. 0.01　　　　　　　B. 0.02　　　　　　　C. 0.04

3. 当百分表测头齿杆移动一个齿距时，则长指针应转过_____格。

    A. 42.5　　　　　　　B. 52.5　　　　　　　C. 62.5

4. 0.02 mm 游标卡尺的读数值为_____ mm。

    A. 0.98　　　　　　　B. 0.05　　　　　　　C. 0.02

5. 百分表是属于_____。

    A. 固定刻度量具　　　B. 机械式量仪

    C. 螺旋测微量具

6. 在使用杠杆百分表时_____以减小测量误差。

    A. 使测量头中心线垂直于被测量表面

    B. 使测量头中心线倾斜于被测量表面

    C. 使测量头中心线对称于被测量表面

7. 千分尺活动套管转 1/2 周，则轴杆同时移动_____ mm。

    A. 0.15　　　　　　　B. 0.25　　　　　　　C. 0.5

8. 内、外螺纹千分尺用于测量螺纹的_____。

    A. 大径　　　　　　　B. 小径　　　　　　　C. 中径

9. 检验夹具是量具量仪和其他定位元件等的组合体，可提高测量精度，常用于_____生产。

    A. 大量　　　　　　　B. 单件　　　　　　　C. 小批

10. 齿厚游标卡尺的两个主尺位置是_____的。

    A. 平行　　　　　　　B. 垂直　　　　　　　C. 成60°

11. 游标高度尺一般用来测高和_____。

    A. 测直径　　　　　　B. 测齿高　　　　　　C. 划线

12. 游标卡尺是一种_____的量具。

    A. 较低精度　　　　　B. 较高精度　　　　　C. 中等精度

13. 常用千分尺测量范围每隔_____ mm 为一挡规格。

    A. 25　　　　　　　　B. 50　　　　　　　　C. 100

14. 千分尺固定套筒上的刻线间距为_____ mm。

    A. 1　　　　　　　　　B. 0.5　　　　　　　　C. 0.001

15. 千分尺使用完毕后，维护保养时，应将其_____保存。
    A. 加机油　　　　　B. 加轻质润滑油　　　C. 加柴油
16. 万能角度尺可以测量工件_____范围的任意角度。
    A. 0°～180°　　　　B. 0°～320°　　　　　C. 50°～140°
17. 量具在使用过程中，与工件_____放在一起。
    A. 不能　　　　　　B. 能　　　　　　　　C. 有时能
18. 钳工工作台对面有人工作时必须设密度_____安全网。
    A. 较大　　　　　　B. 较小　　　　　　　C. 很小
19. 砂轮机的搁架与砂轮间的距离，一般保持在_____mm以内。
    A. 10　　　　　　　B. 5　　　　　　　　　C. 3
20. 按其作用，基准可分为设计基准与_____基准两大类。
    A. 装配　　　　　　B. 辅助　　　　　　　C. 工艺
21. 划线除要求线条细而均匀外，最重要的是保证_____。
    A. 尺寸准确　　　　B. 线条正直
    C. 占有材料最多
22. 立体划线要选择_____划线基准。
    A. 一个　　　　　　B. 两个　　　　　　　C. 三个
23. 零件两个方向的尺寸与其中心线具有对称性，且其他尺寸也从中心线起始标注，该零件的划线基准是_____。
    A. 一个平面和一条中心线
    B. 两条相互垂直的中心线
    C. 两个相互垂直的平面（或线）
24. 划线时V形块是用来安放_____工件。
    A. 圆形　　　　　　B. 大型　　　　　　　C. 复杂形状
25. 使用千斤顶支撑划线工件时，一般_____为一组。
    A. 两个　　　　　　B. 三个　　　　　　　C. 四个
26. 划线时，应使划线基准与_____一致。
    A. 设计基准　　　　B. 安装基准　　　　　C. 测量基准
27. 在以加工表面划线时，一般使用_____涂料。
    A. 白喷漆　　　　　B. 涂粉笔　　　　　　C. 蓝油

28. 在 F11125 分度头上将工件划 8 等分线,求每划一条线后,手柄应转过_____后再划第二条线。
  A. 2 周   B. 4 周   C. 5 周

29. 分度头手柄转 1 周,装夹在主轴上的工件转_____周。
  A. 40 周   B. 1/40 周   C. 1 周

30. 在铸锻件毛坯表面上进行划线时,可使用_____。
  A. 龙胆紫   B. 硫酸铜溶液   C. 石灰水

31. 对于各种形状复杂、批量大、精度要求一般的零件可选用_____来进行划线。
  A. 平面样板划线法
  B. 几何划线法
  C. 直接翻转零件法

32. 当毛坯件有不加工表面时,对加工表面自身位置找正后再划线,能使各加工表面与不加工表面之间保持_____。
  A. 尺寸均匀   B. 形状均匀
  C. 尺寸和形状均匀

33. 划线时,千斤顶主要用来支撑_____的工件。
  A. 圆柱形轴类或套类
  B. 形状不规则的毛坯
  C. 形状规则的半成品

34. 设计图样上所采用的基准,称为_____。
  A. 设计基准   B. 定位基准   C. 划线基准

35. 大型工件划线时,应尽量选定精度要求较高的面或主要加工面作为第一划线位置,主要是_____。
  A. 为了减少划线的尺寸误差和简化划线过程
  B. 为了保证它们有足够的加工余量,经加工后便于达到设计要求
  C. 便于全面了解和找正,并能划出大部分加工线

36. 划线时,选用未经切削加工过的毛坯面作为基准,使用次数只能为_____次。
  A. 1   B. 2   C. 3

37. 平面划线要选择_____个划线基准。
    A. 1　　　　　　　B. 2　　　　　　　C. 3
38. 找正的目的，不仅是使加工表面与不加工表面之间保持尺寸均匀，同时还可使各加工表面的_____。
    A. 加工余量减少　　B. 加工余量增加
    C. 加工余量合理和均匀分布
39. 划线时，当发现毛坯误差不大时，可依靠划线时_____方法予以补救，使加工后的零件仍然符合要求。
    A. 找正　　　　　　B. 借料　　　　　　C. 变换基准
40. 锯条反装后，其楔角_____。
    A. 大小不变　　　　B. 增大　　　　　　C. 减小
41. 锯条有了锯路，可使工件上的锯缝宽度_____锯条背部的厚度。
    A. 小于　　　　　　B. 等于　　　　　　C. 大于
42. 锯削管子和薄板料时，应选择_____锯条。
    A. 粗齿　　　　　　B. 中齿　　　　　　C. 细齿
43. 锯削时的锯削速度以每分钟往复_____为宜。
    A. 20 次以下　　　　B. 20~40 次　　　　C. 40 次以上
44. 制造锯条的材料一般由_____制成。
    A. 45 钢　　　　　　B. 不锈钢
    C. T8 或 T12A 碳素工具钢
45. 钳工常用的手用锯条，其长度为_____ mm。
    A. 250　　　　　　　B. 300　　　　　　C. 400
46. 锯削软钢、铝、纯铜，应选用_____齿手用锯条。
    A. 粗　　　　　　　B. 中　　　　　　　C. 细
47. 锯削中等硬度钢、硬的轻金属、黄铜、较厚的型钢，应选用_____齿手用锯条。
    A. 粗　　　　　　　B. 中　　　　　　　C. 细
48. 锯削电缆及硬性金属，应选用_____齿手用锯条。
    A. 粗　　　　　　　B. 中　　　　　　　C. 细
49. 錾子的楔角越大，錾子切削部分的_____越高。

A. 硬度 B. 强度 C. 锋利程度
50. 錾子楔角的大小应根据_____选择。
    A. 工件材料的软硬 B. 工件形状大小
51. 錾削硬材料时，楔角应取_____。
    A. 30°~50° B. 50°~60° C. 60°~70°
52. 錾削时，錾子切入工件太深的原因是_____。
    A. 楔角太小 B 前角太大 C. 后角太小
53. 刃磨錾子时，主要确定_____的大小。
    A. 前角 B. 楔角 C. 后角
54. 在工件上錾削沟槽和分割曲线形板料时，应选用_____。
    A. 尖錾 B. 扁錾 C. 油槽錾
55. 錾削时，锤击力最大的挥锤方法是_____。
    A. 手挥 B. 臂挥 C. 肘挥
56. 錾子的前面和后面之间的夹角称为_____。
    A. 楔角 B. 切削角 C. 前角
57. 錾切厚板料时，可先钻出密集的排孔，再放在铁砧上錾切。錾切直线时，应采用_____。
    A. 狭錾 B. 阔錾 C. 油槽錾
58. 錾切厚板料时，可先钻出密集的排孔，再放在铁砧上錾切。錾切曲线时，应采用_____。
    A. 狭錾 B. 阔錾 C. 油槽錾
59. 錾削一般钢材和中等硬度材料时，錾子的楔角应选取_____。
    A. 60°~70° B. 50°~60° C. 30°~50°
60. 錾削铜、铝等软性材料时，錾子的楔角应选取_____。
    A. 60°~70° B. 50°~60° C. 30°~50°
61. 在锉削窄长平面和修整尺寸时，可选用_____。
    A. 推锉法 B. 顺向锉法 C. 交叉锉法
62. 在锉刀工作面上起主要锉削作用的锉纹是_____。
    A. 主锉纹 B. 辅锉纹 C. 边锉纹
63. 钳工锉的主锉纹斜角为_____。

  A. 45°~52°   B. 65°~72°   C. 90°

64. 锉刀断面形状的选择取决于工件上的_____。
  A. 锉削表面形状
  B. 锉削表面大小
  C. 工件材料软硬

65. 为了使锉削表面光滑，锉刀的锉齿沿锉刀轴线方向成_____排列。
  A. 不规则   B. 平行   C. 倾斜有规律

66. 1号纹锉刀用于_____锉削。
  A. 锉削余量较大   B. 锉削余量适中
  C. 锉削余量较小

67. 5号纹锉刀用于_____锉刀。
  A. 细齿   B. 双细齿   C. 油光

68. 锉削软材料时，若没有单纹锉，可选用_____锉刀。
  A. 细齿   B. 中齿   C. 粗齿

69. 弯形有焊缝的管子时，焊缝必须置于_____位置。
  A. 弯形外层   B. 弯形内层   C. 中性层

70. 矫正弯形时，材料产生的冷作硬化，可采用_____方法，使其恢复原来的力学性能。
  A. 回火   B. 淬火   C. 调质

71. 只有_____的材料才能进行矫正。
  A. 硬度较高   B. 塑性较好   C. 脆性较大

72. 钢板在弯形时，其内层材料受到_____。
  A. 压缩   B. 拉伸   C. 延展

73. 对扭曲变形的条料，可用_____进行矫正。
  A. 弯曲法   B. 扭转法   C. 延展法

74. 材料弯形后，其长度不变的一层称为_____。
  A. 中心性   B. 中间层   C. 中性层

75. 金属材料的变形有弹性变形和_____变形两种。
  A. 拉伸   B. 弯曲   C. 塑性

76. 用来矫正各种翘曲的板料，应采用_____法。

A. 弯曲　　　　　B. 延展　　　　　C. 伸张

77. 中性层的位置取决于_____。

　　A. 弯形半径 r　　B. 材料厚度 t　　C. 比值 r/t

78. 常用钢材的弯曲半径如果_____工件材料的厚度，一般就不会被弯裂。

　　A. 等于　　　　　B. 小于　　　　　C. 大于

79. 中部凸起的板料在锤击矫正时，应直接锤击_____处。

　　A. 边缘　　　　　B. 中部凸起

　　C. 离中部一半处

80. 对角翘曲的板料在锤击矫正时，应沿着_____进行往复锤击。

　　A. 翘曲的对角线　B. 没有翘曲的对角线

　　C. 中心部分

81. 钻孔时，钻头绕本身轴线的旋转运动称为_____。

　　A. 进给运动　　　B. 主运动　　　　C. 旋转运动

82. 钻头前角大小（横刃处除外），与_____有关。

　　A. 后角　　　　　B. 顶角　　　　　C. 螺旋角

83. 麻花钻刃磨时，其刃磨部位是_____。

　　A. 前面　　　　　B. 后面　　　　　C. 副后面

84. 钻削黄铜材料时，为了避免扎刀现象，钻头需修磨_____。

　　A. 前面　　　　　B. 主切削刃　　　C. 横刃

85. 麻花钻横刃修磨后，其长度_____。

　　A. 不变　　　　　B. 是原来的 1/2

　　C. 是原来的 1/3 到 1/5

86. 用压板夹持工件钻孔时，垫铁应比工件_____。

　　A. 稍低　　　　　B. 等高　　　　　C. 稍高

87. 在钻壳体与衬套之间的骑缝螺纹底孔时，钻孔中心的样冲眼应打在_____。

　　A. 略偏软材料一边　B. 略偏硬材料一边　C. 两材料中间

88. 对钻孔的生产率来说，_____的影响是相同的。

　　A. v 和 a_p　　B. f 和 a_p　　C. v 和 f

89. 对钻孔表面粗糙度来说，一般情况下_____的影响大。
    A. f 比 v　　　　　B. v 比 f　　　　　C. a_p 比 v
90. 当钻头后角增大时，横刃斜角_____。
    A. 增大　　　　　　B. 不变　　　　　　C. 减小
91. 钻孔时加切削液的主要目的是_____。
    A. 润滑作用　　　　B. 冷却作用　　　　C. 清洗作用
92. 孔将钻穿时，进给量必须_____。
    A. 减小　　　　　　B. 增大　　　　　　C. 保持不变
93. 钻床运转满_____应进行一次一级保养。
    A. 500 h　　　　　B. 1 000 h　　　　　C. 2 000 h
94. 为了使钻头的导向部分在切削过程中既能保持钻头正直的钻削方向，又能减少钻头与孔壁的摩擦，所以钻头的直径_____。
    A. 向柄部逐渐减小　B. 向柄部逐渐增大
    C. 与柄部直径相等
95. 标准钻头套共有 5 个号，各号钻头套的数字代表其_____锥体莫氏角度的号数。
    A. 内　　　　　　　B. 外
96. 标准中心钻的顶角是_____。
    A. 45°　　　　　　B. 60°　　　　　　C. 90°
97. 标准麻花钻的顶角是_____。
    A. 60°　　　　　　B. 118°　　　　　　C. 135°
98. 钻孔一般属于粗加工，其公差等级一般是_____。
    A. IT11～IT10　　　B. IT10～IT9　　　C. IT9～IT7
99. 钻孔加工的表面粗糙度值是_____。
    A. $Ra50～12.5~\mu m$
    B. $Ra12.5～3.2~\mu m$
    C. $Ra3.2～1.6~\mu m$
100. 一般直径小于_____mm 的钻头做成圆柱直柄。
    A. $\phi20$　　　　　B. $\phi15$　　　　　C. $\phi13$
101. 钻削加工时，起主要切削作用的是_____。
    A. 两主切削刃　　　B. 横刃

C. 两主切削刃和横刃

102. 在硬材料上钻孔，标准麻花钻头的顶角应_____。
   A. 小些　　　　　B. 大些　　　　　C. 不变

103. 标准麻花钻具有较长的横刃，并且横刃的前角为负值；因此，横刃在钻削时是刮削和挤压，使轴向分力_____。
   A. 增大　　　　　B. 减小　　　　　C. 不变

104. 在钻孔时，小于_____mm 的孔通常一次钻出。
   A. $\phi20$　　　　B. $\phi30$　　　　C. $\phi40$

105. 在钻孔时，孔产生多角形的原因是_____。
   A. 钻头后角太大　B. 钻头不锋利
   C. 进给量太大

106. 扩孔加工属孔的_____。
   A. 粗加工　　　　B. 半精加工　　　C. 精加工

107. 扩孔时的切削速度_____。
   A. 是钻孔的 1/2　B. 与钻孔相同
   C. 是钻孔的 2 倍

108. 扩孔后，孔的公差等级一般可达_____。
   A. IT11～IT10　　B. IT10～IT9　　C. IT9～IT7

109. 扩孔后，加工的表面粗糙度值是_____。
   A. $Ra50\sim12.5\ \mu m$　B. $Ra12.5\sim3.2\ \mu m$
   C. $Ra3.2\sim1.6\ \mu m$

110. 在预钻孔上用麻花钻进行扩孔，麻花钻横刃_____切削。
   A. 不进行　　　　B. 仍进行　　　　C. 部分进行

111. 在毛坯孔上进行扩孔，由于麻花钻的旋转轴线与毛坯孔的轴心线不重合、孔壁形状不规则、孔端面不平等原因，_____使麻花钻发生偏斜，甚至折断。
   A. 容易　　　　　B. 不会

112. 扩孔钻的外形与麻花钻相似，扩孔钻的切削刃数，一般有_____个。
   A. 2　　　　　　 B. 3～4　　　　　C. 5～6

113. 扩孔后，被加工孔呈圆锥形，其原因是_____。

A. 刀具磨损或崩刃

B. 进给量太大

C. 钻床主轴与工作台平面不垂直

114. 锥形锪钻按其锥角大小可分为60°、75°、90°和120°等4种，其中_____使用最多。

　　A. 60°　　　　　B. 75°　　　　　C. 90°

115. 用简易的端面锪钻锪钢件时，刀片前角 γ_0 = _____。

　　A. 5°~10°　　　B. 15°~25°　　　C. 30°以上

116. 用锪孔钻锪削后，平面呈凹凸形的原因是_____。

　　A. 前角太大　　B. 锪削速度太高

　　C. 锪钻切削刃与刀杆旋转轴线不垂直

117. 可调节手铰刀主要用来铰削_____的孔。

　　A. 非标准系列　B. 标准系列　　C. 英制系列

118. 铰孔结束后，铰刀应_____退出。

　　A. 正转　　　　B. 反转

　　C. 正反转均可

119. 铰孔的切削速度比钻孔的切削速度_____。

　　A. 大　　　　　B. 小　　　　　C. 相等

120. 铰孔的公差等级一般可达_____。

　　A. IT12~IT11　　B. IT9~IT7　　　C. IT5~IT4

121. 铰削后，被加工孔的表面粗糙度值是_____。

　　A. Ra12.5~3.2 μm

　　B. Ra3.2~1.6 μm

　　C. Ra1.6~0.4 μm

122. 每把可调节手铰刀的直径可调范围为_____mm。

　　A. 0.1~0.3　　　B. 0.5~1.0　　　C. 10~12

123. 铰刀工作部分最前端有_____倒角。

　　A. 45°　　　　　B. 60°　　　　　C. 0°

124. 机用铰刀校准部分由_____组成。

　　A. 圆柱段　　　B. 倒锥段

　　C. 圆柱段和倒锥段

125. 机用铰刀铰孔时,当铰孔完毕,应_____。
    A. 先退刀再停机　　B. 先停机再退刀
    C. 边退刀边停机

126. 铰孔时,孔表面粗糙度值达不到要求,这是由于_____。
    A. 铰刀磨损　　B. 铰刀刃口不锋利或刀面粗糙
    C. 铰削余量太大

127. 铰孔时,孔径扩大的原因是_____。
    A. 机铰刀轴心线与预钻孔轴心线不重合
    B. 前角太小
    C. 切削液不充分

128. 铰孔时,孔径缩小的原因是_____。
    A. 切削速度太高　　B. 铰刀偏摆过大
    C. 铰刀直径小于最小极限尺寸

129. 铰孔时,孔呈多棱形的原因是_____。
    A. 切削刃上粘有积屑瘤
    B. 铰刀磨钝
    C. 切削余量太大

130. 为了获得较高的铰孔质量,一般手铰刀刀齿的齿距在圆周上呈现_____。
    A. 均匀分布　　B. 不均匀分布
    C. 180°对称的不均匀分布

131. 丝锥由工作部分和_____两部分组成。
    A. 柄部　　B. 校准部分　　C. 切削部分

132. 机用丝锥的后角 α_0 等于_____。
    A. 6°~8°　　B. 10°~12°　　C. 14°~18°

133. 柱形分配丝锥,其头锥、二锥的大径、中径和小径_____。
    A. 都比三锥的小　　B. 都与三锥的相同
    C. 都比三锥的大

134. 在攻制工件台阶旁边或机体内部的螺纹孔时,可选用_____铰杠。
    A. 普通　　B. 普通活动

C. 固定或活动的丁字

135. 攻螺纹前的底孔直径必须_____螺纹标准中规定的螺纹小径。

    A. 小于　　　　B. 大于　　　　C. 等于

136. 攻不通孔螺纹时，底孔深度要_____所需的螺纹孔深度。

    A. 等于　　　　B. 小于　　　　C. 大于

137. 套螺纹时圆杆直径应_____螺纹大径。

    A. 等于　　　　B. 小于　　　　C. 大于

138. 米制普通螺纹的牙型角为_____。

    A. 30°　　　　B. 55°　　　　C. 60°

139. 在承受单向受力的机械上，如压力机、冲床的螺杆，一般采用_____螺纹。

    A. 锯齿形　　　B. 三角　　　　C. 圆形

140. 螺纹从左向右升高的称为_____螺纹。

    A. 左　　　　　B. 右　　　　　C. 管

141. 加工不通孔螺纹时，为了使切屑从孔口排出，丝锥容屑槽应采用_____。

    A. 左螺旋槽　　B. 右螺旋槽　　C. 直槽

142. 230 mm 的活动铰杠适用攻制_____范围的螺纹。

    A. M5～M8　　B. M8～M12　　C. M12～M14

143. 丝锥的校准部分磨损后，应修磨丝锥的_____。

    A. 前面　　　　B. 顶刃后面　　C. 侧刃后面

144. 攻制铸铁材料的螺纹孔时，可采用_____做切削液。

    A. L－AN38 全系统损耗机械油

    B. 乳化液

    C. 煤油

145. 丝锥校准部分的大径、中径、小径均制成_____。

    A. 倒锥　　　　B. 不倒锥

146. 在攻制较硬材料的螺纹孔时，应采用_____攻削，这样可防止丝锥折断。

    A. 头攻　　　　B. 二攻

C. 头攻与二攻交替进行

147. 攻螺纹出现烂牙（乱扣）的原因是_____。
    A. 头攻攻螺纹位置不正，二、三攻强行纠正
    B. 丝锥磨损
    C. 丝锥前、后角太小

148. 攻螺纹时，螺纹产生歪斜，这是由于_____引起的。
    A. 丝锥前、后面粗糙
    B. 丝锥与螺纹底孔不同轴
    C. 切屑堵塞

149. 攻螺纹时发现螺纹表面粗糙，是因为_____。
    A. 丝锥磨损   B. 丝锥前、后面粗糙
    C. 没有选用合适的切削液

150. 套螺纹时螺纹烂牙（乱扣）的原因是_____。
    A. 铰杠歪斜   B. 圆杆直径太小
    C. 圆板牙磨钝

151. 套螺纹时，螺纹歪斜，这是由于_____引起的。
    A. 圆板牙切削刃上粘有积屑瘤
    B. 没有选择合适的切削液
    C. 圆杆端面倒角不好，圆板牙位置难以放正

152. 平面细刮刀楔角 β 一般为_____。
    A. 90°～92.5°   B. 95°左右
    C. 97.5°左右   D. 小于90°

153. 当刮削进行到精刮阶段时，研点要求清晰醒目，可将显示剂涂在_____，对刮削较有利。
    A. 工件表面上   B. 基准平面上
    C. 工件表面和基准平面上

154. 刮削加工平板精度的检查用研点的数目来表示，用边长为_____mm 的正方形方框罩在被检查面上。
    A. 24   B. 25   C. 50

155. 刮刀切削部分应具有足够的_____才能进行刮削加工。
    A. 强度和刚度   B. 刚度和刃口锋利

C. 硬度和刃口锋利

156. 刮削前的余量，应根据工件刮削面积大小而定，一般在 _____ mm 之间。
    A. 0.05~0.4   B. 0.4~1
    C. 0.01~0.05

157. 采用三块平板互研互刮的方法而刮削成精密平板，这种平板称为_____平板。
    A. 标准   B. 基准   C. 原始

158. 刮削常用的显示剂红丹粉广泛用于_____的工件上。
    A. 精密加工   B. 铝合金   C. 铸铁合金

159. 对刮削面进行粗刮时应采用_____法。
    A. 点刮   B. 短刮   C. 长刮

160. 刮削内孔时，接触点的合理分布应为_____。
    A. 均匀分布   B. 中间少两端多
    C. 中间多两端少

161. 细刮时，在整个刮削面上，每边长为25mm的正方形面积内应达到_____个研点时，细刮即告结束。
    A. 3~4   B. 20以上   C. 12~15

162. 刮削加工会形成均匀微浅的凹坑，所以它属于_____加工。
    A. 粗加工   B. 精加工   C. 半精加工

163. 平面刮刀可用来刮削_____。
    A. 平面   B. 平面和外曲面   C. 外曲面

164. 挺刮法一般用于_____。
    A. 精刮   B. 刮花   C. 粗刮

165. 红丹粉使用时，可用_____调和，它常用于钢和铸铁工件的刮削。
    A. 煤油   B. 乳化油
    C. 牛油或机油

166. 在使用显示剂时，显示剂调和的稀稠要适当，粗刮时应该_____。
    A. 调和稠些   B. 调和稀些

C. 对稀稠无严格要求

167. 显示剂的使用方法与刮削质量有很大关系，一般在精刮和细研时，为了显示出研点没有闪光，清洗显目，应将显示剂涂在_____的表面，对刮削较为有利。

　　A. 工件　　　　　B. 校准件
　　C. 工件与校准件

168. 粗刮平面至每 25 mm × 25 mm 的面积上_____个研点时，才可进入细刮。

　　A. 4～6　　　　　B. 12～15　　　　C. 20 以上

169. 刮花应选_____来进行。

　　A. 粗刮刀　　　　B. 精刮刀
　　C. 精刮刀和粗刮刀

170. 粗刮刀的刃口呈_____。

　　A. 圆弧形　　　　B. 稍带弧形　　　C. 平直

171. 刮削平面出现_____是由于刮削时刮刀倾斜引起的。

　　A. 振痕　　　　　B. 深凹痕　　　　C. 撕纹

172. 刮削平板，其精度检查常用_____来表示。

　　A. 贴合面的面积　B. 接触点的数目
　　C. 单位面积内的接触点数

173. 对平板的平面度检验是采用在 25 mm × 25 mm 面积内达到所规定的点数。0～1 级平板的点数应_____。

　　A. 不少于 25 点　B. 不少于 20 点
　　C. 不少于 12 点

174. 平板的表面粗糙度值一般为_____。

　　A. Ra0.8 μm　　B. Ra1.6 μm　　C. Ra3.2 μm

175. 经淬硬的钢制零件进行研磨时，常用_____材料作为研具。

　　A. 淬硬钢　　　　B. 低碳钢　　　　C. 灰铸铁

176. 一般所用的研磨工具（研具）的材料硬度应_____被研零件。

　　A. 稍高于　　　　B. 稍低于　　　　C. 相同于

177. 研磨淬硬的钢制零件，应选用_____为磨料。

A. 刚玉类　　　　B. 碳化物　　　　C. 金刚石

178. 研磨外圆柱面时,采用的研磨环内径应比工件的外径_____mm。

   A. 略小 0.025 ~ 0.05
   B. 略大 0.025 ~ 0.05
   C. 略小 0.05 ~ 0.10

179. 研磨环在研磨外圆柱面时的往复运动速度_____,将影响工件的精度和耐磨性。

   A. 太快　　　　B. 太慢
   C. 太快或太慢

180. 研磨余量的大小,应根据_____来考虑。

   A. 零件的耐磨性　　B. 材料的硬度
   C. 研磨前预加工精度高低

181. 工件的表面粗糙度要求最细时,一般采用_____加工。

   A. 精车　　　　B. 磨刮　　　　C. 研磨

182. 对工件平面进行精研加工时,应放在_____平板上进行研磨。

   A. 无槽　　　　B. 有槽　　　　C. 光滑

183. 研磨有台阶的狭长平面,应采用_____轨迹。

   A. 螺旋式研磨运动
   B. 8字形或仿8字形研磨运动
   C. 直线研磨运动

184. 研磨小平面工件,通常都采用_____轨迹。

   A. 螺旋式研磨运动
   B. 8字形或仿8字形研磨运动
   C. 直线研磨运动

185. 样板角尺的圆弧测量面的研磨,应采用_____。

   A. 摆动式直线
   B. 直线
   C. 8字形或仿8字形

186. 粗研狭长平面,往复速度应取_____。

A. 20~40 次/min　　B. 40~60 次/min

C. >60 次/min

187. 研磨工件的内孔时，第一根研具的直径应比工件孔小_____ mm。

A. 0.01~0.015　　B. 0.015　　C. 0.005

188. 手工研磨工件外圆时，将研磨剂均匀涂在工件被研表面，_____做往复运动。

A. 工件不动，转动研具

B. 研具不动，转动工件

189. 成套整体式螺纹研具由三根不同螺纹中径的螺杆组成，其中最大一根螺杆的中径为环规中径的_____极限尺寸。

A. 最大　　B. 最小　　C. 平均

190. 研具通常采用比被研磨工件_____的材料制成。

A. 硬　　B. 软　　C. 相同

191. 研磨的公差等级一般可达_____。

A. IT10~IT9　　B. IT9~IT7　　C. IT6 以上

192. 研磨工件，可达到工件表面粗糙度值为_____。

A. $Ra3.2~1.6\ \mu m$　　B. $Ra1.6~0.16\ \mu m$

C. $Ra0.16~0.012\ \mu m$

193. 为了保证研磨的加工精度，提高加工速度，一般研磨的加工余量在_____ mm 之间。

A. 0.005~0.05　　B. 0.05~0.1　　C. 0.1~0.15

194. 研磨硬质合金材料制成的工件，磨料应采用_____。

A. 氧化铝　　B. 碳化硅　　C. 金刚石

195. 工件经研磨后，工件表面粗糙度是由于_____引起的。

A. 研磨时压力太大　　B. 磨料太粗

C. 运动轨迹没有错开

196. 研磨后，工件平面呈凸形，其原因是_____。

A. 研磨剂中混入杂质

B. 研磨时压力太大

C. 研磨剂涂得太薄

197. 研磨内孔，发现孔口扩大是由于_____。
    A. 研磨时孔口挤出的研磨剂未及时擦除
    B. 研磨时没有更换方向
    C. 研磨时没有及时调头

198. 研具常用的材料有灰铸铁。而_____因嵌存磨料好，并能嵌得均匀，牢固而耐用，目前也得到广泛应用。
    A. 球墨铸铁   B. 铜   C. 低碳钢

199. 在同类零件中，任取一个装配零件，不经修配即可装入部件中，都能达到规定的装配要求，这种装配方法叫_____。
    A. 互换法   B. 选配法   C. 调整法

200. 分组选配法要将一批零件逐一测量后，按_____的大小分成若干组。
    A. 基本尺寸   B. 极限尺寸   C. 实际尺寸

201. 在装配时用改变产品中可调整零件的相对位置或选用合适的调整件，以达到装配精度的方法，称为_____。
    A. 互换法   B. 选配法   C. 调整法

202. 在装配时修去指定零件上预留修配量，以达到装配精度的方法，称为_____。
    A. 互换法   B. 选配法   C. 修配法

203. 在工装制造中，常用的装配方法是_____。
    A. 完全互换法   B. 选配法
    C. 调整法和修配法

204. 用于成批生产或流水线生产的装配方法是_____。
    A. 完全互换法   B. 选配法
    C. 调整法和修配法

205. 装配精度要求高或单件小批量产品的装配方法是_____。
    A. 完全互换法   B. 选配法
    C. 调整法和修配法

206. 装配工艺组织形式的好坏，对装配效率的高低影响很大，而移动式装配适用于_____生产。
    A. 大批大量   B. 中批中量   C. 单件小批

207. 容易保证装配精度，但装配件的刚度有时受到影响的是_____。
    A. 完全互换法　　B. 选配法　　C. 调整法
208. 分组选配法装配时，应用尺寸小的包容件与尺寸_____相配。
    A. 大的被包容件　　B. 大的包容件
    C. 小的被包容件
209. 工装装配后的试车工作，是将工装放在_____条件下进行试用的。
    A. 实际生产　　B. 装配场地　　C. 空载
210. 按照规定的_____要求，将若干个零件通过各种形式结合成为组件、部件，最终组成一台完整工装的工艺过程就是装配。
    A. 程序　　B. 次序　　C. 技术
211. 一个齿轮或是一根轴称为_____。
    A. 一个零件　　B. 一个部件　　C. 一个组件
212. 在装配前，必须认真做好对装配零件的清理和_____工作。
    A. 修配　　B. 调整　　C. 清洗
213. 尾座套筒的前端有一对夹紧块，它与套筒的接触面积应大于_____，才能可靠工作。
    A. 30%　　B. 50%　　C. 70%
214. 由于摩擦和化学等因素的长期作用而造成机械设备的损坏称为_____。
    A. 事故损坏　　B. 摩擦损坏　　C. 自然损坏
215. 机械设备的大修、中修、小修和二级保养，属于_____修理工作。
    A. 定期性计划　　B. 不定期计划　　C. 维护保养
216. 以机修工人为主，操作工人为辅而进行的定期性计划修理工作，称为_____。
    A. 小修　　B. 二级保养　　C. 大修
217. 对机械设备进行周期性的彻底检查和恢复性的修理工作，称为_____。

A．小修　　　　　B．中修　　　　　C．大修

218．螺纹连接为了达到可靠而紧固的目的，必须保证螺纹副具有一定的_____。

　　　A．摩擦力矩　　B．拧紧力矩　　C．预紧力

219．双螺母锁紧属于_____防松装置。

　　　A．附加摩擦力　B．机械　　　　C．冲点

220．利用开口销与带槽螺母锁紧，属于_____防松装置。

　　　A．附加摩擦力　B．机械　　　　C．冲点

221．楔键是一种紧键连接，能传递转矩和承受_____。

　　　A．单向径向力　B．单向轴向力
　　　C．双向径向力

222．平键连接是靠平键与键槽的_____接触传递转矩。

　　　A．上平面　　　B．下平面　　　C．两侧面

223．滑移齿轮与花键轴的连接，为了得到较高的定心精度，一般采用_____。

　　　A．小径定心　　B．大径定心
　　　C．键侧定心　　D．大、小径定心

224．标准圆锥销具有_____的锥度。

　　　A．1∶60　　　　B．1∶30　　　　C．1∶50

225．过盈连接装配，是依靠配合面的_____产生的摩擦力来传递转矩。

　　　A．推力　　　　B．载荷力　　　C．压力

226．圆锥面过盈连接的装配方法有_____。

　　　A．热装法　　　B．冷装法
　　　C．用螺母压紧圆锥面法

227．在螺纹连接中，拧紧成组螺母时，应_____。

　　　A．任选一个先拧紧
　　　B．中间一个先拧紧
　　　C．分次逐步拧紧

228．在键连接中，传递转矩最大的是_____。

　　　A．平键　　　　B．花键　　　　C．楔键

229. 圆锥销连接大都是_____的连接。
　　A. 定位　　　　　B. 传递动力　　　C. 增加刚性
230. 过盈量较大的过盈连接装配应采用_____。
　　A. 压入法　　　　B. 热胀法　　　　C. 冷缩法
231. 由于整体式向心滑动轴承的轴套与轴承座是采用过盈配合的，因此，即使是大负荷的轴套，装配后_____紧定螺钉或定位销固定。
　　A. 不用　　　　　B. 需要　　　　　C. 稍微
232. 为保证装配后滚动轴承与轴颈和壳体孔台肩处紧贴，轴承圆弧半径应_____轴颈和壳体孔台肩处的圆弧半径。
　　A. 小于　　　　　B. 等于　　　　　C. 大于
233. 若滚动轴承内圈与轴是过盈配合，轴承外圈与轴承座孔是间隙配合时，应将_____。
　　A. 轴承安装在轴上，再一起装入轴承座孔内
　　B. 轴承装入轴承座孔内，再将轴装入轴承内
　　C. 轴承与轴同时安装
234. 若轴承内、外圈装配的松紧程度相同时，安装时作用力应加在轴承的_____。
　　A. 内圈　　　　　B. 外圈　　　　　C. 内外圈
235. 推力球轴承中有紧圈和松圈，装配时_____应紧靠在转动零件的端面上，松圈应靠在静止零件的平面上。
　　A. 紧圈　　　　　B. 松圈　　　　　C. 滚珠
236. 滚动轴承在运转过程中，出现低频连续音响，这是由于_____引起的。
　　A. 游隙太小　　　B. 滚道伤痕、缺陷
　　C. 安装误差
237. 当旋转轴在启动和停机时出现共振现象，这是由于_____引起的。
　　A. 游隙太大　　　B. 机械变形
　　C. 轴的临界转速太低
238. 动压润滑轴承工作时，为了平衡轴的载荷，使轴能浮在油中，必须_____。

A. 有足够的供油压力
B. 有一定的压力差
C. 使轴有一定的旋转速度

239. 滚动轴承基本代号的排列顺序为_____。
    A. 尺寸系列代号、类型代号、内径代号
    B. 内径代号、尺寸系列代号、类型代号
    C. 类型代号、尺寸系列代号、内径代号

240. 滚动轴承公称内径用除以5的商数表示的内径范围为_____。
    A. 10~17 mm   B. 17~480 mm
    C. 20~480 mm

241. 滚动轴承内径与轴的配合应为_____。
    A. 基孔制   B. 基轴制   C. 非基制

242. 滚动轴承外径与外壳孔的配合应为_____。
    A. 基孔制   B. 基轴制   C. 非基制

243. 皮碗式密封属于_____密封装置。
    A. 接触式   B. 非接触式   C. 间隙式

244. 迷宫式密封属于_____密封装置。
    A. 接触式   B. 非接触式   C. 间隙式

245. 滚动轴承配合游隙_____原始游隙。
    A. 大于   B. 等于   C. 小于

246. 皮碗式密封装置,适用于密封处的圆周速度不超过_____m/min的场合。
    A. 3   B. 5   C. 7

247. 皮碗式密封装置用于防漏油时,其密封唇应_____。
    A. 向着轴承   B. 背着轴承   C. 紧靠轴承

248. 装配剖分式滑动轴承时,为了达到配合的要求,轴瓦的剖分面比轴承的剖分面应_____。
    A. 低一些   B. 一致   C. 高一些

249. 装配滚动轴承时,轴上的所有轴承内、外圈的轴向位置应该_____。

A. 有一个轴承的外圈不固定
B. 全部固定
C. 都不固定

250. 一种黄色凝胶状的润滑剂，称为_____。
A. 润滑油　　　　B. 润滑脂
C. 固体润滑剂

251. 滚动轴承采用定向装配法，是为了减小主轴的_____量，从而提高主轴的旋转精度。
A. 同轴度　　　　B. 轴向窜动
C. 径向圆跳动

252. 滚动轴承采用定向装配时，前后轴承的精度应_____最理想。
A. 相同　　　　B. 前轴承比后轴承高一级
C. 后轴承比前轴承高一级

253. 滚动轴承装配后，轴承运转应灵活，无噪声，工作时温度不超过_____。
A. 25℃　　　　B. 50℃　　　　C. 100℃

254. V带传动机构中，是依靠带与带轮之间的_____来传递运动和动力的。
A. 摩擦力　　　　B. 张紧力　　　　C. 拉力

255. V带传动机构装配时，要求两轮的中间平面重合，因而要求其倾斜角不超过_____。
A. 10°　　　　B. 0.1°　　　　C. 1°

256. 带轮工作表面的粗糙度值一般为_____μm。
A. $Ra1.6$　　　　B. $Ra3.2$　　　　C. $Ra6.3$

257. V带传动机构中，带在带轮上的包角不能小于_____，否则容易打滑。
A. 60°　　　　B. 80°　　　　C. 120°

258. 在安装新传动带时，最初的张紧力应为正常张紧力的_____倍。
A. 1　　　　B. 2　　　　C. 1.5

259. V 带的张紧程度一般规定在测量载荷 W 作用下,带与两轮切点跨距中每 100 mm 长度,使中点产生＿＿＿＿mm 挠度为宜。
    A. 5　　　　　　　B. 3　　　　　　　C. 1.6

260. 张紧力的调整方法是＿＿＿＿。
    A. 变换带轮尺寸
    B. 加强带的初拉力
    C. 改变两轴中心距

261. V 带在带轮中安装后,V 带外表面应＿＿＿＿。
    A. 凸出槽面　　　　B. 落入槽底
    C. 与轮槽齐平

262. 为了减小机械的振动,对于用多条带传动时,要尽量使传动带长度＿＿＿＿。
    A. 有伸缩性　　　　B. 不等　　　　　　C. 相等

263. 两链轮的轴向偏移量,一般当中心距小于 500 mm 时,允许偏移量为＿＿＿＿mm。
    A. ≤1　　　　　　　B. ≥1　　　　　　　C. ≤2

264. 当链节数为偶数,采用弹簧卡片时＿＿＿＿。
    A. 开口端方向与链速度方向一致
    B. 开口端方向与链速度方向相反
    C. 开口端方向可以是任何方向

265. 链轮的装配质量是用＿＿＿＿来衡量的。
    A. 径向圆跳动误差和轴向窜动误差
    B. 端面圆跳动误差和轴向窜动误差
    C. 径向圆跳动误差和端面圆跳动误差

266. 对分度或读数机构中的齿轮副,其主要的要求是＿＿＿＿。
    A. 传递运动的准确性
    B. 传动平稳性
    C. 齿面承载的均匀性

267. 对在重型机械上传递动力的低速重载齿轮副,其主要的要求是＿＿＿＿。
    A. 传递运动的准确性

B. 传动平稳性
C. 齿面承载的均匀性

268. 直齿圆柱齿轮装配后,发现接触斑点单面偏接触,其原因是由于_____。

A. 两齿轮轴不平行
B. 两齿轮轴线歪斜且不平行
C. 两齿轮轴线歪斜

269. 锥齿轮装配后,在无载荷情况下,齿轮的接触表面应_____。

A. 靠近齿轮的小端
B. 在中间
C. 靠近齿轮的大端

270. 蜗轮箱经装配后,蜗轮蜗杆的接触斑点精度是靠移动_____的位置来达到的。

A. 蜗轮轴向　　　B. 蜗杆径向　　　C. 蜗轮径向

271. 一对中等精度等级,正常啮合的齿轮,它的接触斑点在轮齿高度上应不少于_____。

A. 30% ~50 %　　B. 40% ~50%
C. 50% ~70%

272. 测量齿轮副侧隙的方法有_____两种。

A. 涂色法和压熔丝法
B. 涂色法和用百分表检验法
C. 压熔丝法和用百分表检验法

273. 锥齿轮啮合质量的检验,应包括_____的检验。

A. 侧隙和接触斑点
B. 侧隙和圆跳动
C. 接触斑点和圆跳动

274. 一般齿轮传动要有适当的侧隙,其作用是_____。

A. 防止产生振动
B. 保证传动精度
C. 防止受热卡住

275. 在轴上固定连接的齿轮，一般孔与轴采用_____配合。
   A. 间隙　　　　　B. 过渡　　　　　C. 过盈
276. 直齿圆柱齿轮传动产生一端接触的原因是_____。
   A. 两齿轮轴线不平行
   B. 两齿轮轴线歪斜
   C. 两齿轮轴中心距偏大
277. 蜗杆机构最明显的特点是_____。
   A. 传动比大且有自锁性
   B. 降速比大且有自锁性
   C. 降速比大且无自锁性
278. 联轴器装配的主要技术要求是应保证两轴的_____误差。
   A. 垂直度　　　　B. 同轴度　　　　C. 平行度
279. 机器启动前，机器上暂时不需要产生动作的机构应使其处于_____位置。
   A. 任意　　　　　B. 进给　　　　　C. 空位
280. 机器试车首先需要进行的是_____。
   A. 空运转试验　　B. 负荷试验
   C. 超负荷试验
281. 机器装配后，加上额定负荷所进行的试验称为_____。
   A. 性能试验　　　B. 寿命试验　　　C. 负荷试验
282. 按照技术要求对机器进行超出额定负荷范围的运转试验称为_____。
   A. 寿命试验　　　B. 超负荷试验
   C. 破坏性试验
283. 故障的类型很多，由于操作人员操作不当所引发的故障可归纳为_____。
   A. 技术性故障　　B. 规律性故障
   C. 偶发性故障
284. 测定产品及其部件的性能参数而进行的各种试验称为_____。
   A. 性能试验　　　B. 型式试验　　　C. 超速试验

285. 螺纹连接产生松动故障的原因，主要是经受长期_____而引起的。
    A. 磨损　　　　　B. 运转　　　　　C. 振动
286. 机械产生温升过高现象，反映了轴承等_____部位的工作状况失常。
    A. 摩擦　　　　　B. 接触　　　　　C. 连接
287. _____就是利用划线工具，使工件上有关的表面处于合理的位置。
    A. 吊线　　　　　B. 找正　　　　　C. 借料
288. 划线在选择尺寸基准时，应使划线时尺寸基准与图样上_____基本一致。
    A. 测量基准　　　B. 装配基准　　　C. 设计基准
289. 标准群钻主要用来钻削_____和_____。
    A. 铸铁　　　　　B. 碳钢
    C. 合金结构钢
290. 标准群钻磨短横刃后产生内刃，其前角_____。
    A. 增大　　　　　B. 减小　　　　　C. 不变
291. 标准群钻上的分屑槽应磨在一条主切削刃的_____段。
    A. 外刃　　　　　B. 内刃
    C. 圆弧刃　　　　D. 横刃
292. 标准群钻磨有月牙形的圆弧刃，圆弧刃上各点的前角_____，切削时的主力_____。
    A. 增大　　　　　B. 减小　　　　　C. 不变
293. 钻铸铁的群钻第二重顶角为_____。
    A. 70°　　　　　B. 90°　　　　　C. 110°
294. 钻黄铜的群钻，为避免孔的扎刀现象，外刃的纵向前角磨成_____。
    A. 8°　　　　　B. 35°　　　　　C. 20°
295. 钻薄板的群钻，其圆弧的深度应比薄板工件的厚度大_____mm。
    A. 1　　　　　　B. 2　　　　　　C. 3

296. 通常所指孔的深度为孔径_____倍以上的孔称为深孔。必须用钻深孔的方法进行钻孔。

    A. 3　　　　　　B. 5　　　　　　C. 10

297. 旋转体在径向截面有不平衡量，且产生的合力通过其重心，此不平衡称为_____。

    A. 动不平衡　　　B. 动静不平衡　　C. 静不平衡

298. 旋转体的偏心速度是指_____。

    A. 旋转体重心的转速

    B. 偏重产生的转速

    C. 重心的振动速度

299. 内锥外柱式轴承与外锥内柱式轴承的装配过程大体相似，修整时，不同点是只需修整_____。

    A. 外锥面　　　　B. 外柱面　　　　C. 内锥孔

300. 滚动轴承内径尺寸偏差是_____。

    A. 正偏差　　　　B. 负偏差　　　　C. 正负偏差

301. 浇铸大型轴瓦时可用_____。

    A. 手工浇铸法　　B. 虹吸浇铸法

    C. 联合浇铸法

302. 剖分式轴瓦孔的配刮是先刮研_____。

    A. 上轴瓦　　　　B. 下轴瓦

    C. 上下合起来刮研

303. 减小滚动轴承配合间隙，可以使主轴在轴承内的_____减小，有利于提高主轴的旋转精度。

    A. 热胀量　　　　B. 倾斜量　　　　C. 跳动量

304. 主轴载荷大、转速高的滚动轴承采用预加负荷应_____。

    A. 大些　　　　　B. 小些　　　　　C. 不采用

305. 一般刮削导轨的表面粗糙度值在 Ra _____ μm 以下。

    A. 0.2　　　　　B. 0.4　　　　　C. 0.8

    D. 1.6　　　　　E. 3.2

306. 丝杠螺母副的配合精度，常以_____间隙来表示。

    A. 轴向　　　　　B. 法向　　　　　C. 径向

307. _____间隙是直接影响丝杠螺母副的传动精度。
    A. 轴向　　　　　B. 法向　　　　　C. 径向
308. 单螺母消隙机构中消隙力的方向必须与_____方向一致，以防进给时产生爬行，影响进给精度。
    A. 切削　　　　　B. 切削力　　　　C. 重力
309. 找正带有中间支撑的丝杠螺母副同轴度时，为了考虑丝杠有重挠度，中心支撑孔中心位置找正应略_____两端。
    A. 高于　　　　　B. 低于　　　　　C. 等于
310. 螺旋机构中，丝杠与螺母的配合精度决定着丝杠的_____精度和_____精度，故必须做好调整工作。
    A. 回转　　　　　B. 传动
    C. 定位　　　　　D. 导向
311. 在装配尺寸链中，装配精度要求的那个尺寸，就是_____。
    A. 减环　　　　　B. 增环　　　　　C. 封闭环
312. 将部件、组件、零件连接组合成为整台机器的操作过程，称为_____。
    A. 组件装配　　　B. 部件装配　　　C. 总装配
313. 减速箱的蜗杆轴组件装入箱体后，轴端与轴承盖轴向间隙应在_____mm。
    A. 0.01～0.02　　B. 0.1～0.2　　　C. 0.1～2
314. 蜗杆轴组件装配后的基本要求之一，是蜗轮轮轴的对称中心面应与蜗杆轴线_____。
    A. 平行　　　　　B. 重合　　　　　C. 垂直
315. 装配精度完全依赖于零件加工精度的装配方法，即为_____。
    A. 完全互换法　　B. 修配法　　　　C. 选配法
316. 根据装配精度（即封闭环公差）合理分配各组成环公差过程，叫_____。
    A. 装配方法　　　B. 检验方法　　　C. 解尺寸链
317. 在尺寸链中，确定各组成环公差带的位置，对相对于轴的被包容尺寸，可注成_____。

A. 单向正偏差　　B. 单向负偏差
C. 双向正负偏差

318. 在尺寸链中，确定各组成环公差带的位置，对相对于孔的包容尺寸，可注成_____。

A. 单向正偏差　　B. 单向负偏差
C. 双向正负偏差

319. 装配时，使用可换垫片、衬套和镶条等，以消除零件间的累积误差或配合间隙的方法是_____。

A. 修配法　　B. 选配法　　C. 调整法

320. 在尺寸链中，当其他尺寸确定后，新产生的一个环，是_____。

A. 增环　　B. 减环　　C. 封闭环

321. 封闭环公差等于_____。

A. 增环公差　　B. 减环公差
C. 各组成环公差之和

322. 车床主轴轴承间隙太大时，将使加工的工件_____。

A. 产生锥度　　B. 产生椭圆或棱圆
C. 端面不平

323. 车床主轴轴向窜动太大时，将使加工的工件_____。

A. 端面中凸　　B. 端面中凹
C. 端面振摆超差

324. 车床主轴变速箱安装在床身上时，应保证主轴中心线对溜板移动在垂直平面的平行度要求，并要求主轴中心线_____。

A. 只许向上偏　　B. 只许向下偏
C. 只许向前后偏

325. 车床主轴变速箱安装在床身上时，应保证主轴中心对溜板移动在水平平面内的平行度要求，并要求主轴中心线_____。

A. 只许向前偏　　B. 只许向后偏
C. 只许向上下偏

326. 将需要修理的部件拆卸下来，换上事先准备好的同类部件，叫_____修理组织法。

A. 部件 B. 分部 C. 同步

327. 拆卸精度较高的零件时，采用_____。

A. 击卸法 B. 拉拔法 C. 破坏法

328. 位于轴端面的带轮、链轮、齿轮及滚动轴承等的拆卸，可用各种_____拉出。

A. 螺旋拉卸器 B. 专用工具 C. 拔销器

329. 对于用铜、铸铁、轴承合金制成的轴套拆卸，可用_____。

A. 螺旋拉卸器 B. 专用工具 C. 拔销器

330. 对于形状简单的静止配合件拆卸，可用_____。

A. 拉拔法 B. 顶压法 C. 温差法

331. 链传动中，链轮轮齿逐渐磨损，节距增加，链条磨损加快，磨损严重时，应_____。

A. 调节链轮中心距

B. 更换个别链节

C. 更换链条和链轮

332. 当轴颈小于 50 mm，轴的弯曲大于 0.06 mm/1 000 mm 时，可采用_____。

A. 冷校直 B. 热校直

C. 冷校或热校均可

333. 对于磨损过大的精密丝杠，可用_____。

A. 车深螺纹的方法修复

B. 调头使用的方法

C. 更换的方法

334. 椭圆形和可倾瓦轴承形式的出现，主要是为了解决滑动轴承在高转速下，可能发生的_____问题。

A. 工作温度 B. 油膜振荡 C. 耐磨性

335. 高速旋转机械采用的推力轴承以_____居多。

A. 径向推力滚柱轴承

B. 推力滚动轴承

C. 扇形推力块

336. 高速旋转机械初始的启动试运转，要观察其转速逐渐

_____所需的滑行时间。

A．降低　　　　　B．升高　　　　　C．停止

337．相对运动的不均匀性，破坏了严格的_____关系。

A．速比　　　　　B．形状　　　　　C．位置

338．传动链末端件运动的误差影响程度，决定于传动件本身的误差大小，也与该传动件至末端的_____有关。

A．尺寸　　　　　B．速比　　　　　C．总速比

339．影响蜗杆副啮合精度的程度，以蜗轮轴线倾斜为_____。

A．最大　　　　　B．最小　　　　　C．一般

340．蜗杆轴向窜动对齿轮加工后的_____影响最大。

A．分度圆精度　　B．齿距误差　　　C．齿形误差

341．砂轮主轴有弯曲，外圆表面有裂纹以及其他严重损伤时，一般需要_____。

A．更换　　　　　B．修复　　　　　C．更新

342．修研中心孔时，应以主轴的_____为基准。

A．两端外圆　　　B．一中心一外圆　C．两轴颈

343．划线样板、测量样板、校对样板、辅助样板都属于_____样板。

A．专用　　　　　B．标准　　　　　C．非标准

三、计算题

1．在铸件上加工一个 M20 的不通螺纹孔，螺纹的有效深度为 50 mm，求底孔深度。

2．在铸铁工件上攻 M16、M12×1 的螺纹，求钻螺纹底孔的直径（精确到小数点后一位）。

3．在钢件上套 M16 螺纹，求出螺纹的圆杆直径。

4．在 45 钢板料上钻直径 $D=12$ mm 的孔，试选择合理的切削用量，计算钻床主轴转速。

5．V 带传动中，在装配 B 型 V 带时，已知两带轮切点间距离 a 为 500 mm，问按规定张紧力所需测量载荷进行测量时，应产生挠度为多少时张紧力才合适？

6．当用百分表测量夹紧杆来检验齿轮啮合间隙时，已知：百分表测点距离齿轮轴线为 180 mm，空转齿轮齿数 $z=60$，模数 $m=$

3 mm，百分表测量值为0.3 mm，求该圆柱啮合齿轮的侧隙为多少？

7. 当一旋转零件在离旋转中心50 mm处，有50 N的偏重时，如果转速为1 400 r/min，其产生的离心力为多少？

8. 如图所示齿轮丝杠传动系统，已知$z_1=30$，$z_2=60$，$z_3=20$，$z_4=80$，$z_6=75$，$z_7=120$，$z_8=30$，蜗杆头数$z_5=3$，丝杠螺距$P=5$ mm，求：

（1）主轴转一圈时，螺母移动多少距离？

（2）若$n_1=50$ r/min，则丝杠每分钟转几转？

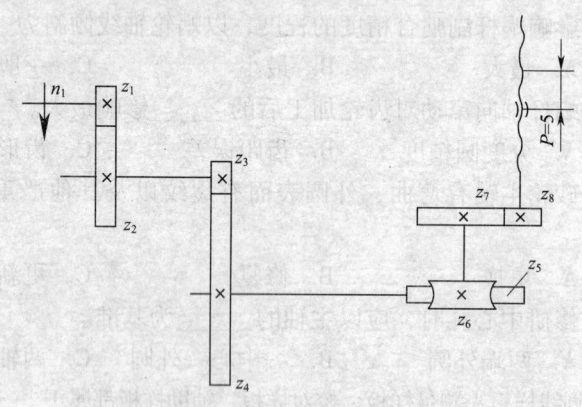

计算题第8题　齿轮丝杠传动系统

9. 如图所示为一肘形工件图，求毛坯的展开长度。已知：圆心角$\alpha=120°$，内弯曲半径$r=5$ mm，材料厚度$S=2$ mm，一边长27 mm，另一边长30 mm。

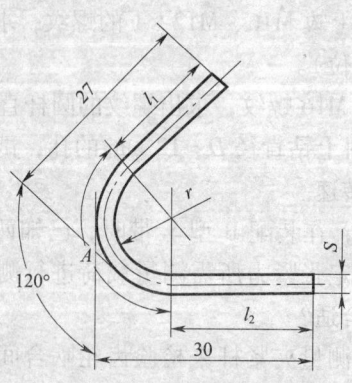

计算题第9题　弯曲肘形工件图

10. 如图所示，某轴需镀铬，镀铬前轴的尺寸车削至 $A_2 = \phi 59.74_{-0.016}^{0}$ mm，孔径 $A_1 = \phi 60_{0}^{+0.03}$ mm。若保证配合间隙 $A_\Delta = 0.236 \sim 0.286$ mm，问：镀铬层厚度 A_3 应控制在什么范围？

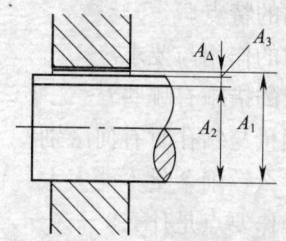

计算题第 10 题　求镀铬层厚度 A_3

11. 用尺寸为 200 mm × 200 mm，精度为 0.02 mm/1 000 mm 的方框水平仪测量 1 400 mm 长的导轨在垂直水平面内的直线度误差。现测得水平仪读数（格）为：-0.5、+1.5、+1、+0.5、-1、-1.5、-1.5。求（1）绘制导轨误差曲线图；（2）计算导轨在全长内的直线度误差。

12. 若对其一个长度进行测量，其测量结果为 30 mm + 0.015 mm，测量误差为 0.01 mm，则被测对象的真值应为多少？

四、简答题

1. 常见的尺寸基准有哪 3 种？什么叫划线基准？划线基准可分为哪几类？
2. 什么叫借料？试述借料划线的一般步骤。
3. 怎样划分锯条的粗细？目前锯条粗细分为哪几种规格？
4. 简述錾子热处理过程。
5. 简述锉削内圆弧面的要点。
6. 为什么锉刀的主锉纹斜角和辅锉纹斜角制成不等角？
7. 什么是平面划线？什么是立体划线？
8. 什么是塑性变形？为什么矫正与弯形都必须是塑性好的材料才能进行？
9. 试分析常见弯形时废品形式及产生原因。
10. 简述薄板料中间凸起的矫正方法。

11. 麻花钻刃磨有哪些要求？
12. 钻孔时选择切削用量的基本原则是什么？
13. 钻床夹具有何特点？常用钻床夹具有哪几种？
14. 简述标准群钻的特点。
15. 简述修磨横刃的作用与要求。
16. 提高扩孔质量的措施有哪些？
17. 扩孔时切削用量与钻孔时有何区别？
18. 铰孔时，为什么铰削余量不能太大，也不能太小？
19. 手工铰孔的操作要点是什么？
20. 分析铰刀损坏的原因。
21. 丝锥切削部分前端为何要磨出锥角？
22. 攻螺纹底孔直径为何要大于螺纹小径？
23. 攻螺纹时造成螺纹表面粗糙的原因有哪些？
24. 简述原始平板循环刮研法三次循环的刮研过程。
25. 简述平面研磨时，工件运动轨迹、压力及速度对研磨效果的影响。
26. 内孔研磨时，造成孔口扩大的主要原因有哪些？
27. 键连接损坏形式有哪些？如何进行修理？
28. 销连接损坏形式有哪些？如何进行修理？
29. 管道连接件的一般损坏形式有哪些？如何进行修理？
30. V带传动机构一般损坏形式有哪些？如何进行修理？
31. 链传动机构一般损坏形式有哪些？如何进行修理？
32. 联轴器的一般损坏形式有哪些？如何进行修理？
33. 离合器的一般损坏形式有哪些？如何进行修理？
34. 齿轮传动机构装配后，为什么要进行跑合？跑合的方法有哪几种？
35. 什么是滚动轴承的预紧？其目的是什么？
36. 滑动轴承装配有哪些具体要求？
37. 滚动轴承装配有哪些具体要求？
38. 轴的装配有哪些具体要求？
39. 机器启动前，要做好哪些工作？

40. 钻直径 3 mm 以下的小孔时，必须掌握哪些要点？
41. 为什么不能用一般方法钻斜孔？钻斜孔可以采用哪些方法？
42. 箱体工件划线必须掌握哪些原则？
43. 畸形工件划线时，工件如何进行安放？
44. 旋转件产生不平衡量的原因是什么？
45. 旋转件的不平衡能产生什么危害？
46. 对旋转件做静平衡时应注意哪些事项？
47. 简述机床拆卸的一般原则。
48. 简述零件修复（或更换）的原则。
49. 简述部件拼装需要经过哪几个步骤？
50. 设备修理工作要注意哪些要点？
51. 润滑对机床有什么作用？
52. 机床导轨必须具备哪些基本要求？
53. 刮削机床导轨应遵循哪些基本原则？
54. 如何用丝杠直接找正丝杠螺母副同轴度及丝杠中心线对基准面的平行度？
55. 编制工艺规程时需要哪些原始资料？
56. 装配工艺规程必须具备哪些内容？
57. 提高装配时的测量检验精度的方法有哪些？
58. 装配工作的重要性反映在哪些方面？
59. 装配工作对于机械设备有哪些影响？
60. 做好装配工作有哪些要求？
61. C6140A 型卧式车床主轴箱中，双向多片摩擦离合器摩擦片间的间隙为什么不能调整得太大或太小？如何调整到合适间隙？
62. C6140A 型卧式车床上设置制动机构（制动轮在轴Ⅳ上），试问当主轴在最高的六级转速时，能否起到制动作用？

理论知识试题答案

一、是非题

1. √	2. ×	3. ×	4. √	5. √	6. ×
7. ×	8. √	9. ×	10. √	11. √	12. √
13. ×	14. √	15. √	16. √	17. ×	18. ×
19. √	20. ×	21. √	22. ×	23. √	24. √
25. ×	26. √	27. ×	28. √	29. ×	30. ×
31. √	32. √	33. √	34. ×	35. √	36. √
37. ×	38. √	39. √	40. √	41. √	42. √
43. ×	44. √	45. √	46. √	47. ×	48. √
49. ×	50. ×	51. √	52. √	53. √	54. ×
55. √	56. √	57. √	58. ×	59. √	60. √
61. ×	62. ×	63. √	64. √	65. ×	66. √
67. ×	68. √	69. √	70. ×	71. √	72. ×
73. ×	74. √	75. √	76. √	77. √	78. √
79. √	80. √	81. √	82. √	83. √	84. ×
85. ×	86. √	87. √	88. √	89. ×	90. √
91. √	92. ×	93. √	94. √	95. √	96. ×
97. √	98. ×	99. √	100. √	101. √	102. ×
103. ×	104. √	105. √	106. ×	107. ×	108. √
109. ×	110. ×	111. √	112. √	113. ×	114. √
115. ×	116. ×	117. √	118. √	119. √	120. ×
121. √	122. ×	123. ×	124. √	125. √	126. √
127. √	128. ×	129. ×	130. √	131. ×	132. ×
133. √	134. ×	135. √	136. √	137. ×	138. √

理论知识试题答案

139. × 140. √ 141. × 142. √ 143. √ 144. √
145. × 146. √ 147. × 148. × 149. √ 150. √
151. √ 152. √ 153. × 154. √ 155. √ 156. √
157. × 158. × 159. × 160. √ 161. × 162. √
163. × 164. × 165. √ 166. √ 167. × 168. √
169. × 170. × 171. × 172. × 173. √ 174. ×
175. √ 176. × 177. × 178. √ 179. × 180. √
181. × 182. √ 183. √ 184. × 185. √ 186. ×
187. × 188. × 189. × 190. √ 191. √ 192. ×
193. √ 194. × 195. √ 196. √ 197. × 198. √
199. × 200. √ 201. × 202. √ 203. × 204. ×
205. √ 206. × 207. √ 208. × 209. √ 210. ×
211. × 212. √ 213. √ 214. √ 215. × 216. ×
217. √ 218. × 219. × 220. × 221. √ 222. ×
223. × 224. √ 225. × 226. √ 227. × 228. ×
229. √ 230. × 231. √ 232. × 233. √ 234. ×
235. × 236. × 237. √ 238. √ 239. × 240. √
241. × 242. × 243. √ 244. × 245. × 246. √
247. √ 248. × 249. √ 250. × 251. × 252. ×
253. √ 254. √ 255. √ 256. √ 257. √ 258. ×
259. √ 260. √ 261. × 262. √ 263. × 264. √
265. × 266. × 267. √ 268. √ 269. √ 270. ×
271. √ 272. × 273. √ 274. √ 275. √ 276. ×
277. × 278. × 279. √ 280. × 281. √ 282. ×
283. √ 284. √ 285. × 286. × 287. √ 288. √
289. √ 290. √ 291. × 292. √ 293. × 294. ×
295. √ 296. × 297. √ 298. √ 299. √ 300. ×
301. × 302. × 303. × 304. √ 305. × 306. √
307. √ 308. √ 309. × 310. √ 311. × 312. √
313. × 314. × 315. √ 316. √ 317. √ 318. ×
319. × 320. × 321. × 322. × 323. √ 324. ×

325. √ 326. √ 327. × 328. √ 329. × 330. √
331. × 332. × 333. √ 334. √ 335. × 336. ×
337. √ 338. × 339. × 340. × 341. √ 342. ×
343. × 344. × 345. × 346. × 347. √ 348. ×
349. √ 350. × 351. × 352. × 353. √ 354. √
355. × 356. × 357. ×

二、选择题

1. B   2. A   3. C   4. C   5. B   6. B
7. B   8. C   9. A   10. B   11. C   12. B
13. B   14. A   15. A   16. B   17. A   18. B
19. C   20. C   21. A   22. C   23. B   24. A
25. B   26. A   27. C   28. C   29. B   30. C
31. A   32. A   33. B   34. A   35. B   36. A
37. B   38. C   39. B   40. A   41. C   42. C
43. B   44. C   45. B   46. A   47. B   48. C
49. B   50. A   51. C   52. C   53. B   54. A
55. B   56. A   57. B   58. A   59. B   60. C
61. A   62. A   63. B   64. A   65. C   66. A
67. C   68. C   69. C   70. A   71. B   72. A
73. B   74. C   75. C   76. B   77. C   78. C
79. A   80. B   81. B   82. C   83. B   84. A
85. C   86. C   87. B   88. C   89. A   90. C
91. B   92. A   93. A   94. A   95. B   96. B
97. B   98. A   99. A   100. C 101. C 102. B
103. A 104. B 105. A 106. B 107. A 108. B
109. B 110. A 111. A 112. B 113. A 114. C
115. B 116. C 117. A 118. A 119. B 120. B
121. C 122. B 123. A 124. B 125. C 126. B
127. A 128. C 129. C 130. B 131. C 132. B
133. A 134. C 135. B 136. C 137. B 138. C
139. A 140. B 141. B 142. B 143. A 144. C

145. A	146. C	147. A	148. B	149. B	150. C
151. C	152. B	153. B	154. B	155. C	156. A
157. C	158. C	159. C	160. B	161. C	162. B
163. B	164. C	165. C	166. B	167. A	168. A
169. B	170. C	171. B	172. C	173. A	174. C
175. C	176. B	177. A	178. B	179. C	180. C
181. C	182. C	183. C	184. B	185. A	186. C
187. B	188. B	189. B	190. B	191. C	192. C
193. A	194. C	195. B	196. B	197. A	198. A
199. A	200. C	201. C	202. C	203. C	204. A
205. C	206. A	207. C	208. C	209. A	210. C
211. A	212. C	213. C	214. C	215. A	216. B
217. C	218. A	219. A	220. B	221. B	222. C
223. B	224. C	225. C	226. C	227. C	228. B
229. A	230. B	231. B	232. C	233. A	234. C
235. A	236. B	237. C	238. C	239. C	240. C
241. A	242. B	243. A	244. B	245. C	246. C
247. A	248. C	249. A	250. B	251. C	252. B
253. B	254. A	255. C	256. C	257. C	258. C
259. C	260. C	261. C	262. C	263. A	264. B
265. C	266. A	267. C	268. C	269. A	270. A
271. C	272. C	273. A	274. C	275. B	276. A
277. B	278. B	279. C	280. A	281. C	282. B
283. C	284. A	285. C	286. A	287. B	288. C
289. BC	290. A	291. A	292. AB	293. A	294. C
295. A	296. B	297. C	298. C	299. C	300. B
301. B	302. B	303. C	304. B	305. C	306. C
307. A	308. B	309. B	310. BC	311. C	312. C
313. A	314. B	315. A	316. C	317. C	318. A
319. C	320. C	321. C	322. B	323. C	324. A
325. A	326. A	327. B	328. A	329. B	330. B

331. C 332. A 333. C 334. B 335. C 336. A
337. A 338. C 339. A 340. C 341. A 342. C
343. A

三、计算题

1. 解：底孔深度 = 50 mm + 0.7 × 20 mm = 64 mm

答：螺纹底孔深度为 64 mm。

2. 解：$D_2 = D - 1.1P$

则 M16 的底径 = 16 mm − 2.2 mm = 13.8 mm

M12 × 1 的底径 = 12 mm − 1.1 × 1 mm = 10.9 mm

答：M16 螺孔的底孔直径为 13.8 mm，M12 × 1 螺孔的底孔直径为 10.9 mm。

3. 解：$D_{杆} = D - 0.13P = 16$ mm $- 0.13 × 2$ mm $= 15.74$ mm

答：圆杆的直径为 15.74 mm。

4. 解：由题意知：$a_p = D/2 = 12/2 = 6$(mm)，进给量 $f = 0.15$ mm/r，带入下式得：

$$n = 1\,000 × \frac{v}{\pi D} = 1\,000 × \frac{20}{3.14 × 12} = 530 (\text{r/min})$$

答：钻床主轴转速 $n = 530$ r/min。

5. 解：$y = \frac{1.6}{100}a = \frac{1.6}{100} × 500$ mm $= 8$ mm

答：应产生挠度为 8 mm 时才合适。

6. 解：$C = 0.3$ mm，$L = 180$ mm，$m = 3$ mm，$z = 60$

$$j_n = C\frac{R}{L} = 0.3 × \frac{90}{180} = 0.15 \text{ (mm)}$$

答：圆柱啮合齿轮的侧隙为 0.15 mm。

7. 解：$F = \frac{W}{g} × e\left(\frac{\pi n}{30}\right)^2 = \frac{50 \text{ N}}{9.81} × 0.05 \text{ m} × \left(\frac{3.14 × 1\,400 \text{ r/min}}{30 \text{ s}}\right)^2$

$\approx 5\,472$ N

答：产生的离心力约为 5 472 N。

8. 解：(1) 按传动系统

螺母移动的距离 $= 1 × \frac{30}{60} × \frac{20}{80} × \frac{3}{75} × \frac{120}{30} × 5 = 0.1$ (mm)

（2）丝杠的转数 $= 50 \times \dfrac{30}{60} \times \dfrac{20}{80} \times \dfrac{3}{75} \times \dfrac{120}{30} = 1$（r/min）

答：(1) 当主轴转一圈时，螺母移动 0.1 mm；(2) 当 $n_1 = 50$ r/min 时，丝杠的转数为 1 r/min。

9. 解：$L = l_1 + l_2 + A$

式中：L——毛坯总长度，l_1、l_2——各直线部分长度，A——圆弧部分长度。

因为 $l_1 = 27 - (5+2) = 20$（mm），$l_2 = 30 - (5+2) = 23$（mm）

$A = \pi \left(r + \dfrac{S}{2} \right) \dfrac{\alpha}{180°} = 3.14 \times \left(5 + \dfrac{2}{2} \right) \times \dfrac{120°}{180°} = 12.56$（mm）

所以 $L = 20 + 23 + 12.56 = 55.56$（mm）

答：毛坯的展开长度为 55.56 mm。

10. 解：(1) 确定封闭环、增环、减环

$A_\Delta = 0^{+0.286}_{+0.236}$，$A_1 = 60^{+0.03}_{0}$，$A_2 = 59.74^{0}_{-0.016}$，$60^{-0.260}_{-0.276}$

（2）列出尺寸链方程式，计算 A_3

因为 $A_\Delta = A_1 - (A_2 + A_3)$

所以 $A_3 = A_1 - A_2 - A_\Delta = 60 - 60 - 0 = 0$

（3）确定 A_3 极限尺寸

$A_{\Delta max} = A_{1max} - (A_{2min} + A_{3min})$

$A_{3min} = A_{1max} - A_{2min} - A_{\Delta max} = 60.03 - 59.724 - 0.286 = 0.02$（mm）

$A_{\Delta min} = A_{1min} - (A_{2max} + A_{3max})$

$A_{3max} = A_{1min} - A_{2max} - A_{\Delta min} = 60 - 59.74 - 0.236 = 0.024$（mm）

答：镀铬层应控制在 0.02 ~ 0.024 mm 范围内。

11. 解 (1) 作图如图所示

（2）由图中可得全长内的最大直线误差 $n = 3.5$ 格

由公式 $\Delta_全 = n \times i \times L = 3.5$ 格 $\times 0.02$ mm/1 000 mm $\times 200$ mm $= 0.014$ mm

答：全长内的最大直线度误差为 0.014 mm。

12. 解：测量误差 $\Delta = x - Q$

式中：Δ——测量误差，x——测量结果，Q——被测量的真值。

被测量的真值为：

> 钳工

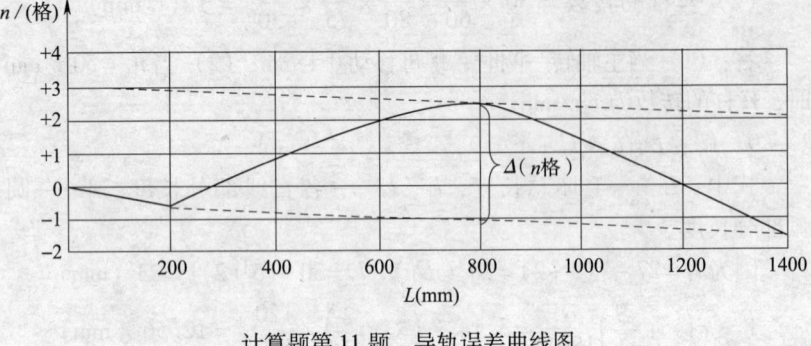

计算题第 11 题 导轨误差曲线图

$Q = x - \Delta = (30 \text{ mm} + 0.015 \text{ mm}) - 0.01 \text{ mm} = 30.005 \text{ mm}$

答：被测对象的真值应为 30.005 mm。

四、简答题

1. 答：常见的尺寸基准有 3 种：以两个互相垂直的平面为基准；以一个平面和一条中心线为基准；以两条互相垂直的中心线为基准。

在划线时，作为确定工件各部分尺寸、几何形状及相互位置的依据，称为划线基准。划线基准可分为：尺寸基准和校正基准两类。

2. 答：在按划线基准进行划线时，若发现零件的某些部位加工余量不够，则通过试划和调整，将各部位的加工余量重新分配，以保证各部位的加工表面都有足够加工余量的划线方法，称为借料。

借料的一般步骤如下：

（1）测量毛坯体的各部位尺寸，划出偏移部位和确定偏移量。

（2）确定借料的方向和大小，划出基准线。

（3）按图样要求，以基准线为依据，划出其余所有的线。

（4）检查各表面的加工余量是否合理，不合理则应继续借料并重新划线，直至各表面都有合适的加工余量为止。

3. 答：锯齿粗细是用锯条每 25 mm 长度内的齿数多少来表示的。目前有 14、18、24 和 32 齿等几种规格，分为粗齿、中齿、细齿和极细齿。

4. 答：热处理时，把錾子切削部分的 20 mm 左右长度加热到 750~780℃（呈现樱红色），取出后迅速浸入冷水中冷却，浸入深度为 5~6 mm。为了加速冷却，可夹持錾子在水面上做微微移动。因为移动形成水波纹，可使得錾子淬硬与不淬硬的界线不明显。否则，錾削时，錾子容易在淬硬与不淬硬的跃变交界线处断裂。当錾子露出水面的部分变成黑色时，从水中取出，利用上部的余热进行回火。为了便于观察颜色以判断温度，錾子从水中取出后，马上在砂布或砖石上把切屑部分的前刀面和后刀面摩擦几下，去除表面氧化层和污物。刚出水的颜色是白色，而后变为黄色，再变为蓝色。变为黄色时，把錾子全部浸入冷水中冷却，这种情况的回火称为"黄火"；变为蓝色时，把錾子全部浸入冷水中冷却，这种情况的回火称为"蓝火"。"黄火"的硬度比"蓝火"的高些，不易磨损，但錾削时容易断裂。"蓝火"的温度比较适当，故采用比较多。两者之间的硬度——"黄蓝火"，既能达到较高硬度，又能保持一定的韧性，因此也被经常采用。

5. 答：锉削内圆弧面的要点是把同时进行的三个动作结合好，即（1）前进运动；（2）向左或向右移动；（3）绕锉刀中心线转动（按顺时针或逆时针转动约 90°）。

6. 答：因为这样可使许多锉齿沿锉刀轴线方向形成倾斜和有规律排列，这样锉出的刀痕交错不重叠，被加工表面就比较光滑。否则，锉齿沿锉刀轴线平行的排列，锉出的表面要产生沟纹。

7. 答：平面划线是指仅在工件的一个平面上进行的划线；立体划线是指在工件的两个或两个以上平面进行划线。

8. 答：在外力作用下，材料发生变形，当外力超过一定的数值后，去掉外力，材料不能复原，这种变形称为塑性变形。矫正和弯形都是对塑性变形而言，只有塑性好的材料，才能进行矫正和弯形。

9. 答：常见弯形时废品形式及产生原因为：

（1）断裂。产生的原因有：

1）弯形过程中多次弯折。

2）工件材料塑性差。

3）弯形半径与材料厚度的比值 r/t 太小。

（2）形状和尺寸不准确。产生的原因有：

1）夹持不稳，弯形时出现松动现象。

2）模具形状不准确。

（3）管子有瘪痕或焊缝裂牙。产生的原因有：

1）弯形前没有灌满黄沙。

2）弯形半径超过了规定的最小值。

3）焊缝没有放在中性层位置上进行弯形。

10. 答：矫正中间凸起的薄板料时，不能直接锤击凸处，否则凸起的现象将更严重。此时，应将板料放在平台上，左手扶着板料，右手挥锤，从板料边缘开始逐渐向凸起部锤击，锤击应由重到轻，由密到稀，通过锤击使板料四周纤维伸长，中间凸起的部分逐渐消除。

11. 答：（1）顶角 2φ、后角 α_0 的大小要与工件材料的性质相适应，横刃斜角 ψ 为 $55°$。

（2）两条主切削刃应对称、等长，顶角 2φ 应与钻头轴线平分。

（3）钻头直径大于 5 mm，应磨短横刃。

12. 答：钻孔时应在允许范围内尽量选择较大的进给量 f，当进给量 f 受到表面粗糙度和钻头刚度限制时，再考虑选择较大的切削速度 v。

13. 答：（1）钻床夹具的特点是：钻床夹具上都装有钻套，用于引导刀具，防止其加工中发生偏斜。从而保证和提高加工孔的位置精度、尺寸精度及减小孔的表面粗糙度。大大缩短工序时间，提高生产率。

（2）常用的钻床夹具主要类型有固定式钻床夹具、移动式钻床夹具、翻转式钻床夹具、盖板式钻床夹具、回转式钻床夹具等多种类型。

14. 答：标准群钻是在标准麻花钻的基础上采取修磨措施（磨出月牙槽、磨短横刃、磨出单边分屑槽）制成，它的形状特点是：有三尖七刃两种槽。三尖是由于磨出月牙槽主切削刃形成三尖；七刃是两条外刃、两条内刃、两条圆弧刃、一条横刃；两种槽是月牙槽和单边分屑槽。

15. 答：横刃修磨后，使靠近钻心处的前角增大；减小了轴向抗力和挤刮现象；定心作用也得到改善。修磨时将横刃磨短至原来长度的 $1/5 \sim 1/3$，并形成内刃，内刃斜角为 $20° \sim 30°$，内刃前角为 $0° \sim 15°$。

16. 答：提高扩孔质量常采用下列措施：

（1）采用合适的刀具几何参数，合适的切削用量，并选用合适的切削液。

（2）钻孔后，在不改变工件和机床主轴相互位置的情况下，立即换成扩孔钻进行扩孔。

（3）扩孔前，先用镗刀镗削一段直径与扩孔钻相同的导向孔，改善导向条件。

（4）利用夹具导套引导扩孔钻扩孔。

17. 答：扩孔时的切削速度为钻孔的 1/2；进给量为钻孔的 1.5~2 倍。

18. 答：当铰削余量太大时，铰削啃刮严重，使每一刀齿上的切削负荷增加造成切削过程不稳定，铰刀磨损增加，切削热增大，切屑呈撕裂状态；余量太小时，不能纠正上道工序残留下的变形和清除原来的切削刀痕，使铰孔质量达不到要求。

19. 采用手铰刀铰孔，要保证刀具合格、余量合适及切削液合理，两手用力要均衡，旋转铰杠速度要均匀，铰刀不得偏摆，注意每次铰削的停歇位置不要相同，避免铰刀划伤工件孔壁，清屑或退出铰刀时，不能反转。

20. 答：一般铰刀损坏的原因有：

（1）铰刀过早磨损。其原因是：

1）刃磨时未及时冷却，使切削刃退火。

2）切削刃表面粗糙，初期磨损量大。

3）切削液选用不当，或切削液未能顺利地流入切削区域。

4）工件材料过硬。

（2）铰刀崩刃。其原因是：

1）铰刀前、后角太大，使切削刃强度降低。

2）机铰时，铰刀偏摆过大，切削刃负荷不均匀。

3）铰刀退出时反转，使切削刃卡入切削刃与孔壁之间。

4）刃磨时切削刃已有裂纹。

（3）铰刀折断。其原因是：

1）铰削用量太大，工件材料过硬。

> 钳工

2）铰刀已被卡住，仍继续猛力扳转，使铰刀受力过大。

3）两手在铰杠上用力不均匀，铰刀中心线和被铰孔的中心线不重合。

21．答：丝锥切削部分前端磨出锥角，可使切削负荷分布在几个刀齿上，从而切削省力，刀齿受力均匀，不易崩刃或折断，丝锥也容易正确切入。

22．答：攻螺纹时，丝锥除对材料起切削作用外，还对材料产生挤压，使牙型顶端凸起一部分。材料塑性越大，则挤压凸起部分越多，此时如果螺纹牙型顶端与丝锥刀齿根部没有足够的空隙，就会使丝锥扎住或折断，所以攻螺纹前的底孔直径必须大于螺纹标准中规定的螺纹小径。

23．答：攻螺纹时造成螺纹表面粗糙的原因有：

（1）丝锥前、后面表面粗糙度值大。

（2）丝锥前、后角太小。

（3）丝锥已磨钝。

（4）丝锥切削刃上粘有积屑瘤。

（5）攻螺纹过程中，未采用合适的切削液。

（6）切屑划伤螺纹表面。

24．答：设定三块原始平板的编号为 A、B、C。则第一次顺序，先将平板 A、B 合研对刮，使 A、B 平板贴合，再以 A 为基准刮 C，使之相互贴合，然后合研对刮 B 与 C 平板，使 B 和 C 全部贴合。第二次顺序以平板 B 为基准，刮研平板 A，再将 C 与 A 合研对刮。第三次顺序以平板 C 为基准刮研平板 B，再将 A 与 B 平板合研对刮，这样研刮完成后，以后依次分别以 A、B、C 按上述三个顺序循环地进行刮削，循环的次数越多，平板的刮削精度越高。

25．答：采用合适的工件运动轨迹，如"8"字形运动轨迹，能使研具与工件相互研磨的平面保持均匀的接触，既提高了工件的研磨质量，又能使研具保持均匀的磨损；研磨的压力大时研磨的切削量大，但表面粗糙度值较大；研磨的速度太快时，容易引起工件发热，降低研磨质量。所以要根据粗研、精研不同的要求，选择合适的运动轨迹、研磨速度和压力，并在一定的研磨时间后将工件旋转 90°，保持在研磨平板的全面积上均匀研磨。

26. 答：主要原因有：

（1）研磨剂涂抹不均匀。

（2）研磨时孔口挤出的研磨剂未及时擦去。

（3）研磨棒伸出太长。

（4）研磨棒与工件孔之间的间隙太大，研磨时，研具对于工件孔的径向摆动太大。

27. 答：键连接损坏形式一般有键侧和键槽侧面磨损、键发生变形以及键被剪断。对于键本身的磨损，因制造简单，一般都采取更换的方法，不做修复。对键槽的磨损，常常采用修整键槽，更换增大尺寸键的方法解决。动连接中的花键轴的磨损，可根据具体的磨损情况，采用表面镀铬的方法进行修复。

28. 销连接的损坏形式一般是销子、销孔的变形或销子的切断。由于销子制造容易，当销子磨损或损坏后，通常采用更换的方法。销孔在允许改大孔径、重新钻、铰的方法进行修理。

29. 答：管道工作一定时期后，常见的损坏形式是管子或管接头处发生泄漏。导致管道泄漏的原因有：管子产生裂纹、破损、管接头处衬垫或填料的失效及连接螺纹的松动和损坏或接头拧紧程度不够等。对于管子管壁产生裂缝，有时可通过补焊来修复，严重时，则必须更换。对于管接头处的泄漏，可根据实际情况具体处理，如更换新的衬垫填料，重新拧紧螺纹等。管子或管接头螺纹的损坏，为了可靠，一般都采取更换带螺纹的零件。管子长度不受影响时，可割去损坏的螺纹部分后重新套螺纹修复。

30. 答：V带传动中，容易出现如下损坏形式：传动轴颈的弯曲，带轮孔与轴配合的松动，带轮槽的磨损和变形，带拉长、磨损和断裂以及带轮的碎裂。

对轴颈的弯曲，可根据不同的要求，或矫直修复使用，或更新制造。对于带轮孔与轴配合松动，当松动不大时，可将轮孔修整，有时键槽也需修整或改大尺寸，轴颈则可用堆焊、刷镀或镀铬后修磨方法增大直径；当磨损较大时，带轮可在允许及有可能的情况下，镗大镶套，并用骑缝螺钉固定。带轮槽的磨损，可在不影响带轮强度的情况下适当车深轮槽,并修整轮的外缘尺寸。V带破损后,一般更新外购。

31. 答:在链传动机构中,一般损坏形式有链被拉长、链和链轮的磨损及链的断裂。链被拉长通过调整中心距或者链节数的方法修复。链和链轮的磨损当达到一定程度时,一般不进行修复,大都采取更换处理。

32. 答:联轴器传动机构的损坏形式表现为:联轴器孔与轴的配合松动,连接件或连接部位的磨损、变形及连接件的损坏。刚性联轴器与轴配合松动时,可将轴颈镀铬或喷镀,以增大轴径的方法修复。松动严重或连接部位磨损及变形都采取更换的办法处理。对于连接件的损坏,由于制造容易,安装方便,基本采用更换修理。

33. 答:嵌入式离合器的损坏形式通常是接合牙齿的磨损、变形或崩裂。轻微的磨损可以进行补焊后磨削修整。摩擦式离合器中,摩擦体和摩擦片的磨损是正常损坏,当磨损达到一定程度时,必须进行更换。

34. 答:因为对齿轮传动进行跑合后,可提高齿轮啮合的接触精度,从而提高齿轮副的承载能力,降低传动噪声。跑合的方法有加载跑合和电火花跑合两种。

35. 答:消除内、外圈与滚动体的游隙,并产生初始的接触弹性变形的方法,称为预紧。其目的是能控制正确的游隙,从而提高轴的旋转精度。

36. 答:滑动轴承装配后,应保证轴承的外圆与轴承套孔,轴承的内孔与轴外圆之间的接触精度达到规定标准,轴承内孔与轴的配合间隙应符合要求,轴承的位置要准确,定位要可靠,润滑油的通道要畅通。

37. 答:滚动轴承装配前,必须进行严格的清洗,除去轴承内的防锈油及其他杂物,并保持轴承体的清洁。轴肩或孔肩上的圆弧半径应小于轴承上相对应处的圆弧半径,并使轴承装入后端面贴紧轴肩或孔肩,不留间隙。装配时,作用力应均匀对称地作用在轴承环端面上,保持轴承在轴上和壳体孔中没有歪斜现象,轴承端面、垫圈及压盖之间的结合面必须平行。当拧紧压盖后,其接触应均匀,装配后的滚动轴承应转动轻快、灵活，正常运转后，温升不得超差。

38．答：装配之前，应清理轴件各表面的毛刺及杂物，同时检查轴件各部分的尺寸精度、几何形状精度、相互位置精度、表面粗糙度及热处理要求应满足图样上的要求。若发现超差，则需要进行修复。若不能修复，则应更换新的轴件。之后，按装配要求，完成轴上某些零件的连接，为轴上其他传动件的装配做好准备。

39．答：要做好以下五项工作：

（1）必须对总装工作进行全面检查，看其是否符合试车要求。

（2）对工作场地进行清理，以保证试车安全和顺利进行。

（3）将机器上暂时不需要产生动作的机构，置于"停止"位置。

（4）用于转动的各传动件，检查运转是否灵活。

（5）对于大型和复杂的机器，必须做到对有关人员的分工明确，统一指挥。

40．答：钻小孔必须要掌握以下几点：

（1）选用精度较高的钻床和小型钻夹头。

（2）尽量选用较高的转速：一般精度的钻床选用 $n = 1\,500 \sim 3\,000$ r/min，高精度的钻床选用 $n = 3\,000 \sim 10\,000$ r/min。

（3）开始进给时，进给量要小，进给时要注意手动感觉，以防钻头折断。

（4）钻削过程中必须及时提起钻头进行排屑，并在此时输入切削液或使钻头在空气中得到冷却。

41．答：用一般方法钻斜孔时，钻头刚接触工件先是单面受力，使钻头偏斜滑移，造成钻孔中心偏位，钻出的孔也很难保证正直。如钻头刚性不足时会造成钻头因偏斜而钻不进工件，使钻头崩刃或折断。故不能用一般的方法去钻斜孔。必须采用：

（1）先用与孔径相等的立铣刀在工件斜面上铣出一个平面后再钻孔。

（2）用錾子在工件斜面上錾出一个小平面后，先用中心钻钻出一个较大的锥孔坑或用小钻头钻出一个浅坑，然后再用所需孔径的钻头去钻孔。

42．答：箱体工件划线必须掌握以下原则：

（1）选择第一划线位置，应该是待加工的孔和面最多的一个位置，这样有利于减少翻转次数。

（2）箱体划线一般在四个面上都要划出十字校正线，应在长或平直的部位上划线。在毛坯面上划的十字线，经刨削加工后再次划线，必须以已加工面为基准，原十字线必须重划。

（3）为减少工件的翻转次数，其垂直线可利用角铁或90°角尺一次划出。

（4）某些箱体内壁不需加工，而装配齿轮等零件的空间又较小，在划线时要特别注意找正箱体内壁，以保证加工后顺利装配。

43. 由于畸形工件往往缺乏平坦和规则的表面，故直接支持或安放在平台上一般都不太方便。此时可利用一些辅助工具来解决。例如，带孔的工件穿在心轴上；带圆弧面的工件支持在V形块上；以及把工件支持在角铁、方箱或三爪自定心卡盘等上面。

44. 答：旋转件产生不平衡量的原因是由于材料密度不均匀、本身形状对旋转中心不对称、加工或装配产生误差等缘故引起的。

45. 答：旋转件的不平衡在转动时产生的不平衡惯性力直接影响到轴承的寿命，并降低机械的工作效率。如果惯性动压力产生的振动较大或接近共振，将会引起极其不良的后果。不仅影响机械本身的寿命，还会影响附近的工作机械及厂房建筑，直至不能正常工作或发生事故。振动和噪声还恶化工作场地的环境。

46. 答：对旋转件做静平衡时应注意以下事项：

（1）平衡前应检查平衡架导轨面的质量，应无明显凹坑、锈斑等缺陷。

（2）应先调整平衡架导轨的横向水平，然后再调整平衡架导轨的纵向水平，调整后再重复一次。

（3）平衡时一般使旋转件达到8个对应点平衡即可。

（4）平衡时要防止旋转件从平衡架上滚落下来。

（5）新安装的旋转件经修整后，原来的平衡状态遭到破坏，需再做一次平衡。

47. 答：机床拆卸的一般原则是：

（1）拆卸前必须弄清楚机床的结构、性能，掌握各个零部件的结构特点、装配关系，以便正确进行拆卸。

（2）机床的拆卸程序与装配程序相反。

（3）选择合适的拆卸方法，正确使用拆卸工具。

（4）拆卸大型零件，要遵守慎重和安全的原则。

（5）对装配精度影响较大的关键件，为保证装配的正确性，在不影响零件的完整和损伤的前提下，应在拆前做好打印记号工作。

（6）对于精密、稀有及关键机床，拆卸时应特别谨慎。日常维护中一般不拆卸，特别是光学部件。

（7）要坚持拆卸服务于装配的原则。如被拆卸机床的技术资料不全，拆卸过程中必须对全过程进行记录。装配时，遵照"先拆后装"的装配原则。

48．答：零件修复（或更换）的原则是：

（1）根据磨损零件对机床精度的影响大小决定。

（2）零件磨损后，不能完成预定使用功能。

（3）降低了机床性能或影响正常操作。

（4）降低生产率。

（5）引起不良后果。

（6）使裂纹迅速扩大，引起严重事故。

（7）磨损加剧，效率下降，发热和表面撕伤，引起咬住，不能正常运转。

（8）零件安装困难，必须大拆大卸或零件返工修理严重影响生产的。

49．答：主要步骤有：

（1）确定部件拼装方案。

（2）进行拼装的误差分析。

（3）确定误差补偿方法并计算，测量误差补偿值。

（4）进行误差补偿并拼装部件至要求。

50．答：设备修理工作要注意的要点有：

（1）设备修理后的各项精度指标必须满足设备的验收标准。

（2）设备修理的周期应在设备允许停机的时间范围内。

（3）修理工作应综合考虑经济成本，本着以修为主、以换为辅的原则进行。

（4）设备修理也要注意利用修理的机会同设备改造工作结合起来，提高设备的利用率。

51．答：机床摩擦表面形成润滑油膜后，可以减少摩擦与磨损，减少由摩擦力产生的能量损失和温升，冷却摩擦表面，避免因摩擦表面温度过高或工作零件的热变形而使机床的工作条件变坏。润滑还可以防止零件生锈，缓和冲击及振动。从而能较长时期地保持机床的工作精度和工作性能。

52．答：要求材料耐磨性好，导向精度良好；工艺性好，磨损后容易调整，并保持其精度的持久性和稳定性；应有一定的刚度。一对导轨，其支撑导轨的接触面硬度要高一些。

53．刮削机床导轨应遵循的基本原则是：

（1）首先要选择刮削时的基准导轨，通常选比较长的、限制自由度比较多的、比较难刮的支撑导轨作为基准导轨。

（2）刮削一组导轨时，先刮削基准导轨，刮削时必须进行精度检验。然后按基准导轨刮削其他导轨。在刮削与基准导轨相配的导轨时，刮削时只需进行配刮，达到接触点数要求即可，不做单独的精度检查。

（3）对于组合导轨上各个表面的刮削次序为：先刮大表面，后刮小表面；先刮难刮的表面，后刮容易刮的表面；先刮刚度较好的表面，后刮刚度较差的表面。

（4）工件上如果有已加工过的平面或孔时，应以这些平面或孔作为基准来刮削导轨表面。

54．答：校正时先修刮螺母座的底面，并调整螺母座的水平位置，使丝杠的上母线、侧母线均与导轨面平行。然后修整垫片，并在水平方向上调整轴承座，使丝杠两端轴颈能顺利插入轴承孔，且丝杠转动灵活。

55．答：编制工艺规程时需要以下原始资料：

（1）产品的总装配图、部件的装配图及主要零件的工作图。

（2）零件明细表。

（3）产品验收技术条件。

（4）产品的生产规模——各种设备的性能及主要技术规格。

56．答：装配工艺规程必须具备以下内容：

（1）规定所有的零件和部件的装配顺序。

（2）对所有的装配单元和零件规定出既保证装配精度，又是生产率最高和最经济的装配方法。

（3）划分工序，确定装配工序内容。

（4）决定所必需的工人等级和工时定额。

（5）选择完成装配工作所必需的工夹具及装配用的设备。

（6）确定验收方法和装配技术条件。

57．答：减少量仪的系统误差，如修正量具或量仪的系统误差；反向测量法补偿；正确选择测量方法。

58．答：装配工作是产品制造过程中的最后一道工序，装配工作的好坏，对整个产品质量起着决定性的作用，故必须认真细致地做好装配工作。

59．答：对机械设备精度的影响；对机械设备完成预定使用功能的影响；对机械设备性能的影响。

60．装配时有严格的工艺纪律；装配时有认真细致的工作作风；装配时有专用的检测工具量仪和完整的检测手段；合理组织装配工作场地。

61．答：间隙调整的太大，操纵时摩擦片接触不紧，外摩擦片之间有打滑现象，机床动力不足；间隙调整的太小，操纵费力，易损坏操纵机构，内外摩擦片不易脱开，有导致烧坏的可能。调整方法是：先将定位销压出螺母 z_a 或 z_b 的缺口，然后旋转螺母 z_a 或 z_b 即可调整摩擦片间的间隙。调整后，让定位销弹出，重新卡入螺母的另一缺口内，使螺母定位防松。

62．答：能够起到制动作用。因为主轴箱内两传动轴上的齿轮始终是啮合的，所以将轴Ⅳ制动了，其他轴也就被制动了。同理，主轴也自然被制动了。

技能考核试题与评分标准

【试题一】 制作连接轴
1. 零件图样

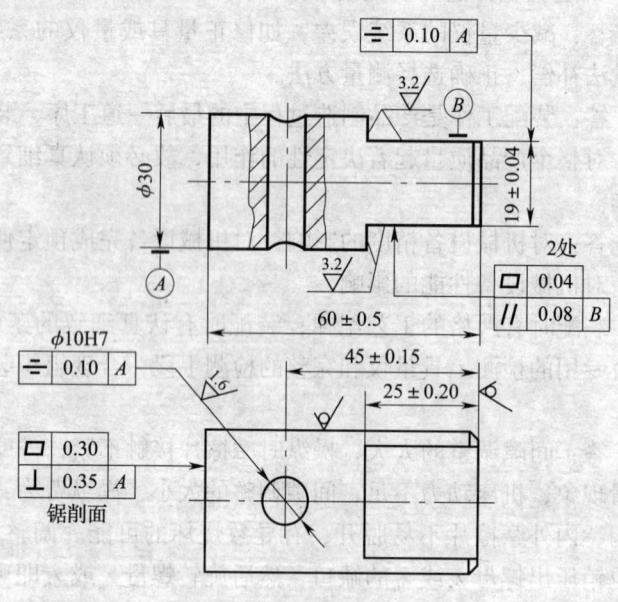

技术要求

(1) 锯削面一次完成,不得修锉。
(2) 孔口去毛刺,倒角C1。

2. 考核要求
(1) 考核内容
1) 符合图样要求的所有尺寸公差、形位公差。
2) 符合图样要求的各处的表面粗糙度。

3）锯削面应一次完成，不准修锉。
4）不准用砂布或风磨机打光加工表面。
（2）工时定额 4.5 h。
（3）安全文明生产
1）能正确执行安全技术操作规程。
2）能按企业有关文明生产的规定，做到工作场地整洁、工件、工具摆放整齐。

制作连接轴评分标准

考核项目	考核内容	考核要求	配分	评分标准	扣分	得分
主要项目	尺寸精度	19±0.04	20	超差不得分		
	尺寸精度	45±0.15	10	超差不得分		
	尺寸精度	60±0.5	10	超差不得分		
	对称度公差	0.10	10	超差不得分		
	对称度公差	0.10	10	超差不得分		
	表面粗糙度	$Ra3.2\ \mu m$（2处）	7	超差不得分		
一般项目	尺寸精度	25±0.20	5	每超差0.1扣1分		
	平面度公差	0.04（2处）	5	超差不得分		
	平行度公差	0.08	5	超差不得分		
	平面度公差	0.30	5	超差不得分		
	垂直度公差	0.35	5	超差不得分		
	尺寸精度	$\phi 10H7$	4	超差不得分		
	表面粗糙度	$Ra1.6\ \mu m$	4	大于$Ra3.2\ \mu m$不得分		
安全及文明生产	1. 按国家颁布的有关法规或行业（企业）的规定 2. 按行业（企业）自定的有关规定			扣分不超过10分		
工时定额	4.5 h			根据超工时定额情况扣分		

【试题二】制作异形板
1. 零件图样

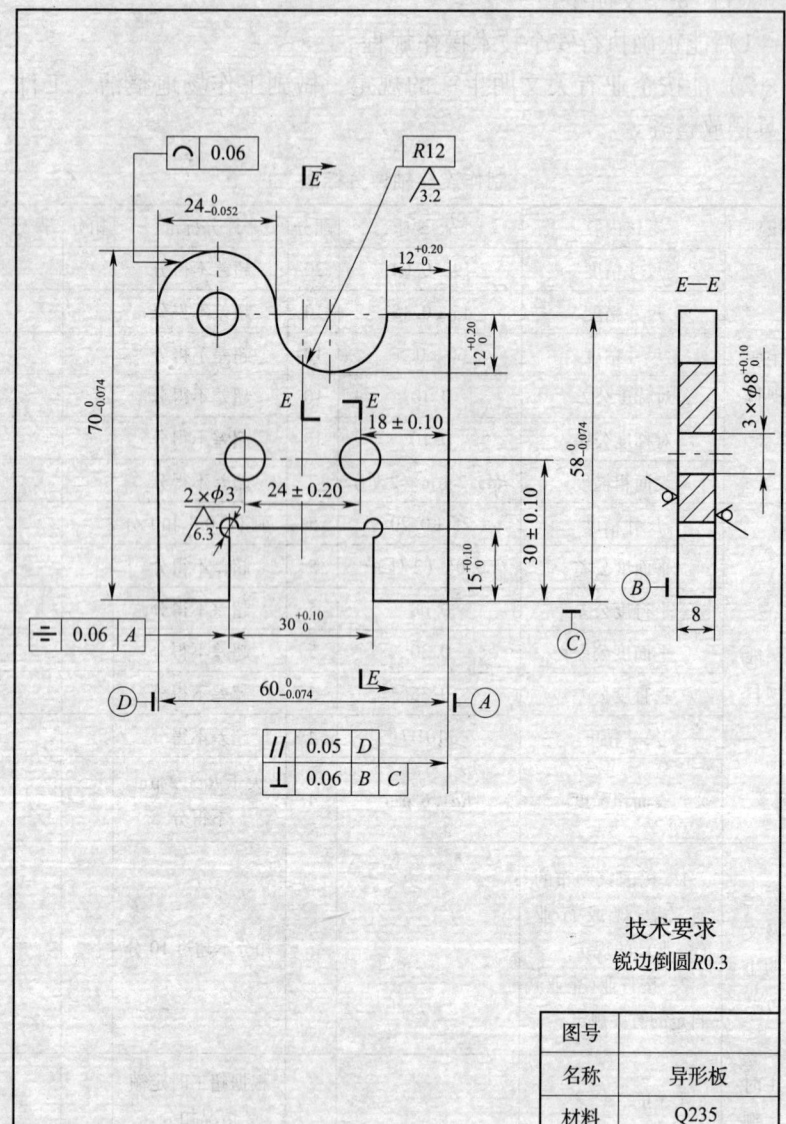

2. 考核要求

(1) 考核内容

1) 符合图样要求的所有尺寸公差、形位公差。

2) 符合图样要求的各处的表面粗糙度。

3) 图样中未注公差按标准公差 IT14～IT12 规定。

4) 不准用砂布或风磨机打光加工表面。

(2) 工时定额 5 h。

(3) 安全文明生产

1) 能正确执行安全技术操作规程。

2) 能按企业有关文明生产的规定,做到工作场地整洁、工件、工具摆放整齐。

制作异形板评分标准

考核项目	考核内容	考核要求	配分	评分标准	扣分	得分
主要项目	尺寸精度	$60_{-0.074}^{0}$	8	超差不得分		
	对称度公差	0.06	8	超差不得分		
	尺寸精度	$30_{0}^{+0.10}$	6	超差不得分		
	尺寸精度	$58_{-0.074}^{0}$	6	超差不得分		
	垂直度公差	0.06	6	超差不得分		
	表面粗糙度	$Ra6.3$ μm (2处)	8	超差不得分		
	三个圆孔尺寸精度	$3 \times \phi 8_{0}^{+0.10}$	6	超差不得分		
	圆弧线轮廓度 ($R12$)	0.06	16	超差不得分		
	$R12$ 圆弧表面粗糙度	$Ra3.2$ μm	4	超差不得分		
一般项目	平行度公差	0.05	4	超差不得分		
	尺寸精度	24 ± 0.20	4	超差不得分		
	尺寸精度	$12_{0}^{+0.20}$	4	超差不得分		
	尺寸精度	$15_{0}^{+0.10}$	4	超差不得分		
	尺寸精度	$24_{-0.052}^{0}$	4	超差不得分		
	尺寸精度	$12_{0}^{+0.20}$	4	超差不得分		
	尺寸精度	$30_{0}^{+0.10}$	4	超差不得分		
	尺寸精度	18 ± 0.10	4	超差不得分		

续表

考核项目	考核内容	考核要求	配分	评分标准	扣分	得分
安全及文明生产	1. 按国家颁布的有关法规或行业（企业）的规定 2. 按行业（企业）自定的有关规定			扣分不超过 10 分		
工时定额	5 h			根据超工时定额情况扣分		

【试题三】 制作方块

1. 零件图样

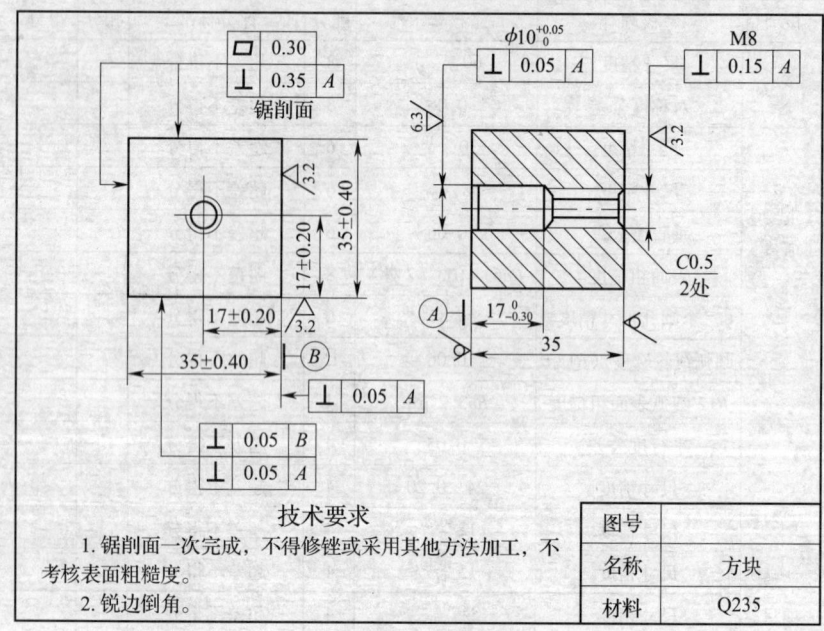

技术要求
1. 锯削面一次完成，不得修锉或采用其他方法加工，不考核表面粗糙度。
2. 锐边倒角。

2. 考核要求

（1）考核内容

1）符合图样要求的所有尺寸公差、形位公差。

2) 符合图样要求的各处的表面粗糙度。
3) 图样中未注公差按标准公差 IT14 ~ IT12 规定。
4) 不准用砂布或风磨机打光加工表面。
(2) 工时定额 4.5 h。
(3) 安全文明生产
1) 能正确执行安全技术操作规程。
2) 能按企业有关文明生产的规定，做到工作场地整洁、工件、工具摆放整齐。

制作方块评分标准

考核项目	考核内容	考核要求	配分	评分标准	扣分	得分
主要项目	尺寸精度	35 ± 0.40（2 处）	15	超差不得分		
	尺寸精度	17 ± 0.20（2 处）	15	超差不得分		
	垂直度公差	0.05（4 处）	20	>0.08 不得分		
	平面度公差	0.30（2 处）	10	超差不得分		
	垂直度公差	0.35（2 处）	10	超差不得分		
	垂直度公差	0.15	6	超差不得分		
	尺寸精度	$\phi 10_{0}^{+0.05}$	5	超差 0.05 扣 1 分		
	尺寸精度	$17_{-0.03}^{0}$	5	超差不得分		
	螺纹孔	M8	6	不合格不得分		
一般项目	表面粗糙度	$Ra3.2 \mu m$（3 处）	6	超差不得分		
	表面粗糙度	$Ra6.3 \mu m$	2	超差不得分		
安全及文明生产	1. 按国家颁布的有关法规或行业（企业）的规定 2. 按行业（企业）自定的有关规定			扣分不超过 10 分		
工时定额	4.5 h			根据超工时定额情况扣分		

【试题四】制作凸块

1. 零件图样

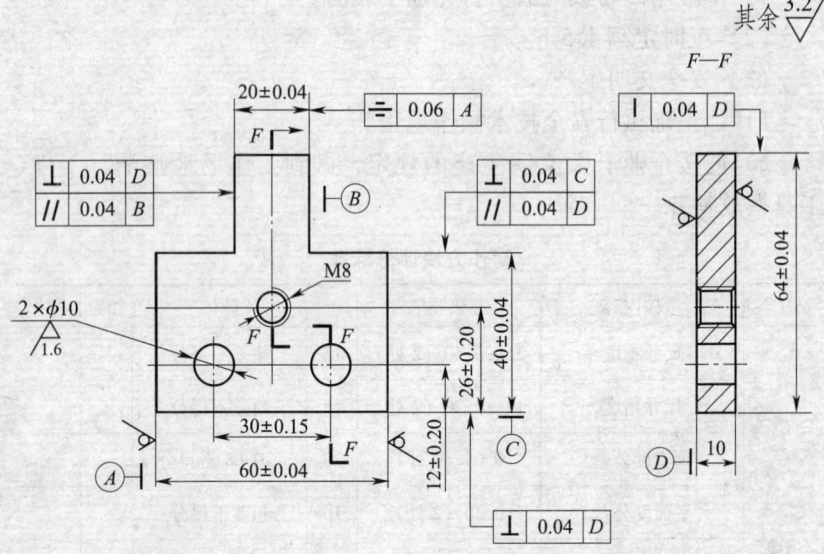

2. 考核要求

（1）考核内容

1）符合图样要求的所有尺寸公差、形位公差。

2）符合图样要求的各处的表面粗糙度。

（2）工时定额 3 h。

（3）安全文明生产

1）能正确执行安全技术操作规程。

2）能按企业有关文明生产的规定，做到工作场地整洁、工件、工具摆放整齐。

制作凸块评分标准

考核项目	考核内容	考核要求	配分	评分标准	扣分	得分
主要项目	尺寸精度	30±0.15	10	每超差 0.05 扣 1 分		
	尺寸精度	20±0.04	8	每超差 0.02 扣 1 分		
	对称度公差	0.06	10	每超差 0.02 扣 1 分		

续表

考核项目	考核内容	考核要求	配分	评分标准	扣分	得分
主要项目	尺寸精度	26±0.20	8	每超差0.05扣1分		
	尺寸精度	40±0.04（2处）	10	每超差0.02扣1分		
	平行度公差	0.04（2处）	15	每超差0.02扣1分		
一般项目	表面粗糙度	$Ra3.2\ \mu m$（7处）	14	每降一个等级扣2分		
	垂直度公差	0.04（4处）	12	尺寸公差每超0.02扣1分		
	螺纹孔	M8	2	不合格不得分		
	两孔精度	$2\times\phi10$	4	每超0.02扣1分		
	表面粗糙度	$Ra1.6\ \mu m$（2处）	4	每降一个等级扣2分		
	尺寸精度	12±0.20	3	每超差0.05扣1分		
安全及文明生产	1. 按国家颁布的有关法规或行业（企业）的规定 2. 按行业（企业）自定的有关规定			扣分不超过10分		
工时定额	3 h			根据超工时定额情况扣分		

【试题五】 制作限位块
1. 零件图样

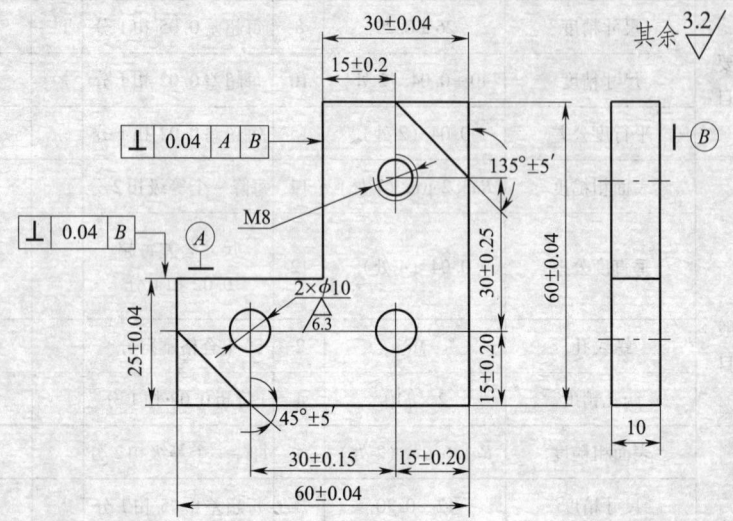

2. 考核要求

（1）考核内容

1）符合图样要求的所有尺寸公差、形位公差。

2）符合图样要求的各处的表面粗糙度。

（2）工时定额 2.5 h。

（3）安全文明生产

1）能正确执行安全技术操作规程。

2）能按企业有关文明生产的规定，做到工作场地整洁、工件、工具摆放整齐。

制作限位块评分标准

考核项目	考核内容	考核要求	配分	评分标准	扣分	得分
主要项目	垂直度公差	0.04	6	每超差 0.02 扣 1 分		
	垂直度公差	0.04（A、B 基准）	12	每超差 0.02 扣 1 分		
	尺寸精度	30 ± 0.15	10	每超差 0.05 扣 1 分		
	尺寸精度	30 ± 0.04	6	每超差 0.02 扣 1 分		

续表

考核项目	考核内容	考核要求	配分	评分标准	扣分	得分
主要项目	尺寸精度	25±0.04	6	每超差0.02扣1分		
	尺寸精度	30±0.25	6	每超差0.05扣1分		
	尺寸精度	15±0.02	6	每超差0.01扣1分		
	尺寸精度	60±0.04	6	每超差0.02扣1分		
	螺纹孔	M8	4	不合格不得分		
一般项目	尺寸精度	15±0.20	3	每超差0.05扣1分		
	尺寸精度	15±0.20	3	每超差0.05扣1分		
	角度公差	135°±5′	4	每超差2′扣1分		
	角度公差	45°±5′	4			
	表面粗糙度	$Ra3.2\ \mu m$	16	每降一个等级扣2分		
	两孔精度	$2\times\phi10$	4	每超0.02扣1分		
	表面粗糙度	$Ra6.3\ \mu m$（2处）	4	每降一个等级扣2分		
安全及文明生产	1. 按国家颁布的有关法规或行业（企业）的规定 2. 按行业（企业）自定的有关规定			扣分不超过10分		
工时定额	2.5 h			根据超工时定额情况扣分		

【试题六】方槽角度对配
1. 零件图样

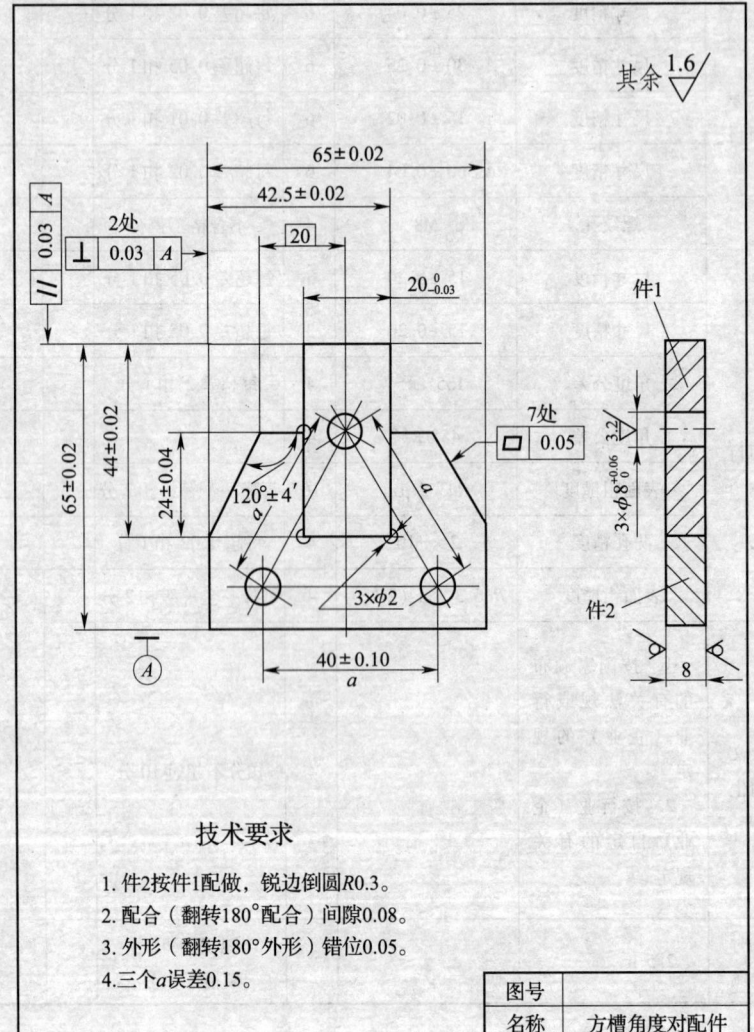

技术要求

1. 件2按件1配做,锐边倒圆R0.3。
2. 配合(翻转180°配合)间隙0.08。
3. 外形(翻转180°外形)错位0.05。
4. 三个a误差0.15。

图号	
名称	方槽角度对配件
材料	45

2. 考核要求

(1) 考核内容

1) 符合图样要求的所有尺寸公差和形位公差。

2) 符合图样要求的各处的表面粗糙度。

3) 组合尺寸 (65±0.02) mm, $Ra1.6$ μm 要达到要求。

4) 配合间隙为 0.05 mm。

5) 外形错位为 0.03 mm。

6) 图样标注的三个 a 的误差为 0.15 mm。

(2) 工时定额 5 h。

(3) 安全文明生产

1) 能正确执行安全技术操作规程。

2) 能按企业有关文明生产的规定,做到工作场地整洁、工件、工具摆放整齐。

方槽角度对配评分表

考核项目	考核内容	考核要求	配分	评分标准	扣分	得分
主要项目	配合间隙	≤0.08	20	超差0.02以上不得分		
	外形错位	≤0.05	6	超差不得分		
	三个孔的尺寸精度	$3\times\phi8^{+0.06}_{0}$	6	超差不得分		
	角度公差	120°±4′	5	超差不得分		
	尺寸精度	65±0.02	5	超差不得分		
	尺寸精度	42.5±0.02	4	超差不得分		
	尺寸精度	$20^{\ 0}_{-0.03}$	4	超差不得分		
	尺寸精度	24±0.04	4	超差不得分		
	平行度公差	0.03	4	超差不得分		
	$\phi8$孔表面粗糙度	$Ra3.2$ μm	3	超差不得分		
一般项目	尺寸精度	65±0.02	4	超差不得分		
	尺寸精度	44±0.02	3	超差不得分		
	尺寸精度	40±0.10	3	超差不得分		

续表

考核项目	考核内容	考核要求	配分	评分标准	扣分	得分
一般项目	垂直度公差	0.03（2处）	6	超差不得分		
	平面度公差	0.05（7处）	7	超差不得分		
	尺寸精度	40±0.10（3处）	6	超差不得分		
	表面粗糙度	Ra1.6 μm	10	超差不得分		
安全文明生产	1. 按国家颁发的有关法规或行业（企业）的规定 2. 按行业（企业）自定有关规定			扣分不超过10分		
工时定额	5 h			根据超工时定额情况扣分		

【试题七】梯形台对配

1. 零件图样

2. 考核要求

（1）考核内容

1）符合图样要求的所有尺寸公差。

2）符合图样要求的各处的表面粗糙度。

3）对于 A 的平行度误差和对于 B 的对称度误差应符合图样要求。

4）件1和件2的配合间隙为0.05 mm（包括翻转180°）。

（2）工时定额5 h。

（3）安全文明生产

1）能正确执行安全技术操作规程。

2）能按企业有关文明生产的规定，做到工作场地整洁、工件、工具摆放整齐。

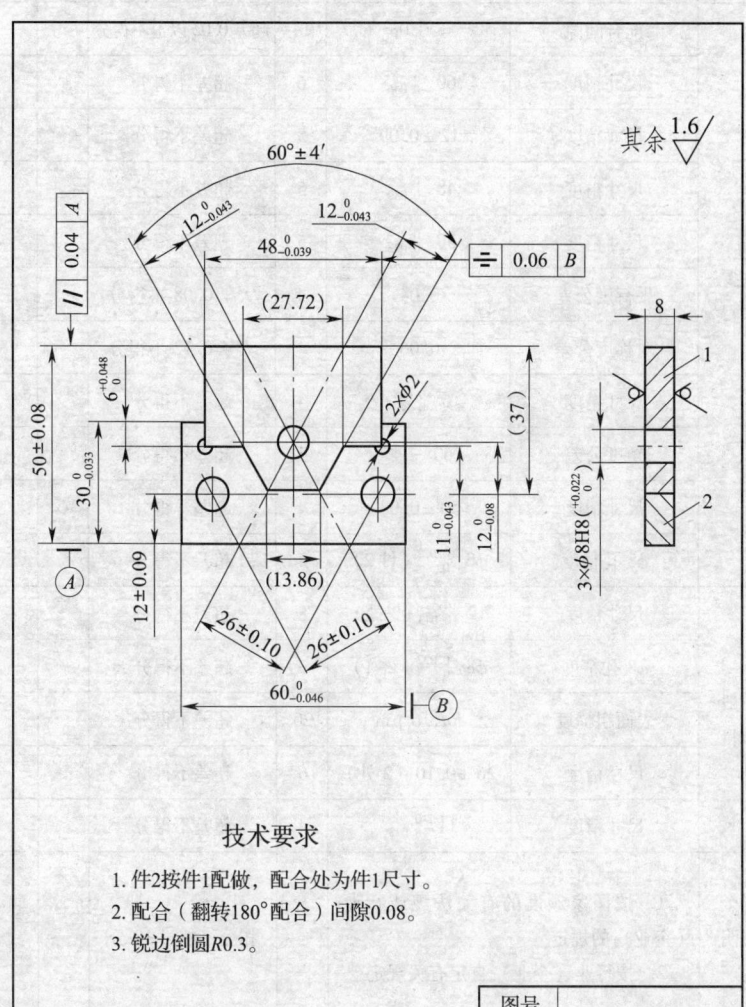

技术要求

1. 件2按件1配做,配合处为件1尺寸。
2. 配合(翻转180°配合)间隙0.08。
3. 锐边倒圆R0.3。

图号	
名称	梯形台对配件
材料	45

> 钳工

梯形台对配评分表

考核项目	考核内容	考核要求	配分	评分标准	扣分	得分
主要项目	配合间隙	≤0.08	14	超差0.02以上不得分		
	尺寸精度	$60_{-0.046}^{0}$	6	超差不得分		
	尺寸精度	12 ± 0.09	5	超差不得分		
	尺寸精度	$48_{-0.039}^{0}$	5	超差不得分		
	尺寸精度	$30_{-0.033}^{0}$	5	超差不得分		
	平行度公差	0.04	4	大于0.08不得分		
	对称度公差	0.06	4	大于0.12不得分		
	尺寸精度	$6_{0}^{+0.048}$	4	超差不得分		
	角度公差	$60° \pm 4'$	4	超差不得分		
	尺寸精度	50 ± 0.08	4	超差不得分		
	$\phi 8$ 孔精度	$\phi 8_{0}^{+0.022}$（件2）	4	超差不得分		
一般项目	尺寸精度	$12_{-0.043}^{0}$（2处）	8	超差不得分		
	$\phi 8$ 孔精度	$\phi 8_{0}^{+0.022}$（件1）	3	超差不得分		
	表面粗糙度	$Ra 1.6 \mu m$	20	超差不得分		
	尺寸精度	26 ± 0.10（2处）	6	超差不得分		
	尺寸精度	$11_{-0.043}^{0}$	4	超差不得分		
安全文明生产	1. 按国家颁发的有关法规或行业（企业）的规定 2. 按行业（企业）自定有关规定			扣分不超过10分		
工时定额	5 h			根据超工时定额情况扣分		

【试题八】四方镶配

1. 零件图样

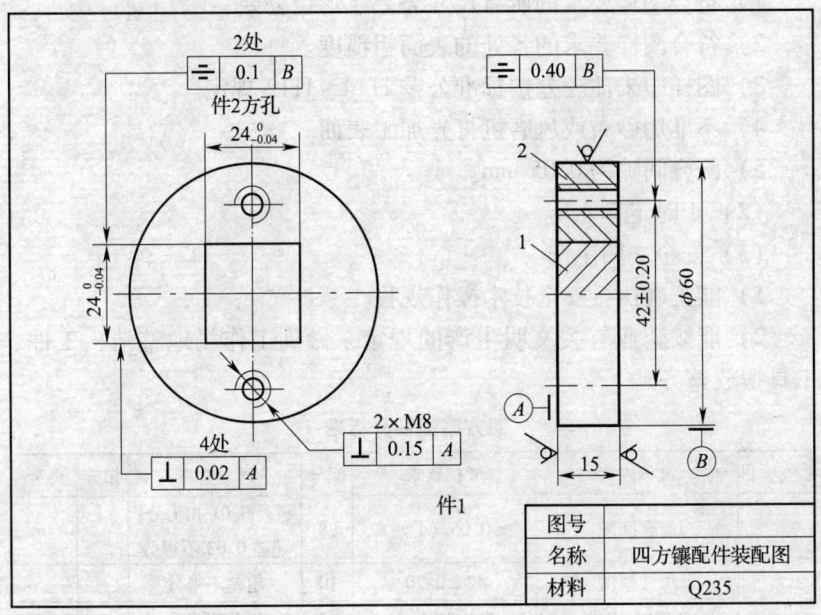

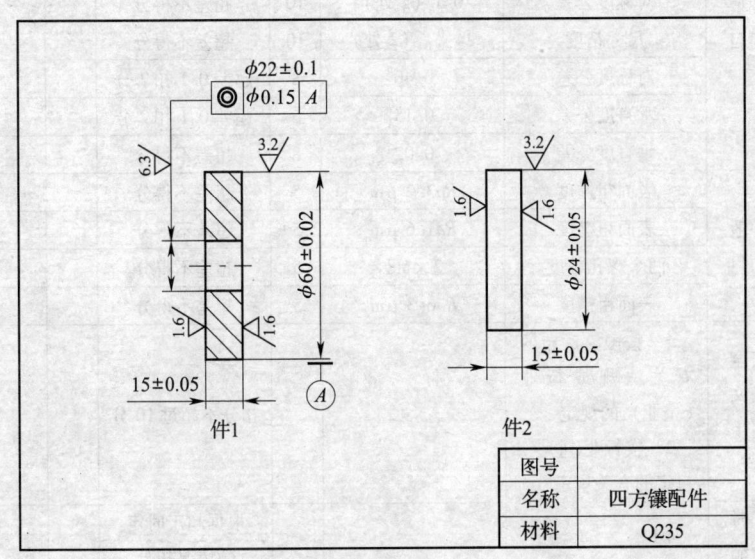

2. 考核要求

(1) 考核内容

1) 符合图样要求的所有尺寸公差、形位公差。

2) 符合图样要求的各处的表面粗糙度。

3) 图样中未注公差按标准公差 IT14～IT12 规定。

4) 不准用砂布或风磨机打光加工表面。

5) 配合间隙为 0.05 mm。

(2) 工时定额 4 h。

(3) 安全文明生产

1) 能正确执行安全技术操作规程。

2) 能按企业有关文明生产的规定,做到工作场地整洁、工件、工具摆放整齐。

四方镶配评分标准

考核项目	考核内容	考核要求	配分	评分标准	扣分	得分
主要项目	配合间隙	≤0.05 (4处)	28	超差 0.01 扣 1 分,超差 0.03 不得分		
	尺寸精度	42±0.20	10	超差不得分		
	对称度公差	0.1 (2处)	10	超差不得分		
	尺寸精度	$24_{-0.04}^{0}$ (2处)	10	超差不得分		
	对称度公差	0.40	8	超差 0.1 扣 2 分		
	垂直度公差	0.15	6	超差 0.1 扣 2 分		
	垂直度公差	0.02	8	超差不得分		
一般项目	表面粗糙度	$Ra3.2\ \mu m$	5	超差不得分		
	表面粗糙度	$Ra1.6\ \mu m$	5	超差不得分		
	两个螺孔精度	2×M8	5	超差不得分		
	表面粗糙度	$Ra6.3\ \mu m$	5	超差不得分		
安全及文明生产	1. 按国家颁布的有关法规或行业(企业)的规定 2. 按行业(企业)自定的有关规定			扣分不超过 10 分		
工时定额	4 h			根据超工时定额情况扣分		

【试题九】十字块镶配
1. 零件图样

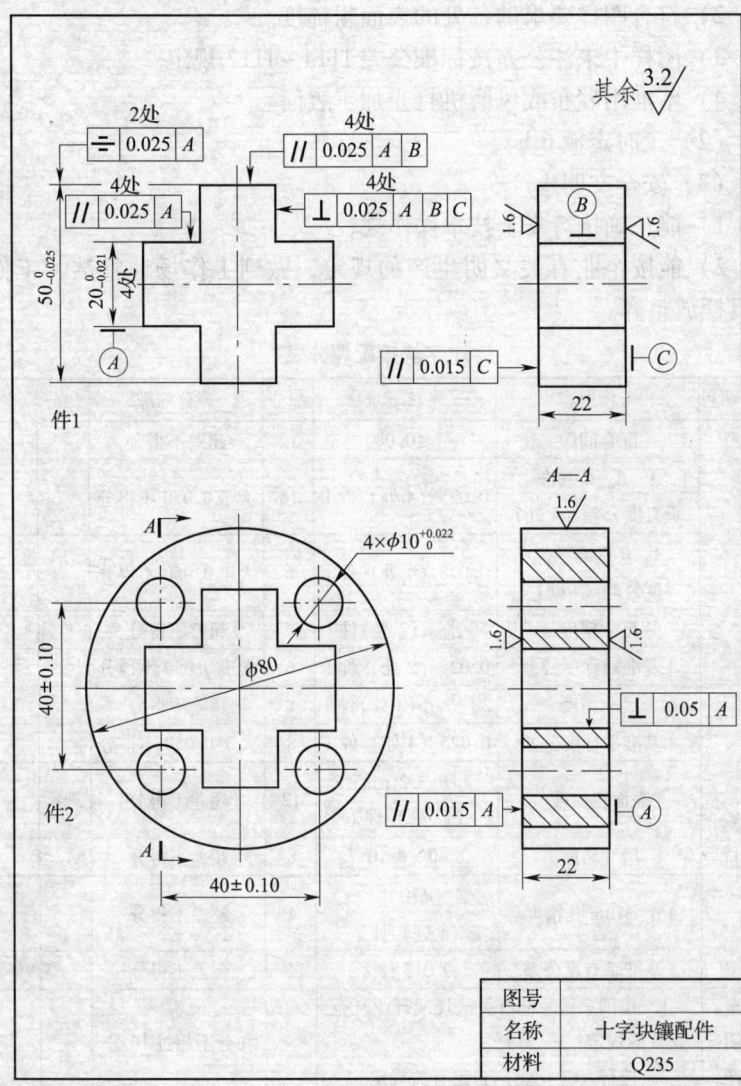

2. 考核要求

(1) 考核内容

1) 符合图样要求的所有尺寸公差、形位公差。
2) 符合图样要求的各处的表面粗糙度。
3) 图样中未注公差按标准公差 IT14～IT12 规定。
4) 不准用砂布或风磨机打光加工表面。

(2) 工时定额 6 h。

(3) 安全文明生产

1) 能正确执行安全技术操作规程。
2) 能按企业有关文明生产的规定,做到工作场地整洁、工件、工具摆放整齐。

十字块镶配评分表

考核项目	考核内容	考核要求	配分	评分标准	扣分	得分
主要项目	配合间隙	≤0.08	12	超差不得分		
	A、B、C 基准垂直度公差(4处)	0.025(4处)件1	16	大于 0.050 不得分		
	A、B 基准平行度公差(4处)	0.025(4处)件1	6	大于 0.050 不得分		
	尺寸精度	$50_{-0.025}^{0}$(2处)件1	6	超差不得分		
	A 基准对称度公差	0.025(2处)件1	6	大于 0.050 不得分		
一般项目	尺寸精度	$20_{-0.021}^{0}$(4处)件1	8	超差不得分		
	A 基准平行度公差	0.025(4处)件1	8	大于 0.050 不得分		
	表面粗糙度	$Ra3.2\ \mu m$(12处)件1	12	超差不得分		
	尺寸精度	40±0.10	8	超差不得分		
	4 个 $\phi10m$ 孔精度	$4\times\phi10_{0}^{+0.022}$(4处)件2	4	超差不得分		
	A 基准垂直度公差	0.015 件2	4	超差不得分		
安全文明生产	1. 按国家颁发的有关法规或行业(企业)的规定 2. 按行业(企业)自定有关规定			扣分不超过 10 分		
工时定额	6 h			根据超工时定额情况扣分		

【试题十】装配 M1432A 型外圆磨床头架
1. 装配图样

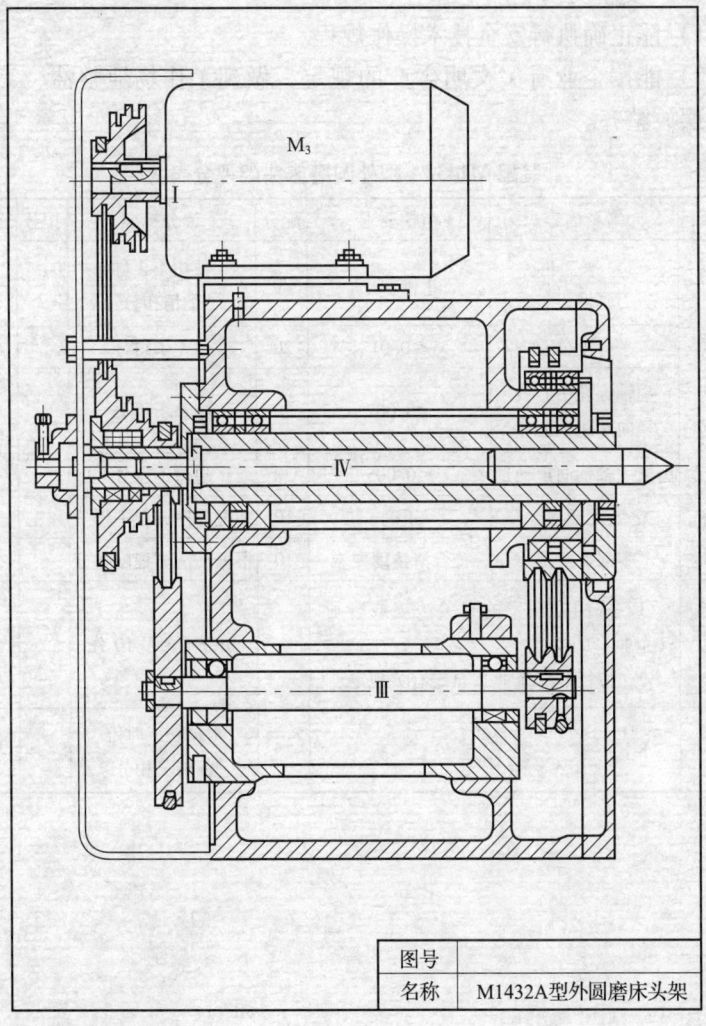

2. 考核要求

（1）考核内容

1）零件清洁度。

2）装配顺序正确。

3）装配符合技术要求。

（2）工时定额 8 h。

（3）安全文明生产

1）能正确执行安全技术操作规程。

2）能按企业有关文明生产的规定，做到工作场地整洁、工件、工具摆放整齐。

装配 M1432A 型外圆磨床头架评分表

考核项目	考核内容	考核要求	配分	评分标准	扣分	得分
主要项目	工、夹、量、刀具及设备	正确使用	20	使用不正确酌情扣分		
	平行度公差	≤0.01	20	超差不得分		
	主轴锥孔中心线径向圆跳动公差	≤0.007	20	超差不得分		
	头架主轴轴向窜动量	≤0.005	20	超差不得分		
一般项目	装配顺序	正确	10	装配顺序错误不得分		
	零部件清洗	符合清洁度要求	10	根据不清洁程度扣分		
安全文明生产	1. 按国家颁发的有关法规或行业（企业）的规定 2. 按行业（企业）自定有关规定			扣分不超过 10 分		
工时定额	8 h			根据超工时定额情况扣分		